高等学校大学计算机课程系列教材

ASP.NET Core
项目实践开发教程

陶永鹏　郭　鹏　主　编
刘建鑫　张立杰　副主编

清华大学出版社
北京

内 容 简 介

本书注重实践，强调实用性，并对 ASP.NET Core 框架的理论基础进行了简化。本书通过真实的学生档案管理系统项目案例，详细讲解了 .NET Core 技术在实际项目中的应用。全书共 11 章，系统、全面地介绍了 .NET Core 的基本概念和基础知识、LINQ 数据模型、Entity Framework Core 数据模型、数据验证与注解、控制器、视图、路由、jQuery、Bootstrap 框架等相关技术的原理和应用。

本书的示例具有实用性、启发性和趣味性，分布合理且易于理解，有助于读者快速掌握 ASP.NET Core MVC 网站设计的基础知识和编程技能，从而为实际应用奠定坚实的基础。本书使用 Visual Studio 2022 作为开发平台，以 C# 为编程语言，使用 Razor 作为视图引擎，后台数据库采用 SQL Server 2022。

本书可作为高等院校计算机类相关专业 ASP.NET Core MVC 网站设计课程的教材，也可作为对 ASP.NET Core MVC 网站设计感兴趣的读者的自学读物，还可作为从事相关行业人员的参考用书。

版权所有，侵权必究。举报：010-62782989，beiqinquan@tup.tsinghua.edu.cn。

图书在版编目 (CIP) 数据

ASP.NET Core 项目实践开发教程：微课视频版 / 陶永鹏，郭鹏主编 . -- 北京：清华大学出版社，2024.12. -- (高等学校大学计算机课程系列教材). -- ISBN 978-7-302-67751-2

Ⅰ . TP393.092.2

中国国家版本馆 CIP 数据核字第 2024YH4764 号

策划编辑：魏江江
责任编辑：葛鹏程　薛　阳
封面设计：刘　键
责任校对：韩天竹
责任印制：宋　林

出版发行：清华大学出版社
　　　　　网　　　址：https://www.tup.com.cn，https://www.wqxuetang.com
　　　　　地　　　址：北京清华大学学研大厦 A 座　　　邮　编：100084
　　　　　社 总 机：010-83470000　　　　　　　　　　邮　购：010-62786544
　　　　　投稿与读者服务：010-62776969，c-service@tup.tsinghua.edu.cn
　　　　　质 量 反 馈：010-62772015，zhiliang@tup.tsinghua.edu.cn
　　　　　课 件 下 载：https://www.tup.com.cn，010-83470236
印 装 者：三河市铭诚印务有限公司
经　　销：全国新华书店
开　　本：185mm×260mm　　印　张：23.25　　字　数：580 千字
版　　次：2024 年 12 月第 1 版　　印　次：2024 年 12 月第 1 次印刷
印　　数：1～1500
定　　价：69.80 元

产品编号：101704-01

前　言

　　党的二十大报告指出：教育、科技、人才是全面建设社会主义现代化国家的基础性、战略性支撑。必须坚持科技是第一生产力、人才是第一资源、创新是第一动力，深入实施科教兴国战略、人才强国战略、创新驱动发展战略，这三大战略共同服务于创新型国家的建设。高等教育与经济社会发展紧密相连，对促进就业创业、助力经济社会发展、增进人民福祉具有重要意义。

　　ASP.NET Core 是微软推广的一种 Web 应用程序开发框架，也是目前最流行的技术之一。为了便于读者学习 ASP.NET Core，作者结合多年一线教学经验，并以实用为原则，花费半年时间编写本书。本书使用 Visual Studio 2022 作为开发平台，以 C# 语言为编程语言，使用 Razor 作为视图引擎，后台数据库采用 SQL Server 2022。

　　本书的独特之处在于将模块按功能进行分类，详细描述了每个模块的属性、操作及基本功能，使读者能够清晰熟练地掌握每个基本组件。本书的示例注重实用性、启发性和趣味性，结构合理，通俗易懂，能够帮助读者快速掌握 ASP.NET Core MVC 网站设计的基础知识和编程技能，为实际应用奠定坚实的基础。通过学习本书，读者能够在短时间内初步了解 ASP.NET Core MVC 编程，并掌握 Web 应用程序开发的主要技能。

　　本书共 11 章，各章内容如下。

　　第 1 章介绍了 NET Core 平台的历史与发展和 ASP.NET Core Web 项目的基础知识，讲解了开发环境的使用和如何高效开发 Web 应用程序。

　　第 2 章介绍了 ASP.NET Core 的基本知识，包括中间件、依赖注入、配置应用程序和管理 NuGet 包等内容，讲解了开发 Web 应用程序的预备知识。

　　第 3 章介绍了 LINQ 数据模型，对 LINQ 的基本概念、隐式类型、lambda 表达式等进行了讲解，还介绍了如何使用 LINQ to SQL 进行基本数据操作。

　　第 4 章介绍了 Entity Framework Core 数据模型和 Dapper，通过类比的方式讲解了 Entity Framework Core 的 Database First（数据库优先）和 Code First（代码优先）两种设计模式，并介绍了如何调用相关方法对模型中的数据进行增、删、改、查处理。

　　第 5 章介绍了数据验证和数据注解，使用数据显示注解和数据验证来增强网站的友好性和健壮性。

　　第 6 章介绍了 ASP.NET Core MVC 框架的核心控制器，讲解了控制器模板、控制器中的操作选择器属性及返回值类型等内容。

　　第 7 章介绍了显示数据的用户界面视图，讲解了传递数据的方法、Razor 视图引擎、HTML Helper 类和分部视图等内容。

　　第 8 章介绍了路由与控制器中方法的映射，讲解了常规路由、特性路由、路由的选择等路由设置的核心内容。

第 9 章介绍了 jQuery 技术，讲解了 jQuery 的选择器、方法和事件等基本应用。

第 10 章介绍了 Bootstrap 框架，通过经典案例讲解了 Bootstrap 框架的特点、布局和应用。

第 11 章介绍了学生档案管理系统的开发过程。

为便于教学，本书提供丰富的配套资源，包括教学大纲、教学课件、程序源码、习题答案、在线作业和微课视频。

资源下载提示

数据文件： 扫描目录上方的二维码下载。
在线作业： 扫描封底的作业系统二维码，登录网站在线做题及查看答案。
微课视频： 扫描封底的文泉云盘防盗码，再扫描书中相应章节的视频讲解二维码，可以在线学习。

本书在编写的过程中，得到了家人和同事们的大力支持，在此表示感谢。

尽管在编写过程中已经尽力避免疏漏和错误，但由于作者水平有限，难免还存在一些问题，恳请读者批评指正。

作　者

2024 年 9 月

目 录

资源下载

第1章　.NET Core ··· 1

1.1　.NET Core 简介 ·· 2
- 1.1.1　.NET Core 发展简史 ·· 2
- 1.1.2　.NET Framework ·· 2
- 1.1.3　Mono 运行环境 ··· 3
- 1.1.4　.NET Standard ·· 3
- 1.1.5　.NET Core 特点 ··· 4

1.2　ASP.NET Core 简介 ·· 5
- 1.2.1　ASP.NET Core 发展简史 ··· 5
- 1.2.2　ASP.NET Core 特征 ·· 5

1.3　ASP.NET Core Web 项目开发 ··· 6
- 1.3.1　第一个 ASP.NET Core Web 应用程序 ······························ 6
- 1.3.2　ASP.NET Core Web 应用程序的结构 ······························ 8
- 1.3.3　ASP.NET Core 中的文件类型 ··· 9

1.4　Visual Studio 2022 开发环境的基本介绍 ····················· 11
- 1.4.1　菜单栏和工具栏 ·· 11
- 1.4.2　工具箱窗口 ··· 12
- 1.4.3　解决方案资源管理器 ·· 13
- 1.4.4　属性窗口 ··· 14

1.5　综合实验一：Visual Studio 2022 的安装 ····················· 14
1.6　本章小结 ·· 18
1.7　习题 ·· 18

第2章　基础知识 ··· 20

2.1　中间件 ·· 21
- 2.1.1　中间件简介 ··· 21
- 2.1.2　中间件的重要方法 ·· 21
- 2.1.3　常用中间件 ··· 22
- 2.1.4　中间件顺序 ··· 28
- 2.1.5　自定义中间件 ··· 31

2.2 依赖注入 35
2.2.1 控制反转 36
2.2.2 ASP.NET Core 中的依赖注入 36
2.3 配置应用程序 38
2.3.1 最小托管模型 38
2.3.2 早期版本中的 Startup 文件 42
2.3.3 appsettings.json 文件 43
2.3.4 环境设置 44
2.3.5 配置文件的应用 45
2.4 管理 NuGet 包 46
2.4.1 NuGet 包的兼容性 47
2.4.2 NuGet 工具 47
2.4.3 安装 NuGet 包 48
2.5 综合实验二：NuGet 包的制作及发布 49
2.6 本章小结 53
2.7 习题 53

第 3 章 LINQ 数据模型 55

3.1 LINQ 基础 56
3.1.1 LINQ 简介 56
3.1.2 LINQ 的优缺点 56
3.2 数据模型预备知识 57
3.2.1 隐式类型 var 57
3.2.2 自动属性 58
3.2.3 对象和集合初始化器 59
3.2.4 扩展方法 60
3.2.5 lambda 表达式 61
3.3 LINQ to SQL 数据模型 62
3.3.1 实体数据库的建立 62
3.3.2 LINQ to SQL 基本语法 63
3.3.3 使用 LINQ to SQL 进行查询 66
3.3.4 使用 LINQ to SQL 进行插入 67
3.3.5 使用 LINQ to SQL 进行修改 69
3.3.6 使用 LINQ to SQL 进行删除 70
3.4 综合实验三：基于 LINQ 数据模型的学生管理系统 71
3.5 本章小结 76
3.6 习题 77

第 4 章　Entity Framework Core 数据模型 ······ 79

- 4.1　EF Core 简介 ······ 80
- 4.2　EF Core 设计模式 ······ 81
  - 4.2.1　Database First 模式 ······ 81
  - 4.2.2　Code First 模式 ······ 88
- 4.3　EF Core 数据处理 ······ 91
  - 4.3.1　使用 EF Core 进行查询 ······ 91
  - 4.3.2　使用 EF Core 进行插入 ······ 91
  - 4.3.3　使用 EF Core 进行修改 ······ 92
  - 4.3.4　使用 EF Core 进行删除 ······ 93
- 4.4　Dapper 简介 ······ 94
  - 4.4.1　Dapper 优点 ······ 94
  - 4.4.2　微型 ORM ······ 94
  - 4.4.3　Dapper 包的安装 ······ 95
  - 4.4.4　Dapper 的底层实现 ······ 95
  - 4.4.5　Dapper 中的方法 ······ 96
- 4.5　综合实验四：课程信息管理系统 ······ 103
- 4.6　本章小结 ······ 108
- 4.7　习题 ······ 109

第 5 章　数据验证与注解 ······ 111

- 5.1　数据验证 ······ 112
  - 5.1.1　客户端验证的应用 ······ 112
  - 5.1.2　客户端验证与服务器端验证比较 ······ 116
- 5.2　数据验证属性 ······ 118
  - 5.2.1　ASP.NET Core 内置数据验证属性 ······ 118
  - 5.2.2　ASP.NET Core 远程验证属性 ······ 122
  - 5.2.3　自定义数据验证属性 ······ 123
- 5.3　数据注解 ······ 125
  - 5.3.1　数据显示注解 ······ 125
  - 5.3.2　数据映射注解 ······ 128
- 5.4　Fluent 验证 ······ 131
  - 5.4.1　Fluent API 的优点 ······ 132
  - 5.4.2　Fluent API 中的主要方法 ······ 132
- 5.5　综合实验五：选课系统子模块 ······ 136
- 5.6　本章小结 ······ 141
- 5.7　习题 ······ 142

第 6 章 控制器 …… 144

- 6.1 控制器概述 …… 145
- 6.2 控制器的基本使用 …… 145
  - 6.2.1 控制器的基本内容 …… 145
  - 6.2.2 控制器的创建 …… 146
  - 6.2.3 控制器的读写模板 …… 149
- 6.3 操作选择器 …… 151
  - 6.3.1 ActionName 属性 …… 151
  - 6.3.2 NonAction 属性 …… 152
  - 6.3.3 ActionVerbs 属性 …… 152
- 6.4 ActionResult …… 155
  - 6.4.1 ViewResult 类 …… 155
  - 6.4.2 PartialViewResult 类 …… 157
  - 6.4.3 RedirectResult 类 …… 159
  - 6.4.4 RedirectToRouteResult 类 …… 160
  - 6.4.5 ContentResult 类 …… 161
  - 6.4.6 EmptyResult 类 …… 162
  - 6.4.7 JsonResult 类 …… 163
  - 6.4.8 FileResult 类 …… 163
- 6.5 综合实验六：图像上传模块 …… 165
- 6.6 本章小结 …… 168
- 6.7 习题 …… 169

第 7 章 视图 …… 171

- 7.1 视图概述 …… 172
- 7.2 向视图中传递数据 …… 172
  - 7.2.1 弱类型传值 …… 172
  - 7.2.2 强类型传值 …… 175
- 7.3 Razor 视图引擎 …… 178
  - 7.3.1 单行内容输出 …… 178
  - 7.3.2 多行内容输出 …… 179
  - 7.3.3 表达式的输出 …… 180
  - 7.3.4 包含文字的输出 …… 180
  - 7.3.5 HTML 编码 …… 181
  - 7.3.6 服务器端注释 …… 182
  - 7.3.7 转义字符 …… 183
  - 7.3.8 Razor 语法中的分支结构 …… 183
  - 7.3.9 Razor 语法中的循环结构 …… 186

7.4 HTML Helper 类 …………………………………………………… 188
7.4.1 ActionLink( ) 方法生成超链接 …………………………………… 188
7.4.2 BeginForm( ) 方法生成表单 …………………………………… 190
7.4.3 Label( ) 方法生成标注 …………………………………… 191
7.4.4 TextBox( ) 方法生成文本框 …………………………………… 192
7.4.5 Password( ) 方法生成密码框 …………………………………… 193
7.4.6 TextArea( ) 方法生成多文本区域 …………………………………… 195
7.4.7 RadioButton( ) 方法生成单选按钮 …………………………………… 196
7.4.8 CheckBox( ) 方法生成复选框 …………………………………… 198
7.4.9 DropDownList( ) 方法生成下拉列表 …………………………………… 199
7.4.10 ListBox( ) 方法生成列表框 …………………………………… 201
7.4.11 辅助方法中多 HTML 属性值的使用 …………………………………… 203
7.5 分部视图 …………………………………………………… 204
7.5.1 分部视图简介 …………………………………… 205
7.5.2 创建分部视图 …………………………………… 205
7.5.3 使用 Partial( ) 方法加载分部视图 …………………………………… 206
7.5.4 使用 Action( ) 方法加载分部视图 …………………………………… 207
7.6 综合实验七：视图分页显示 …………………………………… 208
7.7 本章小结 …………………………………………………… 211
7.8 习题 …………………………………………………… 212

第 8 章 路由 …………………………………………………… 214

8.1 路由的基础 …………………………………………………… 215
8.1.1 路由的作用 …………………………………… 215
8.1.2 ASP.NET Core MVC 路由的分类 …………………………………… 216
8.2 常规路由 …………………………………………………… 217
8.2.1 路由基础知识 …………………………………… 217
8.2.2 创建自定义路由 …………………………………… 218
8.2.3 默认路由 …………………………………… 220
8.2.4 URL 路由声明 …………………………………… 221
8.2.5 路由属性 …………………………………… 223
8.3 特性路由 …………………………………………………… 229
8.3.1 特性路由的作用 …………………………………… 229
8.3.2 操作方法的特性路由声明 …………………………………… 229
8.3.3 控制器的特性路由声明 …………………………………… 232
8.4 路由的参数约束 …………………………………………………… 235
8.4.1 路由的参数约束规则 …………………………………… 235
8.4.2 正则表达式 …………………………………… 236

8.5 路由的选择 ... 237
8.6 综合实验八：路由顺序设置 ... 237
8.7 本章小结 ... 241
8.8 习题 ... 241

第 9 章 jQuery ... 243

9.1 jQuery 优势 ... 244
9.2 JavaScript 语言基础 ... 244
 9.2.1 JavaScript 代码书写位置 ... 245
 9.2.2 JavaScript 基本语法 ... 246
 9.2.3 JavaScript 自定义函数 ... 250
9.3 jQuery 的使用 ... 252
 9.3.1 jQuery 的安装 ... 252
 9.3.2 jQuery 基本语法 ... 253
 9.3.3 jQuery 中的方法 ... 253
 9.3.4 jQuery 中的事件 ... 256
9.4 jQuery 选择器 ... 257
 9.4.1 jQuery 基本选择器 ... 257
 9.4.2 jQuery 过滤选择器 ... 262
 9.4.3 jQuery 表单选择器 ... 265
 9.4.4 jQuery 层次选择器 ... 266
9.5 jQuery 应用实例 ... 266
 9.5.1 折叠式菜单 ... 266
 9.5.2 表格动态修改 ... 269
 9.5.3 手风琴效果 ... 270
 9.5.4 Tab 选项卡 ... 273
 9.5.5 万花筒 ... 275
 9.5.6 网页时钟 ... 277
9.6 本章小结 ... 277
9.7 习题 ... 277

第 10 章 Bootstrap 框架 ... 280

10.1 Bootstrap 框架概述 ... 281
 10.1.1 Bootstrap 框架发展历史 ... 281
 10.1.2 Bootstrap 框架的优势 ... 281
 10.1.3 Bootstrap 框架浏览器支持 ... 281
10.2 Bootstrap 框架特性 ... 282
 10.2.1 Bootstrap 框架的构成 ... 282

10.2.2 Bootstrap 框架典型网站 ………………………………………………… 282
10.2.3 Bootstrap 框架插件 ………………………………………………………… 284
10.2.4 Bootstrap 开发工具 ………………………………………………………… 284
10.3 Bootstrap 框架应用 …………………………………………………………………… 285
10.3.1 Bootstrap 框架版本 ………………………………………………………… 285
10.3.2 下载 Bootstrap 框架 ………………………………………………………… 285
10.3.3 Bootstrap 框架结构 ………………………………………………………… 287
10.3.4 Bootstrap 框架的使用 ……………………………………………………… 287
10.3.5 Bootstrap 框架基本应用 …………………………………………………… 288
10.4 Bootstrap 框架布局 …………………………………………………………………… 291
10.4.1 基本网格布局 ……………………………………………………………… 291
10.4.2 导航栏布局 ………………………………………………………………… 292
10.4.3 卡片布局 …………………………………………………………………… 294
10.4.4 表单布局 …………………………………………………………………… 296
10.4.5 栅格布局 …………………………………………………………………… 298
10.4.6 布局工具类 ………………………………………………………………… 300
10.4.7 应用实例 …………………………………………………………………… 301
10.5 本章小结 ……………………………………………………………………………… 301
10.6 习题 …………………………………………………………………………………… 302

第 11 章 学生档案管理系统 …………………………………………………………… 304

11.1 系统业务流程 ………………………………………………………………………… 305
11.1.1 管理员权限业务流程 ……………………………………………………… 305
11.1.2 教师权限业务流程 ………………………………………………………… 306
11.1.3 学生权限业务流程 ………………………………………………………… 306
11.2 领域驱动设计 ………………………………………………………………………… 307
11.2.1 领域驱动设计结构划分 …………………………………………………… 308
11.2.2 领域驱动设计的价值 ……………………………………………………… 309
11.2.3 领域驱动设计和 MVC 比较 ……………………………………………… 309
11.3 网站建立 ……………………………………………………………………………… 310
11.4 系统概要设计 ………………………………………………………………………… 311
11.4.1 概念设计 …………………………………………………………………… 311
11.4.2 逻辑设计 …………………………………………………………………… 313
11.4.3 物理设计 …………………………………………………………………… 313
11.5 类库代码实现 ………………………………………………………………………… 315
11.5.1 数据的实体模型 SM.Domain ……………………………………………… 315
11.5.2 视图模型 ViewModel ……………………………………………………… 322
11.5.3 基础模块 Infrastructure …………………………………………………… 328

- 11.5.4 业务逻辑处理 Services …… 332
- 11.5.5 数据库的交互 EF.MSSQL …… 336
- 11.6 控制器构建 …… 345
  - 11.6.1 登录功能 …… 345
  - 11.6.2 管理员功能 …… 346
  - 11.6.3 教师功能 …… 346
  - 11.6.4 学生功能 …… 346
- 11.7 系统功能模块实现 …… 347
  - 11.7.1 系统登录模块 …… 347
  - 11.7.2 管理员功能模块 …… 347
  - 11.7.3 教师信息管理模块 …… 351
  - 11.7.4 基本档案管理模块 …… 354
  - 11.7.5 奖学金档案管理模块 …… 355
  - 11.7.6 借阅记录管理模块 …… 356
  - 11.7.7 借档预约管理模块 …… 356
- 11.8 本章小结 …… 357

参考文献 …… 358

第1章

.NET Core

CHAPTER 1

.NET Core 是一个由微软（Microsoft）提供的免费、开源，具备跨平台能力的应用程序开发框架，可在 Windows、Linux 和 macOS 等操作系统上运行。并且广泛应用于硬件设备、云服务、嵌入式系统和物联网解决方案等领域。.NET Core 的源代码托管在 GitHub 上，由微软和 .NET 社区共同合作维护。该框架旨在提供专业、严谨的开发环境，并具备良好的可读性。

1.1 .NET Core 简介

1.1.1 .NET Core 发展简史

视频讲解

.NET Core 是由微软开发的一条全新跨平台产品线，具有完全开源的特点。该产品线于 2016 年推出了 .NET Core 1.0，致力于提供适用于构建现代跨平台应用程序的 API，并通过 ASP.NET Core 为 Linux 提供服务。然而，由于 1.0 版本的限制和局限性，该系列已经停止维护和支持。与此同时，NET Framework 升级到了 4.6 版本。2017 年，.NET Core 2.0 发布的同时，.NET Framework 也升级到了 4.7 版本。.NET Core 2.x 系列增加了引用 .NET Framework 库的能力，并带来了更大的性能改进。2019 年，.NET Core 3.0 发布，引入了 Windows 桌面应用程序开发、WPF 和 Windows Forms 的现代化和改进，以及 VisualC# 8.0 的语言特性等。同时，.NET Framework 也在该时期升级到了 4.8 最终版本。为了提高可读性，上述补充版本信息是基于已知的历史发布情况进行添加的。

2020 年，微软决定关闭 .NET Framework，并将 .NET Core 更名为 .NET。这一举措旨在整合 .NET Framework 和 .NET Core 的功能，以提供更高性能、更多可选组件和更广泛支持。2021 年，微软推出了统一的长期支持版本 .NET 6.0。该版本支持多种操作系统和平台，包括 Windows、macOS 和 Linux，并提供了对 Web、移动和云等应用程序类型的支持。在 .NET 6 中，开发人员可以利用新的语言特性、增强的工具和框架组件来构建高性能和现代化的应用程序。

2022 年，微软发布了 .NET 7.0 版本。该版本引入了 .NET MAUI（Multi-platform App UI），通过新的控件和 API，提供了更好的性能和可靠性。2023 年 2 月，微软发布了 .NET 8.0 预览版。该版本改进了使用容器镜像的方式，使 .NET 应用程序的表现得到优化。作为 .NET 的一部分，.NET 与 C# 语言紧密结合，同时还引入了原生编译、值类型、结构化并发和快速数组等新功能。此外，.NET 还支持本机 AOT（ahead-of-time）编译，以提高性能和启动速度。图 1-1 展示了 .NET Core 的发展时间线。

图 1-1 .NET Core 发展时间轴

1.1.2 .NET Framework

视频讲解

.NET Framework 是一个早在 2002 年就开始存在的原始 .NET 实现。从 4.5 版本开始，它支持了 .NET Standard，因此用于 .NET Standard 的代码可以在这些版本的 .NET Framework 上运行。此外，它还包含了一些特定于 Windows 平台的 API，例如，通过 Windows 窗体和 WPF 进行 Windows 桌面开发的 API。基于这些特点，.NET Framework 非常适用于开发 Windows 桌面应用程序。虽然 .NET Framework 与 .NET Core 有密切的联系，但两者之间也存在一些差异，主要差异如下：

（1）应用模板的差异：在 .NET Framework 中，大部分模板是基于 Windows 操作系统的，例如，利用 DirectX 生成的 WPF。不是所有 .NET Framework 的应用模板都能被 .NET Core 所支持。然而，控制台和 ASP.NET Core 应用模板则是两者都支持的。

（2）API 的差异：早期的 .NET Core 是 .NET Framework 的一个子集，它实现了 .NET Framework 中一些子系统的子级，并包含了许多与 .NET Framework 相同的 API。随着时间的推移，这个子集会不断扩大。

视频讲解

（3）平台的差异：.NET Framework 仅支持 Windows 操作系统，而 .NET Core 除了支持 Windows 操作系统外，还支持 mac OS 和 Linux 操作系统。

（4）开源属性的差异：.NET Core 是一个开源项目，而 .NET Framework 的代码只有部分是开源的。

1.1.3　Mono 运行环境

Mono 是由 .NET 实现的，在需要小型运行时的场景中被广泛使用。它是一种在 Android、macOS、iOS、tvOS 和 watchOS 上驱动 Xamarin 应用程序运行的运行时环境，专门设计用于占用较少内存。此外，Mono 还支持使用 Unity 引擎生成的游戏，并且支持所有目前已发布的 .NET Standard 版本。通常情况下，Mono 会与实时编译器一起使用，但也提供了适用于 iOS 等平台的完整静态编译器。Mono 与 .NET Core 之间的主要差异如下。

视频讲解

（1）应用模板的差异：Mono 通过 Xamarin 产品支持 .NET Framework 的 Windows Forms 等应用模板，而 .NET Core 则不支持这些内容。

（2）API 的差异：Mono 是 .NET Framework 的大型子集，其 API 使用与 .NET Framework 相同的程序集名称和组成要素。而 .NET Core 只实现了 .NET Framework 中子系统的子级。

（3）焦点的差异：Mono 的主要焦点是移动平台，而 .NET Core 的焦点是云平台。

1.1.4　.NET Standard

.NET Standard 是为多个 .NET 实现设计的一套正式的 .NET API 规范。其主要目的是提高 .NET 生态系统的一致性，使开发人员能够通过统一的 API 创建可在各种 .NET 实现中使用的可移植库。引入 .NET Standard 后，各个不同的 .NET 框架将共享统一的基类库，如图 1-2 所示。该规范的引入有助于简化开发过程，并提供更好的代码可重用性和跨平台兼容性。

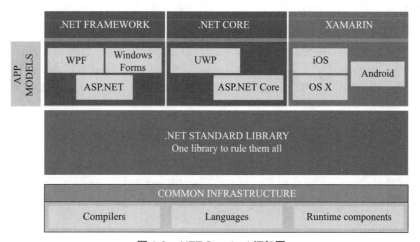

图 1-2　.NET Standard 框架图

各种 .NET 实现都遵循特定版本的 .NET Standard 进行版本控制。每个 .NET 实现版本都会公布其所支持的最高 .NET Standard 版本。随着版本的更新，会添加更多的 API。当库是针对某个特定版本的 .NET Standard 生成时，它可以在任何实现该版本或更高版本的 .NET Standard 的 .NET 实现上正常运行。.NET Standard 的最低支持平台版本如表 1-1 所示。通过遵循 .NET Standard 规范，开发人员可以在不同的 .NET 实现之间实现代码的可移植性，使得开发过程更加便捷和灵活。

表 1-1 .NET Standard 最低支持平台版本

.NET实现	版本支持								
.NET Standard	1.0	1.1	1.2	1.3	1.4	1.5	1.6	2.0	2.1
.NET Core	1.0	1.0	1.0	1.0	1.0	1.0	1.0	2.0	3.0
.NET framework	4.5	4.5	4.5.1	4.6	4.6.1	4.6.1	4.6.1	4.6.1	不支持
Mono	4.6	4.6	4.6	4.6	4.6	4.6	4.6	5.4	6.4
Xamarin.iOS	10.0	10.0	10.0	10.0	10.0	10.0	10.0	10.14	12.16
Xamarin.Mac	3.0	3.0	3.0	3.0	3.0	3.0	3.0	3.8	5.16
Xamarin.Android	7.0	7.0	7.0	7.0	7.0	7.0	7.0	8.0	10.0
通用 Windows 平台	10.0	10.0	10.0	10.0	10.0	10.0.16299	10.0.16299	10.0.16299	不支持
Unity	2018.1	2018.1	2018.1	2018.1	2018.1	2018.1	2018.1	2018.1	2021.2

视频讲解

1.1.5 .NET Core 特点

.NET Core 具有以下特点：开源、跨平台、现代、灵活、轻量级、快速、友好、可共享，并为未来的软件开发而构建。

（1）免费开源：.NET Core 是一个开源的框架，由微软和 .NET 社区共同合作维护，源代码托管在 GitHub 上（https://github.com/dotNET/core）。任何开发人员都可以参与 .NET Core 的开发。数千名活跃开发人员正在改进特性、添加新特性和修复 bug 等问题。

（2）跨平台：.NET Core 可以运行在 Windows、macOS 和 Linux 操作系统上，对于每个操作系统有不同的 .NET Core 运行时，执行代码，生成相同的输出。同时，.NET Core 跨体系结构（包括 x86、x64 和 ARM）是一致的，可以导入相同的程序集和库，并在多个平台上使用。

（3）可共享：.NET Core 使用一种由 .NET Standard 编写的统一 API 模型，这种模型对所有 .NET 应用程序都是通用的。相同的 API 或库可以与多种语言的多个平台一起使用。

（4）应用领域广泛：与一些较旧的框架不同，.NET Core 旨在解决现代需求，包括移动友好、构建一次在任何地方运行、可伸缩和高性能。各种不同类型的应用程序都能够被开发并且运行在 .NET Core 平台上，例如，移动端应用程序、桌面端应用程序、Web 应用程序、Cloud 云应用、物联网（IoT）应用、机器学习、微服务、游戏等。

（5）支持多种语言：可以使用 C#、F# 和 Visual Basic 编程语言来开发 .NET Core 应用程序。可以使用自己喜欢的开发工具（IDE），包括 Visual Studio 2017/2019、Visual Studio Code、Sublime Text、Vim 等。

（6）模块化的结构：.NET Core 通过使用 NuGet 包管理，支持模块化开发。.NET Core 有各种不同的 NuGet 包，可以根据需要添加到项目中，甚至 .NET Core 类库也是以包管理的形式提供的。.NET Core 应用程序默认的包是 Microsoft.NETCore.App，模块化的结构减少了内存占用，提升了性能，并且更易于维护。

（7）部署更灵活：.NET Core 应用程序可以部署在用户范围内、系统范围内或者 Docker 容器中。

1.2 ASP.NET Core 简介

ASP.NET Core 是一个由微软和社区开发的跨平台、高性能开源框架，它是下一代 ASP.NET 框架，用于构建现代化的云端应用程序，并提供与互联网连接的功能。该框架具有模块化的特性，可在 Windows 操作系统上完整运行 .NET Framework，也可在跨平台的 .NET Core 上运行。利用 ASP.NET Core，开发人员可以创建 Web 应用程序、服务、物联网应用和移动后端，并且无论是云端还是本地环境，都可以通过多种开发工具在 Windows、macOS 和 Linux 操作系统上进行部署。该框架不仅具备专业性和严谨性，同时也提供了良好的可读性。

1.2.1 ASP.NET Core 发展简史

2016 年，微软为了实现跨平台战略，将 .NET Framework 分离出 .NET Core 版本，并在同年发布了 .NET Core 1.0 版本。同时发布的还有 ASP.NET Core RTM 版，正式版本于 2017 年发布。ASP.NET Core 由模块化的组件构成，保持了解决方案的灵活性并最小化开销。与之前基于 System.Web.dll 的 ASP.NET 不同，当前的 ASP.NET Core 基于一系列细粒度且构建良好的 NuGet 包。

ASP.NET Core 是一个完全重写的框架，将之前独立存在的 ASP.NET MVC（Model-View-Controller）和 ASP.NET Web API 整合到一个编程模型中。虽然它是建立在新 Web 栈上的新框架，但与 ASP.NET MVC 具有高度的概念兼容性。ASP.NET Core 应用程序支持并排版本控制，即在同一台机器上运行的不同应用程序可以使用不同版本的 ASP.NET Core 作为目标。

1.2.2 ASP.NET Core 特征

1. 跨平台性

ASP.NET Core 可以在 Windows、macOS 和 Linux 操作系统上构建和运行跨平台的应用程序，这些应用程序可以托管在 IIS、Apache、Docker 中，甚至自主托管在进程中。

2. 统一的 MVC 和 Web API 技术栈

不论是使用 MVC Controller 还是 ASP.NET Web API，在两种情况下所创建的控制器都继承自相同的 Controller 基类，并返回 ActionResult 对象。

3. 依赖注入

ASP.NET Core 内置支持依赖注入，无须额外配置即可使用。

4. 可测试性

通过内置的依赖注入、用于创建 Web 应用程序和 Web API 的统一编程模型，可以轻松地对 ASP.NET Core 应用程序进行单元测试和集成测试。

1.3 ASP.NET Core Web 项目开发

1.3.1 第一个 ASP.NET Core Web 应用程序

在本节中，将详细介绍如何使用 Visual Studio 快速创建第一个 ASP.NET Core Web 应用程序。后续所有步骤适用于使用 Visual Studio 2022 进行操作。

【例 1-1】在"D：\ ASP.NET Core 项目"目录中创建 chapter1 文件夹，将其作为网站根目录，创建一个名为 example1-1 的项目，设计页面显示"第一个 ASP.NET Core Web 应用程序 2023"。

具体实现步骤如下。

（1）在"所有应用"中双击打开 Visual Studio 2022，如图 1-3 所示。

图 1-3　Visual Studio 2022 程序图标

（2）选择"创建新项目"→"ASP.NET Core Web 应用"选项，如图 1-4 所示。

图 1-4　新建项目操作

（3）单击"下一步"按钮，在"配置新项目"对话框中，设置项目名称为 example1-1，保存位置为"D：\ASP.NET Core 项目 \chapter1"文件夹，将解决方案和项目放于同一目录中，单击"下一步"按钮，如图 1-5 所示。

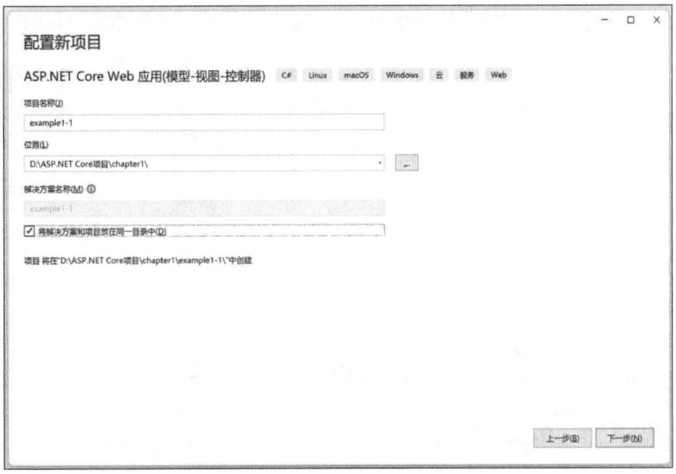

图 1-5 "配置新项目"对话框

（4）在"其他信息"对话框中，将框架设置为 .NET6.0，其他信息为默认项，单击"创建"按钮，如图 1-6 所示。

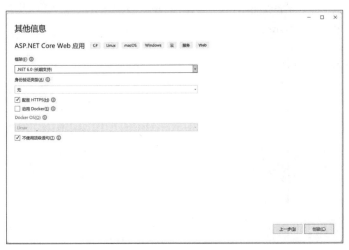

图 1-6 "其他信息"对话框

（5）网站创建后出现如图 1-7 所示的界面，右侧为"解决方案资源管理器"目录，包含 Pages 文件夹、appsettings.json 配置文件等基本项。

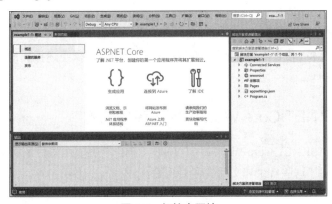

图 1-7 初始空网站

（6）双击 example1-1 项目下的 Pages 文件夹，单击打开 Index.cshtml 页面，编辑代码如下。

```
@page
@model IndexModel
@{
    ViewData["Title"] = "Home page";
}

<div class="text-center">
    <h1 class="display-4">Welcome</h1>
    <p>第一个 ASP.NET Core Web 应用程序 @DateTime.Now.Year</p>
    <p>Learn about <a href="https://docs.microsoft.com/aspNET/core">building Web apps with ASP.NET Core</a>.</p>
</div>
```

（7）再右击 Index.cshtml 文件，在弹出的快捷菜单中选择"在浏览器中查看（Microsoft Edge）"选项，如图 1-8 所示。

（8）页面运行，显示 ViewBag.Title 的属性值和段落中"第一个 ASP.NET Core Web 应用程序 2023"文字，如图 1-9 所示。

图 1-8 在浏览器中查看网页的操作　　　　图 1-9 浏览器中显示的初始页面

至此，第一个 ASP.NET Core Web 应用程序就已经实现了，上述操作的详细内容将在后续各章节中展开逐一讲解。

1.3.2 ASP.NET Core Web 应用程序的结构

创建完第一个 ASP.NET Core Web 应用程序后，会自动生成一些目录和文件，如图 1-10 所示，表 1-2 详细介绍了这些目录和文件的主要用途。

图 1-10 ASP.NET Core 网站的目录结构

表 1-2 ASP.NET Core 网站的目录结构说明

目录和文件	说　　明
依赖项	ASP.NET Core 开发、构建和运行过程中的依赖项：包、元包和框架；Microsoft.NETCore.App 是一些包的集合，包含 .NET core 的基础运行时和基础类库； ASP.NET Core 共享框架（Microsoft.AspNETCore.App）包含由微软开发和支持的程序集
Properties	配置和存放一些 .json 文件用于配置 ASP.NET Core 项目
launchSettings.json	启动配置文件是 ASP.NET Core 项目应用保存特有的配置标准，用于应用的启动准备工作，包括环境变量、开发端口等
wwwroot	网站根目录，存放类似 CSS、JS、图片和 HTML 等静态资源文件的目录
Program.cs	包含 ASP.NET Core 应用的 Main() 方法，负责配置和启动应用程序

1.3.3 ASP.NET Core 中的文件类型

在创建一个网站之后，打开网站文件时，会看到各种不同类型的文件。特别是当浏览一个大型工程目录时，可能会感到有些困惑，因为在 .NET 中存在许多不同的文件类型。本节将详细解释 ASP.NET Core 中的不同文件类型和它们的扩展，对这些文件进行逐一讲解，以便更好地理解它们的作用和功能。

1. VS.NET 的文件类型

首先打开项目目录，认识一下 VS.NET 网站项目中使用的文件类型，表 1-3 提供了有关 VS.NET 使用的文件类型 (以 C# 项目为例)。

表 1-3 VS.NET 的文件类型

文件类型	后缀名	说　　明
解决方案文件	.sln	存储在解决方案中的项目信息，以及通过属性窗口访问全局构建设置
用户选项文件	.suo	存储特定用户的设置。VS.NET 中的源控制集成包使用此类文件存储 Web 项目的转换表、项目的离线状态，以及其他项目构建的设置
C# 项目文件	.csproj	存储项目细节，如参考内容、名称、版本等
C# 项目的用户选项	.csproj.user	记录存储用户的相关信息

2. 通用开发文件类型

回到 Visual Studio 2022，在"解决方案资源管理器"中，右击 example1-1 项目，在弹出的快捷菜单中，选择"添加"→"新建项"选项，弹出"添加新项"对话框，单击"显示所有模板"按钮，弹出的"添加新项"窗口如图 1-11 所示。窗口中显示网站项目中可以使用的所有文件类型，其中 Windows 服务和 Web 应用程序开发通用的文件类型说明如表 1-4 所示。

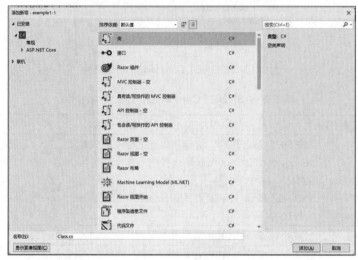

图 1-11　添加新项模板

表 1-4　VS.NET 通用开发文件类型

文件类型	后缀名	说　　明
C# 文件	.cs	C# 源代码的文件
MVC 视图文件	.cshtml	MVC 视图文件
XML 文件	.xml	XML 文件与数据标准文件
数据库文件	.mdf	SQL Server 数据库文件
类图文件	.cd	类图表文件
脚本文件	.js	JavaScript 代码的文件
图标文件	.ico	图标样式的图像文件
文本文件	.txt	简单文本文件

3. ASP.NET Core 的文件类型

ASP.NET Core 开发还可以使用一些特定的文件类型，如表 1-5 所示。

表 1-5　ASP.NET Core 的文件类型

文件类型	后缀名	说　　明
MVC 视图文件	.cshtml	只能在 MVC 3 或更高版本等支持 Razor 的框架中使用
Web 窗体文件	.aspx	代码分离（code-behind）文件的 Web 窗体
全局程序文件	.asax	全局应用程序类，允许编写代码以处理全局 ASP.NET 程序事件，一个项目最多只可以包括一个无法更改的 global.asax 文件
静态页面文件	.htm	标准的 HTML 页
样式文件	.css	在网站上设置外观使用的层叠样式表

续表

文件类型	后缀名	说明
站点地图文件	.sitemap	Web 应用程序表示页面间层次关系的站点地图
皮肤文件	.skin	用于指定服务器控件的主题
用户控件文件	.ascx	用户自主创建的 Web 控件
浏览器文件	.browser	定义浏览器相关信息的文件

1.4 Visual Studio 2022 开发环境的基本介绍

1.4.1 菜单栏和工具栏

Visual Studio 2022 的菜单栏继承了 Visual Studio 早期版本的所有选项功能，其中包括"文件""编辑""视图""窗口""帮助"等核心功能。此外，还提供了一些编程专用的功能菜单，如"生成""调试""测试"。菜单栏下方是工具栏，它包含了一些常用功能的工具按钮，如图 1-12 所示。通过菜单栏和工具栏，开发人员可以方便地使用和导航 Visual Studio 提供的各种功能。

图 1-12 菜单和工具栏

（1）显示工具箱及属性窗口：在"视图"菜单中，可以选择显示"解决方案资源管理器""属性窗口""工具箱""错误列表"等窗口的选项，除了"帮助"窗口，其他所有窗口及内容的显示都可以通过"视图"菜单设置，如图 1-13 所示。

图 1-13 "视图"菜单

（2）程序执行及断点调试：通过"调试"菜单可以进行程序调试、执行等编译操作，在代码内部新建、取消断点，对程序进行逐语句、逐过程（直接调用函数、属性的模块，不逐条执行模块内语句）调试，如图 1-14 所示。

（3）代码文本编辑：选择"工具"→"选项"选项，弹出"选项"对话框，在"环境"选项卡中的"字体和颜色"选项可以设置代码编辑区域文本的字体、大小、项前景、项背景等属性，如图 1-15 所示。

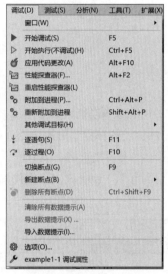

图 1-14 "调试"菜单

图 1-15 "字体和颜色"选项卡

在"文本编辑器"列表中的 C# 选项卡里可以设置自动换行、显示行号等属性，如图 1-16 所示。

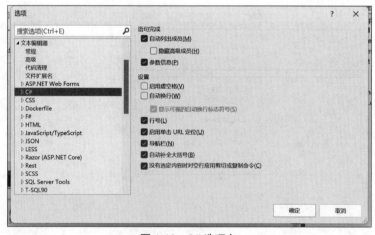

图 1-16 C# 选项卡

1.4.2 工具箱窗口

在 Visual Studio 2022 中，左侧通常是"工具箱"窗口。"工具箱"窗口可以列出用于开发 Web 应用程序的基本 HTML 标签，如图 1-17 所示。当开发人员需要使用某个控件时，只需从

"工具箱"窗口中拖拽该控件到界面上即可,这极大地节省了编写代码的时间,提高了程序设计的效率。

在"工具箱"窗口中右击,弹出快捷菜单,该菜单提供了对选项卡的添加、删除、重命名等操作选项,如图 1-18 所示。如果选择"选择项"选项,那么将会弹出"选择工具箱项"对话框,通过该对话框可以为"工具箱"添加其他可选控件和第三方组件,如图 1-19 所示。这些额外的选项可以丰富"工具箱"的功能,让开发人员能够更灵活地选择和使用不同的工具和组件。

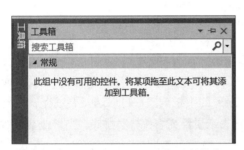

图 1-17　Visual Studio 2022 "工具箱"窗口

图 1-18　"工具箱"窗口的快捷菜单

图 1-19　"选择工具箱项"对话框

1.4.3　解决方案资源管理器

在 Visual Studio 2022 中,右侧通常为"解决方案资源管理器"窗口。该窗口提供了网站项目和文件的组织结构视图,以便于导航和管理,如图 1-20 所示。通过"解决方案资源管理器"窗口,可以清晰地查看项目的层次结构,包括各个类库、数据库文件和系统配置文件等。此外,还可以在此处添加或删除文件,并且能够添加系统或用户文件夹,以实现对文件的管理。通过"解决方案资源管理器"窗口,开发人员能够更方便地组织和管理项目中的各类资源。

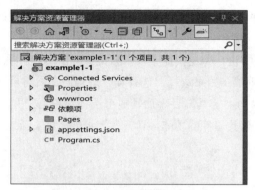

图 1-20 "解决方案资源管理器"窗口

1.4.4 属性窗口

Visual Studio 2022 的右下角是"属性"窗口，可以查看属性，还可以对页面及页面中的控件进行量值化的属性值设置。"属性"窗口最顶部的下拉列表，可以选择要进行属性设置的对象，图标表示属性列表按字母排序，图标表示属性列表按分类排序。当修改某个对象的属性值，会将该属性值自动添加到 HTML 源代码中，实现两者同步，反之亦然，如图 1-21 所示。

图 1-21 "属性"窗口

1.5 综合实验一：Visual Studio 2022 的安装

1. 主要任务

安装开发环境，开始使用 Visual Studio 2022 进行网站开发。

2. 实验步骤

（1）确认配置。

为了确保计算机能够支持使用 Visual Studio 进行开发，本书以 Visual Studio 2022 作为示例。表 1-6 列出了安装 Visual Studio 2022 的相关系统和最低配置要求。如果使用其他版本，可以参考官网提供的配置说明以确保符合要求。这样做可以保证在使用 Visual Studio 进行开发时，系统具备足够的硬件和软件支持，以获得更好的性能和稳定性。

表 1-6　安装 Visual Studio 2022 的系统和最低配置要求

支持的操作系统	硬件最低配置要求	支持的语言
Windows 11 版本 21H2 或更高版本； Windows 10 版本 1909 或更高版本； Windows Server Core 2022； Windows Server Core 2019； Windows Server 核心 2016； Windows Server 2022、2019、2016：标准和数据中心	ARM64 或 x64 处理器，不支持 ARM32 处理器； 至少 4 GB RAM； 至少 2 个 vCPU 和 8 GB RAM； 硬盘 850 MB~210 GB 可用空间； 支持最低显示分辨率 WXGA（1366 像素 ×768 像素）的显卡	英语、简体中文、繁体中文、捷克语、法语、德语、意大利语、日语、韩语、波兰语、葡萄牙语（巴西）、俄语、西班牙语和土耳其语等 14 种语言

（2）文件下载。

从微软的官网（https://visualstudio.microsoft.com/zh-hans/downloads/）下载 Visual Studio 的安装程序，如图 1-22 所示。确定要安装的 Visual Studio 版本和版次，本书选择（community 社区）版，下载引导程序文件。

图 1-22　Visual Studio 2022 版本选择

（3）启动安装。

找到文件下载目录，双击 VisualStudioSetup.exe 引导程序进行安装。安装过程会要求确认 Microsoft 软件许可条款和隐私声明，单击"继续"按钮，如图 1-23 所示。

图 1-23　Microsoft 软件许可条款和隐私声明

（4）选择工作负荷。

安装 Visual Studio 的安装程序后，可以通过选择所需的工作负荷进行自定义安装。例如，"ASP.NET 和 Web 开发"工作负荷可以使用 Web Live Preview 编辑 ASP.NET 网页，或者使用 Blazor 生成响应式 Web 应用程序，在安装程序中选择"ASP.NET 和 Web 开发"的工作负荷，如图 1-24 所示。

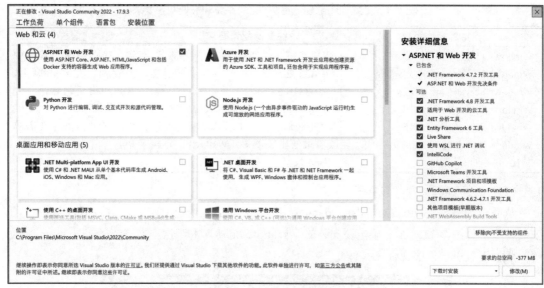

图 1-24　工作负荷选项卡

（5）选择组件（可选）。

如果不想使用工作负荷来完成 Visual Studio 安装，或者需要添加比工作负荷更多的组件，可通过"单个组件"选项卡来完成此操作。选择所需组件，然后按照提示进行操作，如图 1-25 所示。

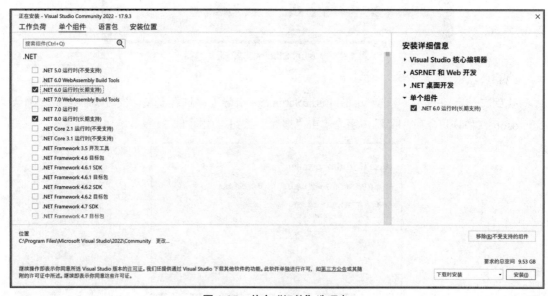

图 1-25　单个"组件"选项卡

（6）安装语言包（可选）。

默认情况下，安装程序首次运行时会尝试匹配操作系统语言。若要以其他语言进行安装，请在 Visual Studio 安装程序中单击"语言包"标签，进入"语言包"选项卡，然后按照提示进行操作，如图 1-26 所示。

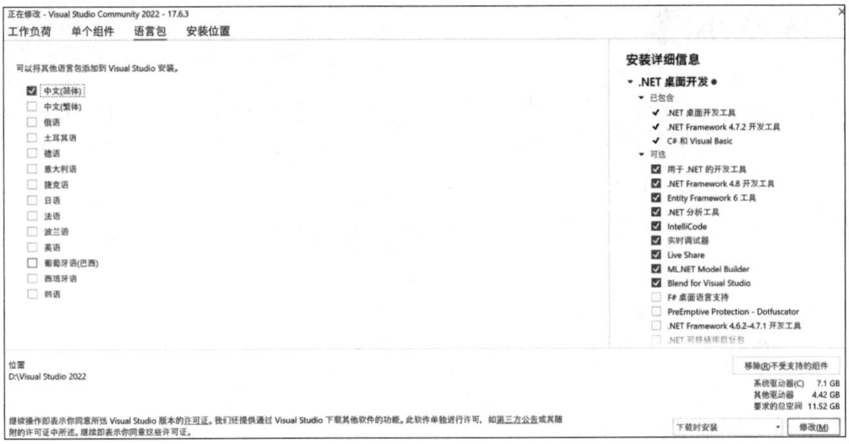

第 1 章 .NET Core   17

图 1-26 "语言包"选项卡

（7）选择安装位置（可选）。

选择非系统盘安装可减少系统驱动器上 Visual Studio 的安装占用，安装位置选择如图 1-27 所示。

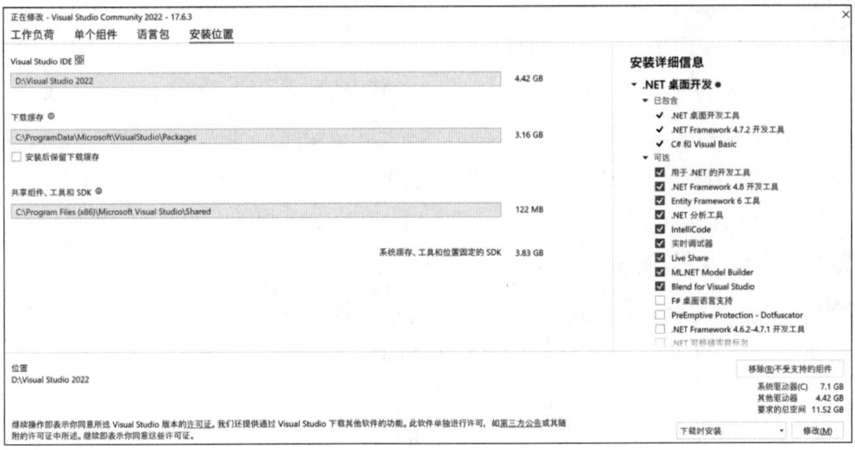

图 1-27 "安装位置"选项卡

（8）开始开发。

安装完成后，单击"启动"按钮，进行个性化设置后，开始使用 Visual Studio 进行开发，如图 1-28 所示，至此 Visual Studio 2022 安装成功。

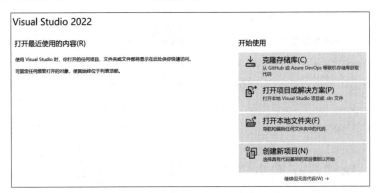

图 1-28　Visual Studio 2022 初始运行界面

1.6 本章小结

本章旨在全面介绍 .NET Core 的基本特征，并与 .NET Framework 进行比较，以分析各自的优缺点。同时，详细解释了开发 ASP.NET Core Web 应用程序的每个步骤，以及使用的各种文件夹和文件。此外，还对 Visual Studio 2022 作为集成开发环境进行了基本介绍。通过本章的学习，读者将掌握 .NET Core 的核心概念和技术，从而在实际开发中有效地利用这些知识。

1.7 习题

一、选择题

1. .NET Core 的特点是（　　）。
   A. 跨平台
   B. 完全开源
   C. 提供适用于构建现代跨平台应用程序的 API
   D. 所有选项都正确

2. .NET Core 3.0 引入了（　　）改进。
   A. Windows 桌面应用程序开发　　　B. WPF 和 Windows Forms 的现代化和改进
   C. Visual C# 8.0 的语言特性　　　D. 所有选项都正确

3. 在 2021 年，微软推出的统一、长期支持版本是（　　）。
   A. .NET Framework　　B. .NET Core　　C. .NET 6.0　　D. .NET 7.0

4. 在 2023 年 2 月，微软发布的预览版是（　　）。
   A. .NET 6.0　　B. .NET 7.0　　C. .NET 8.0　　D. .NET MAUI

5. 各种 .NET 实现遵循（　　）的 .NET Standard 进行版本控制。
   A. 最高版本　　B. 最低版本　　C. 任意版本　　D. 特定版本

6. 通过遵循 .NET Standard 规范，开发人员可以实现（　　）。
   A. 代码的可移植性　　B. 代码的高效性　　C. 代码的安全性　　D. 代码的稳定性

7. 微软为了实现跨平台战略，将 .NET Framework 分离出 .NET Core 版本的时间是（　　）。
   A. 2016 年　　B. 2017 年　　C. 2018 年　　D. 2019 年

8. ASP.NET Core 框架整合了之前存在的（　　）。
   A. ASP.NET MVC 和 ASP.NET Web API
   B. ASP.NET Core MVC 和 ASP.NET Web Forms
   C. ASP.NET Core Web API 和 ASP.NET Web Pages
   D. ASP.NET Core MVC 和 ASP.NET Web Pages

9. ASP.NET Core 开发、构建和运行过程中的依赖项主要包括（　　）。
   A. 包、元包和框架　　B. 包和元包　　C. 元包和框架　　D. 包和框架

10. 启动配置文件 launchSettings.json 用于（　　）。
    A. 存放 ASP.NET Core 项目的配置文件
    B. 存放 ASP.NET Core 项目的静态资源文件

C. 存放 ASP.NET Core 项目的启动准备工作配置

D. 存放 ASP.NET Core 应用的 Main() 方法配置

11. Visual Studio 2022 的菜单栏继承了（　　）早期版本的核心功能。

  A. "文件""编辑""视图""窗口""帮助"

  B. "生成""调试""测试"

  C. "解决方案管理器""属性窗口""工具栏""错误列表"

  D. "视图""帮助""解决方案管理器"

12. 在 Visual Studio 2022 中，通过（　　）显示"工具箱"及"属性"等窗口。

  A. 单击"文件"菜单　　　　　　　　B. 单击"编辑"菜单

  C. 单击"视图"菜单　　　　　　　　D. 单击"帮助"菜单

二、填空题

1. 从 .NET Framework4.5 版本开始支持_____。

2. .NET Framework 适用于开发_____应用程序。

3. .NET Core 具有_____、跨平台、现代、灵活、轻量级、快速、友好、可共享的特点，并为未来的软件开发而构建。

4. .NET Core 可以运行在_____、macOS 和 Linux 操作系统上，对于每个操作系统有不同的 .NET Core 运行时，执行代码，生成相同的输出。

5. ASP.NET Core 可以在_____、_____和_____操作系统上构建和运行应用程序。

6. 由 ASP.NET Core 统一的 MVC 和 Web API 技术栈中，控制器继承自_____基类，并返回_____类型的对象。

7. 在 VS.NET 网站项目中，解决方案文件的后缀名是_____。

8. 在 VS.NET 网站项目中，C# 项目的用户选项文件的后缀名是_____。

9. ASP.NET Core 开发、构建和运行过程中的依赖项包括_____、_____和_____。

10. 启动配置文件是 ASP.NET Core 项目应用保存特有的配置标准的文件名是_____。

三、简答题

1. 简述 .NET Framework 和 .NET Core 在应用模板上的差异。

2. 简述 .NET Framework 和 .NET Core 在 API 上的差异。

3. 简述 .NET Core 的特点。

4. 简述支持 .NET Core 运行的操作系统。

第2章

基础知识

CHAPTER 2

　　ASP.NET Core 是一个开源的、跨平台的框架,用于构建基于 Internet 连接的应用程序。在使用 ASP.NET Core 时,需要具备一定的基础知识,包括中间件、依赖注入、配置应用程序和 NuGet 包管理等。这些知识是开发 ASP.NET Core 应用程序所必备的要素。通过掌握这些知识,开发人员可以更好地理解和运用 ASP.NET Core,从而设计出高效、可靠和可扩展的应用程序。

2.1 中间件

中间件是 ASP.NET Core 中的一个重要概念，它负责处理 HTTP 请求和响应，以及实现各种功能和逻辑。中间件是一种装配到应用管道用于处理请求和响应的软件，可以通过将单个请求委托给并行匿名方法或在可重用的类中定义来指定并行处理。中间件按照特定顺序组织，并且每个中间件都有机会对请求进行处理或将其传递给下一个中间件。每个中间件组件在请求管道中负责调用下一个组件或者使管道短路。当中间件短路时，它被称为终结点中间件，此时它会阻止其他中间件继续处理请求。

2.1.1 中间件简介

视频讲解

ASP.NET Core 中间件在应用程序的请求处理管道中充当一个处理器，可以执行各种任务，如身份验证、授权、错误处理、请求转发等。

ASP.NET Core 请求管道包含一系列请求委托，依次调用。每个委托均可在下一个委托前后执行操作。应尽早在管道中调用异常处理委托，这样它们就能捕获在管道的后期阶段发生的异常，如图 2-1 所示。

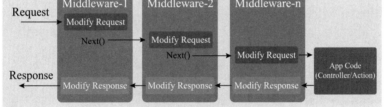

图 2-1 ASP-NET Core 请求管道委托调用

2.1.2 中间件的重要方法

在 ASP.NET Core 中，使用 Map( )、Use( ) 和 Run( ) 三个方法可以在请求管道中按顺序执行中间件，并对请求进行处理或转发到下一个中间件。

Map( ) 方法可以定义管道请求，用于创建管道分支。它会把请求重新路由到其他的中间件路径上，以根据请求路径选择不同的处理逻辑。例如，通过使用 Map( ) 方法，可以将请求根据 URL 路径路由到不同的控制器或处理程序中。基本语法格式如下：

```
app.Map("/path", app =>
{
    //中间件
});
```

Use( ) 和 Run( ) 方法用于定义管道。Use( ) 方法连接管道中的中间件，可向应用程序的请求管道中添加中间件，这些中间件将按照添加顺序依次执行。例如，使用 Use( ) 方法添加身份验证中间件，以确保只有经过身份验证的用户才能访问应用程序。在 Use( ) 方法中，context

参数表示当前请求的上下文信息，next 表示管道中的下一个委托。next 委托前的代码在请求进来时执行，next 委托后的代码在响应出去时执行。

```
app.Use(async (context, next) =>
{
    //代码
    await next.Invoke();
    // 代码
});
```

Run( ) 方法用于执行中间件，会直接返回一个响应，通常用于生成最终的 HTTP 响应。当请求达到 Run( ) 方法所在的中间件时，它将执行指定的操作并返回响应。例如，使用 Run( ) 方法生成一个视图，并将其作为响应返回给客户端。在 Run( ) 方法中委托没有 next 参数，第一个 Run 委托作为终结点，终止管道，之后的委托都不生效。Run( ) 方法与不调用 next 参数的 Use( ) 方法效果上相同。

```
app.Run(async context =>
{
    await context.Response.WriteAsync("Hello world");
});
```

一般情况下，一个管道由多个 Use( ) 方法和一个 Run( ) 方法组成。Map( )、Use( ) 和 Run( ) 方法的关系如图 2-2 所示。

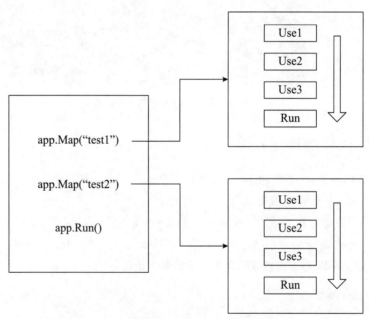

图 2-2　Map( )、Use( ) 和 Run( ) 方法的关系

2.1.3　常用中间件

ASP.NET Core 具备 20 多种官方内置的中间件，这些中间件在解决一般需求时已经足够使用。常用的官方内置中间件介绍如下。

1. 异常处理中间件

异常处理中间件是一种官方内置的 ASP.NET Core 中间件，在应用程序中用于对异常进行捕获和处理。当应用程序发生异常时，该中间件能够拦截异常并根据配置进行相应的处理操作。异常处理中间件的作用是保护应用程序免受未处理异常导致的意外错误和崩溃。它可以用于记录异常信息、显示友好的错误页面或返回适当的错误响应。通过使用此中间件，开发人员可以更好地掌握应用程序的运行状态，并提供更好的用户体验。

通过使用异常处理中间件，可以捕获和处理应用程序中的异常，并提供适当的响应，增强应用程序的健壮性和用户体验。在例 1-1 中，若在步骤（2）中选择 "ASP.NET Core Wed 应用（模型 - 视图 - 控制器）"，则可以创建 ASP.NET Core MVC 网站，网站中包含的 Controllers、Views 文件夹以及 appsettings.json 配置文件等资源，如图 2-3 所示。创建 ASP.NET Core MVC 项目具体实现步骤将在例 2-1 中详细讲解，网站中使用 ASP.NET Core Cookie 中间件的基本步骤如下。

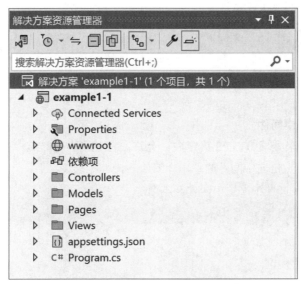

图 2-3　ASP.NET Core MVC 网站基本结构

（1）在 Program.cs 文件中添加异常处理中间件，启用中间件并将异常处理委托给指定的错误处理路径（"/Error"）。

```
app.UseExceptionHandler("/Error");
```

（2）在 Program.cs 中添加错误处理路径的请求处理程序。

```
var builder = WebApplication.CreateBuilder(args);
var app = builder.Build();
if (!app.Environment.IsDevelopment())
{
    app.UseExceptionHandler("/Error");
    app.UseHsts();
}
app.MapGet("/", async context =>
{
```

```
            await context.Response.WriteAsync("Hello World!");
    });
app.Run();
```

（3）在 Controllers 文件夹中创建名为 ErrorController 的控制器，并添加 Error 操作方法。读取中间件的 HttpContext 特性，获取异常并添加异常处理逻辑。

```
public class ErrorController : Controller
{

    [Route("/Error")]
    public IActionResult Error()
    {
        var exceptionHandlerPathFeature =
        HttpContext.Features.Get<IExceptionHandlerPathFeature>();
        var exception = exceptionHandlerPathFeature?.Error;
        // 异常处理逻辑
        return Problem();
    }
}
```

（4）在 Views 文件夹中创建 Error 子文件夹及 Error.cshtml 视图文件，用于显示错误信息并提供错误页面。

2. HTTPS 重定向中间件

重定向中间件用来处理 HTTPS 重定向，允许在应用程序中自动将 HTTP 请求重定向到 HTTPS。使用 HTTPS 重定向中间件的基本步骤如下。

（1）在 Program.cs 文件中配置中间件基本选项。

```
services.AddHttpsRedirection(options =>
{
    // 选项设置
});
```

在 options 参数中，可以设置属性如下。

RedirectStatusCode：设置重定向的 HTTP 状态码，默认为 307 Temporary Redirect。

HttpsPort：设置 HTTPS 服务的端口号，默认为 443。

（2）添加以下代码以启用 HTTPS 重定向中间件。

```
app.UseHttpsRedirection();
```

使用如下代码，可将重定向中间件的配置和启用都在 Program.cs 文件中完成。在处理 HTTP 请求之前，会进行 HTTPS 重定向。

```
var builder = WebApplication.CreateBuilder(args);
// 配置中间件选项
builder.Services.AddHttpsRedirection(options =>
{
    // 设置重定向的 HTTP 状态码，默认为 307 Temporary Redirect
    options.RedirectStatusCode = StatusCodes.Status307TemporaryRedirect;
    // 设置 HTTPS 服务的端口号，默认为 443
```

```
            options.HttpsPort = 443;
});
var app = builder.Build();
// 启用 HTTPS 重定向中间件
app.UseHttpsRedirection();
// 处理 HTTP 请求
app.MapGet("/", async context =>
{
    await context.Response.WriteAsync("Hello, World!");
});
app.Run();
```

3. 静态文件中间件

静态文件中间件是由 ASP.NET Core 提供的一个功能强大的组件，用于处理静态文件的请求。可以用于向客户端提供静态资源，如 HTML、CSS、JavaScript 文件和图像。静态文件中间件能够方便地向客户端提供静态资源文件。通过简单的配置和文件结构组织，开发人员可以轻松地管理和交付静态文件，提升 Web 应用程序的性能和用户体验。使用静态文件中间件的基本步骤如下。

（1）在 Program.cs 文件中进行配置，将静态文件中间件填入请求管道，用于处理所有针对静态文件的请求。

```
app.UseStaticFiles();
```

（2）在 wwwroot 文件夹中创建子文件夹，存放静态资源文件。例如，创建一个名为 css 的子文件夹，用于存放 CSS 文件。

（3）在 HTML 页面中引用这些静态资源文件。

```
<link rel="stylesheet" href="/css/style.css">
```

4. Cookie 中间件

在 Cookie 中间件提供了一种方便的方式来处理 HTTP 请求和响应中的 Cookie。通过合理配置和使用，使用 Cookie 中间件可以方便地读取、写入和管理 Cookie，从而灵活地管理和操作 Cookie，在应用程序中传递数据和保持用户状态。使用 Cookie 中间件的基本步骤如下。

（1）在 Program.cs 文件中进行配置调用 AddCookie( ) 方法来注册 Cookie 服务。

```
// 添加 Cookie 服务
services.AddCookie();
// 其他服务配置 ...
```

（2）使用 UseCookiePolicy( ) 方法来启用 Cookie 策略，并配置 Cookie 中间件的选项。

```
// 启用 Cookie 策略
app.UseCookiePolicy();
// 其他中间件配置 ...
```

通过如下代码，使用 WebApplication.CreateBuilder(args) 方法创建一个 builder 实例，并在 ConfigureServices( ) 方法中调用 AddCookie( ) 方法来注册 Cookie 服务。然后，使用 UseCookiePolicy( ) 方法启用 Cookie 策略。在 MapGet( )方法中，由控制器或视图使用 Cookie

中间件来读取、写入和管理 Cookie。通过创建 CookieOptions 对象并设置相关属性，可以配置 Cookie 的过期时间、域、路径和安全性等。

```csharp
var builder = WebApplication.CreateBuilder(args);
// 注册 Cookie 服务
builder.Services.AddCookie();
var app = builder.Build();
// 启用 Cookie 策略
app.UseCookiePolicy();
app.MapGet("/", () =>
{
    // 在控制器或视图中使用 Cookie 中间件来读取、写入和管理 Cookie
    var cookieOptions = new CookieOptions
    {
        Expires = DateTimeOffset.UtcNow.AddHours(1),
        Domain = "example.com",
        Path = "/",
        Secure = true,
        HttpOnly = true
    };
    // 写入 Cookie
    app.Response.Cookies.Append("myCookie", "cookieValue", cookieOptions);
    // 读取 Cookie
    if (app.Request.Cookies.TryGetValue("myCookie", out var cookieValue))
    {
        return Results.Ok($"The value of myCookie is: {cookieValue}");
    }
    else
    {
        return Results.BadRequest("Failed to retrieve the value of myCookie.");
    }
});
app.Run();
```

5. 路由中间件

路由中间件是一种重要的组件，用于处理客户端请求并将其路由到相应的控制器和操作方法。路由中间件在 ASP.NET Core 应用程序的请求处理管道中起关键作用。路由中间件的主要功能是解析 URL，并决定将请求传递给哪个控制器的哪个操作方法来处理。它通过使用路由规则，将特定的 URL 映射到相应的操作方法上。使用路由中间件的基本步骤如下。

（1）在 Program.cs 文件中，使用 UseRouting( ) 方法启用路由中间件。

```csharp
// 其他配置代码
app.UseRouting();
// 其他配置代码
```

（2）使用 UseEndpoints( ) 方法定义路由规则。

```csharp
// 其他配置代码
app.UseRouting();
app.UseEndpoints(endpoints =>
```

```
{
    endpoints.MapControllerRoute(
        name: "default",
        pattern: "{controller=Home}/{action=Index}/{id?}");
        // 其他路由配置
});
// 其他配置代码
```

可以通过如下代码，使用 WebApplication.CreateBuilder(args) 方法创建一个 builder 实例来构建 app。在 UseEndpoints( ) 方法中，定义了默认的路由规则，并且可以根据需要添加其他路由配置。此外，可以根据具体需求添加其他的配置代码，如配置日志、错误处理等。最后，使用 Run( ) 方法启动应用程序。

```
var builder = WebApplication.CreateBuilder(args);
// 其他配置代码
var app = builder.Build();
app.UseRouting();
app.UseEndpoints(endpoints =>
{
    endpoints.MapControllerRoute(
        name: "default",
        pattern: "{controller=Home}/{action=Index}/{id?}");
        // 其他路由配置
});
// 其他配置代码
app.Run();
```

6. 身份认证中间件

身份认证中间件是一种在应用程序中用于实现身份验证功能的组件。身份认证是指确认用户身份信息的过程，以确保只有经过授权的用户可以访问应用程序的受限资源。

身份认证中间件通过一系列的处理步骤来实现身份验证功能。首先，它接收来自客户端的身份验证请求，并提取其中的身份信息。然后，它对这些身份信息进行验证，以确认其有效性和合法性。一旦身份信息被确认有效，身份认证中间件将为用户创建一个安全的身份标识，并将其存储在用户的浏览器中或者在服务器端与用户相关联的会话中。这个身份标识可以包含用户的角色和权限信息，以便在应用程序的其他部分进行访问控制和授权操作。

7. 授权中间件

授权中间件是一种在应用程序中用于实现授权功能的组件。授权是指验证当前用户是否有权访问某个资源或执行某个操作。

在 ASP.NET Core 中，可以使用授权中间件来定义和应用授权策略，可以方便地实现授权功能，实现对资源访问的细粒度控制和权限管理。这样，可以根据业务需求定义授权策略，并确保只有符合授权要求的用户能够执行相关操作。

8. 会话中间件

会话中间件是一种在应用程序中用于管理用户会话状态的组件。会话中间件提供对管理用户会话的支持。应用程序使用会话状态，需要在 Cookie 中间件之后和 MVC 中间件之前调用会话中间件，可以用于存储用户的登录状态、购物车内容等。

2.1.4 中间件顺序

ASP.NET Core MVC 和 Razor Pages 是用于构建 Web 应用程序的框架。它们使用请求处理管道来处理传入的 HTTP 请求并生成响应。图 2-4 展示了 ASP.NET Core MVC 和 Razor Pages 应用程序的完整请求处理管道。

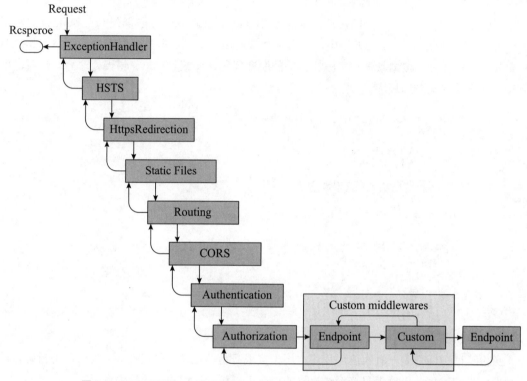

图 2-4　ASP.NET Core MVC 和 Razor Pages 应用程序的完整请求处理管道

可以根据需要在中间件之间添加自定义中间件，以实现特定的功能或扩展现有的功能。可以完全控制中间件的顺序，通过重新排列它们来改变请求处理的顺序。还可以根据场景需要注入新的自定义中间件，以满足特定的需求。对于中间件在执行顺序中的解释如下。

（1）Request（请求开始）：请求从 Web 服务器开始进入管道。

（2）ExceptionHandler（异常处理中间件）：用于捕获应用程序中未处理的异常，并产生适当的响应。它允许自定义如何处理异常并生成相应的错误页面或错误信息。

（3）HSTS（HTTP 严格传输安全）：用于强制浏览器通过 HTTPS 请求访问应用程序，以增加安全性。它在响应头中添加 Strict-Transport-Security 标头，告知浏览器只能使用 HTTPS 与应用程序进行通信。

（4）HttpsRedirection（HTTPS 重定向中间件）：用于将 HTTP 请求自动重定向到 HTTPS。它检查请求协议，如果使用 HTTP，则将其重定向到相同地址的 HTTPS 版本。

（5）Static Files（静态文件中间件）：用于提供静态文件，如 HTML、CSS 和 JavaScript 文件。它可以直接返回这些文件，而无须经过后续的中间件处理。

（6）Routing（路由中间件）：根据配置的路由规则将请求路由到相应的控制器或页面处理程序。它决定了请求将由哪个操作方法来处理。

路由中间件显示在静态文件中,并通过显式调用 UseRouting 来实现。如果不调用 UseRouting,则路由中间件将默认在管道开头运行。

(7) CORS(跨域资源共享):用于处理跨域请求,添加 CORS 标头到响应中,以允许跨域请求的访问。

(8) Authentication(身份验证中间件):用于验证用户的身份。它可以根据配置使用不同的身份验证方案(如 Cookie 身份验证或 JWT 身份验证)来验证用户。

(9) Authorization(授权中间件):用于控制哪些用户有权访问应用程序中的特定资源。它基于一组规则对用户进行授权,以决定是否允许他们访问请求的资源。

(10) Custom middleware(自定义中间件):开发人员自己编写的自定义中间件。它可以用于执行特定的功能或处理特定的需求。在执行此中间件之前,已经执行了 ASP.NET Core 框架提供的内置中间件。

(11) Endpoint(终结点中间件):管道的最终中间件,标志着请求处理的结束。它执行与路由匹配的控制器操作方法或页面处理程序的处理方法,并生成响应返回给客户端。

MVC 终结点中间件中过滤器管道如图 2-5 所示。每个部分都有不同的责任和功能,以便在 ASP.NET Core MVC 应用程序中实现灵活的请求处理和响应控制。MVC 过滤器管道的各个组成部分,以及它们的作用如下。

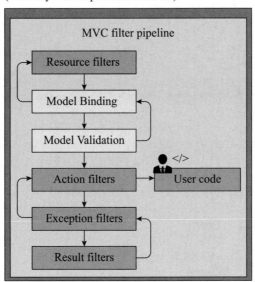

图 2-5 MVC 终结点中间件中过滤器管道

(1) MVC Filter pipeline(MVC 过滤器管道):MVC 过滤器管道是 ASP.NET Core MVC 处理 HTTP 请求和响应的一系列过滤器的集合。它允许在请求到达控制器之前或响应返回客户端之前对请求和响应进行修改或附加功能。

(2) Resource filters(资源过滤器):资源过滤器是在模型绑定之前执行的过滤器。它们可以用于处理全局的资源管理任务,如日志记录、异常处理等。

(3) Model Binding(模型绑定):模型绑定是将 HTTP 请求数据绑定到应用程序中的特定

模型对象上的过程。它将请求中的参数值映射到控制器操作方法的参数或模型属性。

（4）Model Validation（模型验证）：模型验证是在模型绑定之后，但在控制器操作方法执行之前执行的过滤器。它用于验证模型对象上的数据是否符合预定义的规则和约束。

（5）Action filters（操作过滤器）：操作过滤器是在控制器操作方法执行之前或之后执行的过滤器。它们用在操作方法执行之前进行身份验证、日志记录或其他逻辑操作，并且可以修改请求或响应。

（6）Exception filters（异常过滤器）：异常过滤器用于捕捉和处理在请求处理过程中发生的异常。它们允许自定义如何处理异常，如记录错误日志、返回自定义错误页面等。

（7）Result filters（结果过滤器）：结果过滤器是在控制器操作方法执行完毕并生成结果后执行的过滤器。它们用于对结果进行修改或附加一些额外的逻辑操作，如添加 HTTP 响应头、压缩响应等。

（8）User code（用户代码）：用户代码是指开发人员编写的自定义代码，用于实现应用程序的特定功能需求。它可以包括控制器操作方法、模型类、服务类等。

向 Program.cs 文件中添加中间件组件的顺序决定了针对请求调用这些组件的顺序，以及响应的相反顺序。此顺序对于安全性、性能和功能至关重要。在 Program.cs 文件中，可以按以下代码根据典型的建议顺序增加与安全相关的中间件组件。

```csharp
using IndividualAccountsExample.Data;
using Microsoft.AspNetCore.Identity;
using Microsoft.EntityFrameworkCore;

var builder = WebApplication.CreateBuilder(args);
// 将服务添加到容器中
var connectionString =
builder.Configuration.GetConnectionString("DefaultConnection");
builder.Services.AddDbContext<ApplicationDbContext>(options =>
    options.UseSqlServer(connectionString));
builder.Services.AddDatabaseDeveloperPageExceptionFilter();
builder.Services.AddDefaultIdentity<IdentityUser>(options =>
options.SignIn.RequireConfirmedAccount = true)
    .AddEntityFrameworkStores<ApplicationDbContext>();
builder.Services.AddRazorPages();
var app = builder.Build();
// 配置 HTTP 请求管道
if (app.Environment.IsDevelopment())
{
    app.UseMigrationsEndPoint();
}
else
{
    app.UseExceptionHandler("/Error");
    // 默认的 HSTS 值为 30 天。如希望针对生产环境更改，可参阅 https://aka.ms/
//aspnetcore-hsts
    app.UseHsts();
}
app.UseHttpsRedirection();
```

```
app.UseStaticFiles();
// 启用 Cookie 策略
// app.UseCookiePolicy();
app.UseRouting();
// 启用请求本地化
// app.UseRequestLocalization();
// 启用跨域资源共享
// app.UseCors();
app.UseAuthentication();
app.UseAuthorization();
// 启用会话支持
// app.UseSession();
// 启用响应压缩
// app.UseResponseCompression();
// 启用响应缓存
// app.UseResponseCaching();
app.MapRazorPages();
app.MapControllerRoute(
    name: "default",
    pattern: "{controller=Home}/{action=Index}/{id?}");
app.Run();
```

创建新的 Web 应用程序时不是所有中间件都按照严格的顺序出现，可以根据具体需求和中间件的功能安排它们的顺序。但是一些中间件需要按照特定的顺序执行，例如，UseCors( )、UseAuthentication( )、UseAuthorization( ) 必须按照显示的顺序出现。并且 UseCors( ) 必须在 UseResponseCaching( ) 之前执行。UseRequestLocalization( ) 必须在任何可能检查请求区域设置的中间件之前出现，如 UseMvcWithDefaultRoute( ) 方法。

2.1.5 自定义中间件

在某些情况下，系统自带的中间件无法满足需求。这时候，可以自定义中间件来实现所需的功能，例如，开发一个定时任务中间件。在注册中间件时，可以使用 Use( ) 和 Run( ) 两种方法。其中，Use( ) 方法可以快速注册中间件，而 Run( ) 方法则是终结点中间件，它位于中间件管道的末尾。当注册了 Run( ) 方法的中间件后，后面的所有中间件将不再执行。

三种常见的自定义中间件方式：自定义匿名中间件、基于工厂的中间件和基于约定的中间件。

1. 自定义匿名中间件

匿名中间件是一种特殊类型的中间件，它可以在请求管道中执行一些通用的任务，而无须进行身份验证或授权检查。自定义匿名中间件可以在 Program.cs 文件中实现，通过 Use( ) 方法和 Run( ) 方法来自定义匿名中间件。在 MapRazorPages( ) 方法和 Run( ) 方法之间，添加如下代码。

```
app.Use(async (context, next) =>{ Console.WriteLine("测试匿名中间件");
await next();});
```

2. 基于工厂的中间件

使用基于工厂的中间件，可以通过定义工厂方法来动态地创建中间件实例，而不是在启动时将其预先配置。这种方式可以根据应用程序的需求和条件来灵活地选择和配置中间件，从而增加了代码的可读性和可维护性，同时也使得应用程序更加易于扩展和适应变化。

基于工厂中间件需要通过 IMiddleware 接口实现，然后再通过 UseMiddleware( ) 注册后在 Program.cs 文件中依赖注入。

【例 2-1】创建基本的 ASP.NET Core Web 应用程序，添加基于工厂的中间件并进行测试。

具体实现步骤如下。

（1）打开 Visual Studio 2022，选择"创建新项目"→"ASP.NET Core Web 应用（模型 - 视图 - 控制器）"选项，如图 2-6 所示，单击"下一步"按钮。

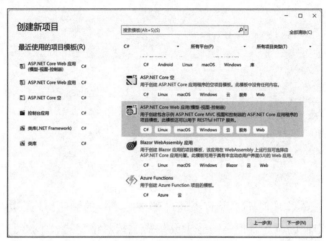

图 2-6　新建项目操作

（2）在"配置新项目"对话框中，设置项目名称为 example2-1，保存位置为"D：\ASP.NET Core 项目"目录中 chapter2 文件夹，将解决方案和项目放于同一目录中，如图 2-7 所示单击"下一步"按钮。

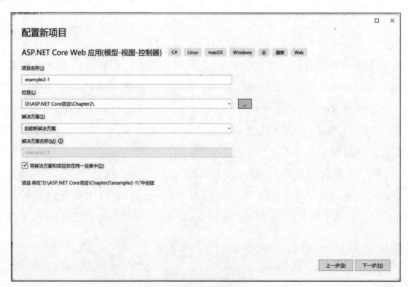

图 2-7　配置新项目操作

（3）在"其他信息"对话框中，选择框架为 .NET 6.0，其他信息设置如图 2-8 所示，单击"创建"按钮。

图 2-8　配置信息操作

（4）在"解决方案资源管理器"中，右击 example2-1 项目，添加创建名为 Middleware.cs 的类文件，编辑该文件代码如下。

```
public class Middleware : IMiddleware
{
    public async Task InvokeAsync(HttpContext context, RequestDelegate next)
    {
        Console.WriteLine(" 测试基于工厂的中间件 ");
        await next(context);
    }
}

public static class MiddlewareExtensions
{
    public static IApplicationBuilder Middleware(this IApplicationBuilder builder)
    {
        // 使用前需先进行注册
        return builder.UseMiddleware<Middleware>();
    }
}
```

（5）编辑 Program.cs 文件的代码如下。

```
var builder = WebApplication.CreateBuilder(args);
// Add services to the container.
builder.Services.AddRazorPages();
builder.Services.AddSingleton<Middleware>();
var app = builder.Build();
// Configure the HTTP request pipeline.
if (!app.Environment.IsDevelopment())
{
```

```
        app.UseExceptionHandler("/Error");
        app.UseHsts();
}
app.UseHttpsRedirection();
app.UseStaticFiles();
app.UseRouting();
app.UseAuthorization();
app.MapRazorPages();
app.Middleware();
app.Run();
```

（6）运行网站，控制台中显示的运行结果如图 2-9 所示。

图 2-9　基于工厂的中间件运行结果

3. 基于约定的中间件

基于约定的中间件采用约定优于配置的理念，通过命名约定和按顺序排列的方式来自动注册和使用中间件。在基于约定的中间件中，只需按照约定命名中间件类，并定义相应的处理逻辑，就可以轻松地将中间件集成到应用程序中，从而实现各种功能需求。ASP.NET Core 会根据约定自动将这些中间件添加到请求管道中，并按顺序依次执行。这使得开发人员能够更加专注于业务逻辑的实现，同时减少了手动配置的工作量。

使用基于约定的中间件，开发人员可以快速构建和扩展应用程序的功能。这种机制不仅提供了简单和一致的编程模型，还增加了代码的可读性和可维护性。

【例 2-2】创建基本的 ASP.NET Core Web 应用程序，添加基于约定的中间件并进行测试。

具体实现步骤如下。

（1）打开 Visual Studio 2022，选择"创建新项目"→"ASP.NET Core Web 应用（模型 - 视图 - 控制器）"选项，单击"下一步"按钮。

（2）在"配置新项目"对话框中，设置项目名称为 example2-2，保存位置为"D：\ASP.NET Core 项目"目录中 chapter2 文件夹，将解决方案和项目放于同一目录中，单击"下一步"按钮。

（3）在"其他信息"对话框中，选择框架为 .NET 6.0，使用顶级语句，其他信息为默认项，单击"创建"按钮。

（4）在"解决方案资源管理器"中，右击 example2-2 项目，添加创建名为 Middleware.cs 的类文件，编辑该文件代码如下。

```
public class Middleware
{
    public RequestDelegate _requestDelegate;
    public Middleware(RequestDelegate requestDelegate)
```

```
    {
        _requestDelegate = requestDelegate;
    }
    public async Task InvokeAsync(HttpContext context)
    {
        Console.WriteLine(" 约定中间件测试 ");
        await _requestDelegate(context);
    }
}
```

(5) 编辑 Program.cs 文件的代码如下。

```
var builder = WebApplication.CreateBuilder(args);
// Add services to the container.
builder.Services.AddControllersWithViews();
var app = builder.Build();
// Configure the HTTP request pipeline.
if (!app.Environment.IsDevelopment())
{
    app.UseExceptionHandler("/Home/Error");
    app.UseHsts();
}
app.UseHttpsRedirection();
app.UseStaticFiles();
app.UseRouting();
app.UseAuthorization();
app.MapControllerRoute(
    name: "default",
    pattern: "{controller=Home}/{action=Index}/{id?}");
app.UseMiddleware<Middleware>();
app.Run();
```

(6) 运行网站，控制台中显示的运行结果如图 2-10 所示。

图 2-10　基于约定的中间件运行结果

三种自定义中间件设计，各自具有不同的优点。对于较为简单的功能，可以使用匿名中间件，如用于过滤请求的链接。而对于较为复杂的功能，建议使用基于工厂的中间件或基于约定的中间件。而从便利性的角度考虑，推荐采用基于约定的中间件来实现这些功能。

2.2　依赖注入

依赖注入（dependency injection，DI）是一种软件设计模式，用于管理对象之间的依赖关系。在传统的编程模式中,一个对象通常需要直接创建或获取其依赖的对象。对象之间的耦合度高,代码难以扩展和维护。而依赖注入则通过将对象之间的依赖关系转移到外部容器来解决这个问题。

2.2.1 控制反转

依赖注入也是控制反转的一种实现方式。控制反转(inversion of control,IoC)是指将对象的创建和依赖关系的管理由调用方转移到外部容器中,并通过容器来自动注入所需的依赖对象。可以降低代码的耦合度,拓展性和可测试性都得到了提升。

依赖注入通过将一个对象所依赖的其他对象的引用作为参数传递进来,从而实现了对依赖关系的解耦。依赖注入主要通过构造函数、方法参数或者属性来实现。

被依赖对象(dependent object):需要依赖其他对象的对象。

依赖对象(dependency object):被依赖的对象,提供被依赖对象所需的功能或资源。

容器(container):负责管理对象的创建和依赖关系的注入。

视频讲解

当被依赖对象需要使用依赖对象时,它不再直接创建依赖对象,而是向容器请求获取依赖对象的实例。容器会根据依赖关系的配置,自动创建并注入所需的依赖对象。依赖注入使代码更加灵活,也有助于提高代码的可读性和可理解性。

2.2.2 ASP.NET Core 中的依赖注入

视频讲解

依赖注入核心思想是将依赖关系从代码中移除,而是由外部的容器负责创建和注入所需的依赖对象。"依赖"是指接收方所需的对象。"注入"是指将"依赖"传递给接收方的过程。在"注入"之后,接收方才会调用该"依赖"。此模式确保了任何想要使用给定服务的对象不需要知道如何建立这些服务。取而代之的是,连接收方对象也不知道它存在的外部代码提供接收方所需的服务。

【例 2-3】创建基本的控制台应用程序,使用依赖注入实现控制反转。

具体实现步骤如下。

(1)打开 Visual Studio 2022,选择"创建新项目"→"控制台应用"选项,如图 2-11 所示,单击"下一步"按钮。

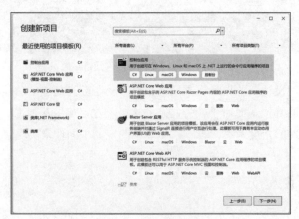

图 2-11 新建项目操作

（2）在"配置新项目"对话框中，设置项目名称为 example2-3，保存位置为"D：\ASP.NET Core 项目"目录中 chapter2 文件夹，将解决方案和项目放于同一目录中，单击"下一步"按钮。

（3）在"其他信息"对话框中，选择框架为 .NET 6.0，使用顶级语句，其他信息为默认项，单击"创建"按钮。

（4）在"解决方案资源管理器"中，右击 example2-3 项目，添加创建名为 ILogger 的接口文件，编辑代码如下。

```
internal interface ILogger
{
    void Log(string message);
}
```

（5）添加创建名为 ConsoleLogger 的类文件实现 ILogger 接口，编辑代码如下。

```
internal class ConsoleLogger:ILogger
{
   public void Log(string message)
   {
      Console.WriteLine("Logging: " + message);
   }
}
```

（6）添加创建一个依赖于 ILogger 接口的服务类 UserService 文件，编辑代码如下。

```
internal class UserService
{
    private readonly ILogger _logger;
    public UserService(ILogger logger)
    {
        _logger = logger;
    }
    public void DoSomething()
    {
        // 使用 Logger 记录日志
        _logger.Log("Doing something...");
        // 其他业务逻辑
    }
}
```

（7）创建依赖注入容器，在项目中安装 Autofac NuGet 包，在 Visual Studio 菜单中选择"工具"→"NuGet 包管理器"→"程序包管理器控制台"选项，打开"程序包管理器控制台"窗口，运行如下命令，如图 2-12 所示。

Install-Package Autofac

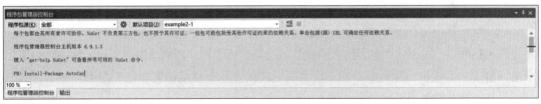

图 2-12　Package Manager Console 窗口

（8）在 Program.cs 文件中创建容器，并注册依赖项，编辑代码如下。

```
using Autofac;
// 创建 Autofac 容器
var builder = new ContainerBuilder();
// 注册依赖项
builder.RegisterType<ConsoleLogger>().As<ILogger>();
builder.RegisterType<UserService>();
// 构建容器
var container = builder.Build();
// 从容器中解析 UserService 实例
using (var scope = container.BeginLifetimeScope())
{
    var userService = scope.Resolve<UserService>();
    userService.DoSomething();
}
```

（9）运行应用程序，控制台中显示的运行结果如图 2-13 所示。

图 2-13　依赖注入实现控制反转的运行结果

首先，通过调用 builder.RegisterType<ConsoleLogger>( ).As<ILogger>( ) 方法来注册 ILogger 接口的具体实现 ConsoleLogger 类。然后，通过调用 builder.RegisterType<UserService>() 方法来注册 UserService 类。最后，通过调用 container.BeginLifetimeScope( ) 方法来创建一个范围，然后调用 scope.Resolve<UserService>( ) 方法来从容器中解析出 UserService 实例，然后调用其中的方法。

代码运行时，Autofac 会自动解析出 UserService 实例，并将 ILogger 接口的具体实现 ConsoleLogger 类注入 UserService 类的构造函数中，从而使用依赖注入实现控制反转。

2.3　配置应用程序

配置应用程序是 ASP.NET Core 中一个非常重要的任务。ASP.NET Core 提供了多种内置的配置提供程序，如命令行、环境变量和用户机密存储。还可以自定义配置提供程序，以满足特定的需求。

视频讲解

2.3.1　最小托管模型

ASP.NET Core 6.0 或更高版本使用最小托管模型，该模型将 Startup.cs 文件和 Program.cs 文件统一到 Program.cs 文件中。ASP.NET Core 6.0 简化了程序的启动配置过程，使得代码更加简洁、易读和易维护。这种最小托管模型的设计让开发人员能够更专注于应用程序的逻辑开发，提升了开发效率和可维护性。

早期版本的 Program.cs 文件的代码如下。

```csharp
using Microsoft.AspNetCore.Hosting;
using Microsoft.Extensions.Hosting;
namespace WebApp
{
    public class Program
    {
        public static void Main(string[] args)
        {
            CreateHostBuilder(args).Build().Run();
        }
         public static IHostBuilder CreateHostBuilder(string[] args) =>
Host.CreateDefaultBuilder(args).ConfigureWebHostDefaults(webBuilder =>
        {
            webBuilder.UseStartup<Startup>();
        });
    }
}
```

早期版本的 Startup.cs 文件的代码如下。

```csharp
using Microsoft.AspNetCore.Builder;
using Microsoft.AspNetCore.Hosting;
using Microsoft.Extensions.Configuration;
using Microsoft.Extensions.DependencyInjection;
using Microsoft.Extensions.Hosting;
namespace WebApp
{
    public class Startup
    {
        public Startup(IConfiguration configuration)
        {
            Configuration = configuration;
        }
        public IConfiguration Configuration
        {
        get;
        }
        public void ConfigureServices(IServiceCollection services)
        {
            services.AddRazorPages();
        }
        public void Configure(IApplicationBuilder app, IWebHostEnvironment env)
        {
            if (env.IsDevelopment())
            {
                app.UseDeveloperExceptionPage();
            }
            else
            {
                app.UseExceptionHandler("/Error");
```

```
                app.UseHsts();
            }
            app.UseHttpsRedirection();
            app.UseStaticFiles();
            app.UseRouting();
            app.UseAuthorization();
            app.UseEndpoints(endpoints =>
            {
                endpoints.MapRazorPages();
            });
        }
    }
}
```

统一后的 Program.cs 文件如下。

```
namespace WebApp
{
    public class Program
    {
        public static void Main(string[] args)
        {
            var builder = WebApplication.CreateBuilder(args);
            // Add services to the container
            builder.Services.AddControllersWithViews();
            var app = builder.Build();
            // Configure the HTTP request pipeline
            if (!app.Environment.IsDevelopment())
            {
                app.UseExceptionHandler("/Home/Error");
                // The default HSTS value is 30 days. You may want to change this
//for production scenarios, see https://aka.ms/aspnetcore-hsts.
                app.UseHsts();
            }
            app.UseHttpsRedirection();
            app.UseStaticFiles();
            app.UseRouting();
            app.UseAuthorization();
            app.MapControllerRoute(
                name: "default",
                pattern: "{controller=Home}/{action=Index}/{id?}");
            app.Run();
        }
    }
}
```

ASP.NET Core 6.0 在程序启动配置相关的代码方面优化了很多，原先两个文件几十行代码优化成了几行代码就能把程序运行起来。

```
var builder = WebApplication.CreateBuilder(args);
var app = builder.Build();
```

```
app.MapGet("/", () => "Hello World!");
app.Run();
```

下面将两部分代码进行对比,来分析代码具体的差异。

ASP.NET Core 5.0 代码分析如下。

```
public class Startup
{
    public void Configure(IApplicationBuilder app)
    {
        // 1. 启用某中间件
        app.UseStaticFiles();
        // 2. 启用路由
        app.UseRouting();
        app.UseEndpoints(endpoints =>
        {
            endpoints.MapGet("/", () => "Hello World");
        });
    }
    public void ConfigureServices(IServiceCollection services)
    {
        // 3. 添加服务
        services.AddMemoryCache();
        services.AddScoped<ITodoRepository, TodoRepository>();
    }
}
public class Program
{
    public static int Main(string[] args)
    {
        CreateHostBuilder(args).Build().Run();
    }
    // 4. 配置内容根目录、环境、应用名称
    public static IHostBuilder CreateHostBuilder(string[] args) =>
    Host.CreateDefaultBuilder(args)
        .UseContentRoot(Directory.GetCurrentDirectory())
        .UseEnvironment(Environments.Staging)
        // 5. 添加配置提供程序
        .ConfigureAppConfiguration(config =>
        {
            config.AddIniFile("appsettings.ini");
        })
        // 6. 添加日志记录提供程序
        .ConfigureLogging(logging =>
        {
            logging.AddJsonConsole();
        })
        // 7. 自定义 IHostBuilder
        .ConfigureHostOptions(o => o.ShutdownTimeout = TimeSpan.FromSeconds(30));
    .ConfigureWebHostDefaults(webBuilder =>
    {
```

```
            webBuilder.UseHttpSys()
// 8. 自定义 IWebHostBuilder
.UseWebRoot("webroot")
// 9. 更改 Web 根目录
.UseStartup<Startup>()
.UseSetting(WebHostDefaults.ApplicationKey, typeof(Program).Assembly.
FullName);
        });
// 10. 自定义依赖注入容器
//.UseServiceProviderFactory(new AutofacServiceProviderFactory())
}
```

ASP.NET Core 6.0 代码分析如下。

```
var builder = WebApplication.CreateBuilder(new WebApplicationOptions
{
    // 4. 配置内容根目录、环境、应用名称
    ApplicationName = typeof(Program).Assembly.FullName,
    ContentRootPath = Directory.GetCurrentDirectory(),
    EnvironmentName = Environments.Staging,
    WebRootPath = "customwwwroot",
    // 9. 更改 Web 根目录           //Args = args
    WebRootPath = "webroot"
});
// 5. 添加配置提供程序
builder.Configuration.AddIniFile("appsettings.ini");
// 6. 添加日志记录提供程序
builder.Logging.AddJsonConsole();
// 7. 自定义 IHostBuilder
builder.Host.ConfigureHostOptions(o => o.ShutdownTimeout = TimeSpan.
FromSeconds(30));
// 8. 自定义 IWebHostBuilder
builder.WebHost.UseHttpSys();
//10. 自定义依赖注入容器
builder.Host.UseServiceProviderFactory(new AutofacServiceProviderFactory());
builder.Host.ConfigureContainer<ContainerBuilder>(builder =>
builder.RegisterModule(new MyApplicationModule()));
// 3. 添加服务
builder.Services.AddMemoryCache();
builder.Services.AddScoped<ITodoRepository, TodoRepository>(); var app =
builder.Build();
// 1. 启用某中间件
app.UseStaticFiles();
// 2. 启用路由
app.MapGet("/", () => "Hello World!");
app.Run();
```

2.3.2 早期版本中的 Startup 文件

在之前版本的 ASP.NET 应用程序中，通常将配置信息写在 webConfig 文件中。但是在 ASP.NET Core 中，则使用 Startup 类定义 Web 应用程序的配置。Startup 文件主要包含

ConfigureServices 和 Configure 两个核心方法。ConfigureServices 方法是用于配置应用程序的服务提供程序的。在这个方法中，开发人员可以将各种服务添加到应用程序的依赖注入容器中。Configure 方法是用于定义应用程序的请求处理管道的。在这个方法中，开发人员可以配置中间件组件来处理进入应用程序的 HTTP 请求。

早期版本中的 Startup.cs 文件的代码如下。

```
using Microsoft.Extensions.DependencyInjection;
using Microsoft.AspNetCore.Builder;
public class Startup
{
    public void ConfigureServices(IServiceCollection services)
    {
        // 在此进行服务配置
    }
    public void Configure(IApplicationBuilder app)
    {
        // 在此进行中间件配置
    }
}
```

在应用程序入口处进行实例化并调用 Startup 类的方法，Program.cs 文件的代码如下。

```
public class Program
{
    public static void Main(string[] args)
    {
        var builder = WebApplication.CreateBuilder(args);
        var app = builder.Build();
        // 在此调用 ConfigureServices 方法
        app.ConfigureServices();
        // 在此调用 Configure 方法
        app.Configure();
        app.Run();
    }
}
```

2.3.3　appsettings.json 文件

在之前版本的 ASP.NET 应用程序中，通常将配置信息写在 webConfig 文件中。例如，数据库连接字符串、全局变量，以及任何其他的配置信息等。但是在 ASP.NET Core 中，应用程序的配置信息多存储在 appsettings.json 文件中。

appsettings.json 是 ASP.NET Core 6.0 中的一个重要配置文件，它提供了一种简单的方式来管理应用程序的设置和配置。通过读取 appsettings.json 文件可以集中管理应用程序的配置信息，并支持动态更新、多环境配置及配置值的注入和使用。合理使用 appsettings.json 配置文件，可以更方便地管理和调整应用程序的配置，提高应用程序的灵活性和可维护性。其主要作用如下。

（1）集中管理应用程序配置。提供了集中管理应用程序配置的方式，简化配置管理流程。可以将应用程序的数据库连接字符串、日志级别、身份验证信息等配置信息存储在 appsettings.

json 文件中。

（2）动态更新配置值。可以在运行时动态地更新配置值，而无须重新编译应用程序。在不停止应用程序的情况下，修改配置值并立即生效，从而实现应用程序的快速调整和优化。

（3）多支持环境配置。允许为不同的环境（如开发环境、生产环境）创建不同的 appsettings.json 文件，使用不同的配置值。可以为每个环境提供特定的配置，以满足不同环境的需求。例如，在开发环境中使用本地数据库连接字符串，而在生产环境中使用云服务提供商的数据库连接字符串。

（4）注入和共享配置值。可以通过依赖注入的方式在应用程序中使用 IConfiguration 接口来获取配置值，应用程序的各个组件可以共享相同的配置信息，而不需要在每个组件中单独配置。

2.3.4 环境设置

在 ASP.NET Core 中，可以通过设置不同的环境来适应不同的开发、测试和生产环境。每个环境都可以具有不同的配置值、日志级别和其他应用程序行为。ASP.NET Core 中常使用的环境如下。

（1）Development（开发）：开发人员在本地进行应用程序开发和调试的环境。在开发环境中，通常启用了详细的日志记录、调试器支持和实时重新加载功能。默认情况下，ASP.NET Core 应用程序在本地启动时使用开发环境。

（2）Staging（预发布）：类似于生产环境的环境，在此环境中进行最终的测试和验证，以确保应用程序能够在生产环境中正常工作。通常预发布环境与生产环境非常接近，并使用与生产环境相同的配置和设置。

（3）Production（生产）：应用程序实际部署和运行的环境，通常是面向用户的线上环境。在生产环境中，应该启用适当的日志级别和错误处理机制，并使用性能优化的配置。

在 ASP.NET Core 中，使用 appsettings.json 配置文件来切换不同的环境。通过配置文件可以为每个环境提供不同的配置值，如数据库连接字符串、日志级别、缓存设置等。通过 appsettings.json 配置文件切换环境的步骤主要包括创建环境特定的配置文件、设置默认配置文件、根据环境加载特定的配置文件和读取配置值。

（1）创建环境特定的配置文件。首先，需要为每个环境创建一个对应的配置文件。例如，可以创建 appsettings.Development.json（开发环境）、appsettings.Production.json（生产环境）等文件。

（2）设置默认配置文件。在 Program.cs 文件的 CreateHostBuilder( ) 方法中，设置应用程序启动自动加载的默认配置文件为 appsettings.json。

```
var configuration = new ConfigurationBuilder()
    .SetBasePath(Directory.GetCurrentDirectory())
    .AddJsonFile("appsettings.json", optional: false)
    .Build();
```

（3）环境加载特定的配置文件。在 CreateHostBuilder( ) 方法中，使用 Environment.GetEnvironmentVariable("ASPNETCORE_ENVIRONMENT") 方法获取当前的环境变量，并将其作为参数传递给 AddJsonFile( ) 方法。

```
    var environment = Environment.GetEnvironmentVariable("ASPNETCORE_
    ENVIRONMENT");
    var configuration = new ConfigurationBuilder()
      .SetBasePath(Directory.GetCurrentDirectory())
      .AddJsonFile("appsettings.json", optional: false)
      .AddJsonFile($"appsettings.{environment}.json", optional: true)
      .Build();
```

当环境变量 ASPNETCORE_ENVIRONMENT 的值为 Development 时，将加载 appsettings.Development.json 配置文件；当环境变量的值为 Production 时，将加载 appsettings.Production.json 配置文件。

（4）读取配置值。通过 IConfiguration 接口可以读取配置文件中的值。在读取配置值的类中注入 IConfiguration 接口，并使用 GetSection( ) 方法获取特定配置节点的值。

```
public class MyClass
{
    private readonly IConfiguration _configuration;
    public MyClass(IConfiguration configuration)
    {
        _configuration = configuration;
    }
    public void MyMethod()
    {
        var value = _configuration.GetSection("Key").Value;
        // TODO: 使用获取到的配置值进行操作
    }
}
```

2.3.5　配置文件的应用

在 ASP.NET Core 应用程序中，appsettings.json 文件是一个 JSON 格式的文件，可以包含多个属性和值对。这些属性和值对定义了应用程序的各种设置，如数据库连接字符串、日志级别、身份验证信息等。编辑 appsettings.json 文件如下。

```
{
  "ConnectionStrings": {
    "DefaultConnection": "Server=(localdb)\\mssqllocaldb;Database=MyDatabase;Trusted_Connection=True;"
  },
  "Logging": {
    "LogLevel": {
      "Default": "Information",
      "Microsoft": "Warning",
      "Microsoft.Hosting.Lifetime": "Information"
    }
  },
  "AllowedHosts": "*"
}
```

在上面示例中，appsettings.json 文件中有三个顶级属性：ConnectionStrings、Logging、AllowedHosts。ConnectionStrings 属性定义了一个应用程序的 SQL Server 数据库连接字符串；Logging 属性定义了应用程序的日志级别，Default 级别被设置为 Information，Microsoft 级别被设置为 Warning，Microsoft.Hosting.Lifetime 级别被设置为 Information；AllowedHosts 属性定义了允许访问应用程序的主机，"*"表示允许任何主机访问应用程序。

在 ASP.NET Core 中，可以通过使用 IConfiguration 接口来读取 appsettings.json 文件中的配置。

```csharp
public class HomeController : Controller
{
    private readonly IConfiguration _config;
    public HomeController(IConfiguration config)
    {
        _config = config;
    }
    public IActionResult Index()
    {
        string connectionString = _config.GetConnectionString("DefaultConnection");
        string logLevel = _config.GetValue<string>("Logging:LogLevel:Default");
        string userInfo = _config.GetValue<string>("Account:ID");
        // 使用配置值进行其他操作
        return View();
    }
}
```

在上面 C# 语言代码中，通过构造函数注入 IConfiguration 接口，可以在控制器中获取 appsettings.json 文件中的配置值。通过调用 GetConnectionString( ) 方法和 GetValue( ) 方法，可以分别获取数据库连接字符串和日志级别的配置值。

2.4 管理 NuGet 包

视频讲解

　　NuGet 包管理器是用于引用和管理第三方库和工具包的工具，开发人员可以通过 NuGet 包管理器来添加、更新和删除项目的依赖项。对于 ASP.NET Core 而言，共享代码且由微软支持的机制为 NuGet，其定义如何创建、托管和使用面向 .NET 的包，并针对每个角色提供适用的工具。简单来说，NuGet 包是具有 .nupkg 扩展名的单个 ZIP 文件，此 NuGet 包含编译代码（DLL）、与该代码相关的其他文件，以及描述性清单（包含 NuGet 包版本号等信息）。使用代码的开发人员创建 NuGet 包，并将其发布到公用或专用主机。NuGet 包使用者从适合的主机获取这些 NuGet 包，将它们添加到项目，然后在其项目代码中调用 NuGet 包的功能。随后，NuGet 自身负责处理所有中间详细信息。

　　NuGet 除了支持公共的 nuget.org 主机外，还支持私有主机，因此可以使用 NuGet 包来共享组织或工作组专用的代码。此外，还可以使用 NuGet 包作为一种便捷的方式，将代码用于项目之外的任何其他项目。简而言之，NuGet 包是可共享的代码单元，但不需要声明任何特定的共享方式。

2.4.1 NuGet 包的兼容性

NuGet 包的兼容性是指在使用 NuGet 包时，NuGet 包与目标项目之间能够正常工作和集成的能力。由于不同的项目可能使用不同的框架、依赖和版本，因此 NuGet 包的兼容性是一个重要的考虑因素。

首先，兼容性可以涉及框架的兼容性。NuGet 包通常是为特定的开发框架或平台而设计的，如 .NET Framework、.NET Core、Xamarin 等。因此，在选择和安装 NuGet 包时，必须确保该包适用于目标项目所使用的框架。如果使用了不兼容的 NuGet 包，可能会导致编译错误、运行时错误或不正确的行为。

其次，兼容性还包括依赖关系的兼容性。NuGet 包可能依赖于其他 NuGet 包或特定的库文件。在安装 NuGet 包时，NuGet 会自动解析并安装所需的依赖项。然而，如果目标项目已经安装了与 NuGet 包中依赖项版本不兼容的其他包，可能会导致冲突和错误。因此，需要仔细管理项目的依赖关系，并确保所有依赖项都是兼容的。

此外，兼容性还与 NuGet 包的版本相关。NuGet 包通常会发布多个版本，每个版本可能有不同的功能、修复和改进。在选择 NuGet 包的版本时，需要考虑目标项目所需的功能和兼容性要求。通常建议使用最新稳定版本的 NuGet 包，以获取最新的功能和修复。

2.4.2 NuGet 工具

NuGet 提供各种供创建者和使用者使用的工具进行 NuGet 包管理操作。开发人员可以选择最适合自己习惯和需求的工具来使用 NuGet 功能。这些工具使得使用 NuGet 更加灵活、便捷，并提高了开发效率。NuGet 常用工具如表 2-1 所示。

表 2-1 NuGet 常用工具

工具	平台	适用方案	说明
dotnet CLI	跨平台	.NET Core 和 ASP.NET Core 项目	.NET Core 官方提供的命令行工具，可以执行创建项目、添加引用、编译代码、运行应用程序等各种操作
nuget.exe CLI	跨平台	.NET Framework 项目	NuGet 官方提供的命令行工具，可以搜索、安装、更新和删除 NuGet 包，以及管理本地和远程包源
程序包管理器控制台	Windows	.NET Framework 项目	Visual Studio 中的一个命令行窗口，可以执行安装、更新和卸载包，以及执行其他高级操作
包管理器 UI	Windows	.NET Framework 项目	在 .NET Framework 项目中用于搜索、安装、更新和卸载 NuGet 包。可以通过图形界面浏览和管理包
管理 NuGet UI	Windows	.NET Core 和 ASP.NET Core 项目	可以通过图形界面搜索、安装、更新和卸载 NuGet 包
MSBuild	跨平台	.NET Framework、.NET Core 和 ASP.NET Core 项目	微软提供的构建引擎，通过命令行或在 Visual Studio 中使用，可以执行编译、打包、发布等操作，支持 NuGet 包的引用和管理

2.4.3 安装 NuGet 包

NuGet 包内具有其他开发人员提供的在项目中使用的可重用代码。可以使用 NuGet 包管理器、程序包管理器控制台或 .NET CLI 在 Visual Studio 项目中安装 NuGet 包。本书以常用的 Newtonsoft.Json 包为例进行安装说明。

1. 通过 NuGet 包管理器安装

具体的安装步骤如下。

（1）选择"项目"→"管理 NuGet 程序包"选项。

（2）在"管理解决方案包"窗口中，选择 nuget.org 作为程序包源。

（3）在"浏览"选项卡中，搜索 Newtonsoft.Json，在列表框中选择 Newtonsoft.Json 选项，如图 2-14 所示，然后单击"安装"按钮。

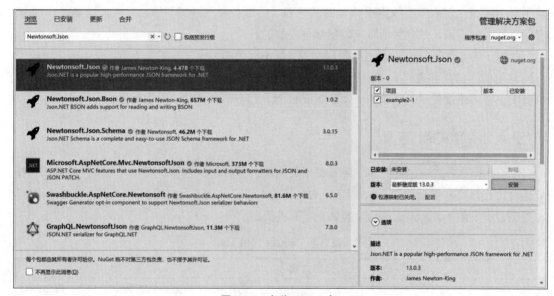

图 2-14 安装 NuGet 包

（4）安装 NuGet 包后，使用代码 using <namespace> 进行引用。

2. 通过程序包管理器控制台安装

具体的安装步骤如下。

（1）选择"工具"→"NuGet 包管理器"→"程序包管理器控制台"选项。

（2）在控制台提示符下，输入命令 Install-Package Newtonsoft.Json，如图 2-15 所示，按 Enter 键，运行命令。

图 2-15 安装 NuGet 包

（3）安装 NuGet 包后，使用代码 using <namespace> 进行引用。

2.5 综合实验二：NuGet 包的制作及发布

1. 主要任务

使用 Visual Studio 2022 创建类库项目，生成 DLL 动态链接库文件，并使用 NuGet Package Explorer 制作和发布 NuGet 包，以便其他开发人员可以使用和安装 NuGet 包。

2. 实验步骤

（1）打开 Visual Studio 2022，在"D:\ASP.NET Core 项目\chapter2\综合实验二"目录中使用 .NET Framework 4.8 框架创建类库项目，如图 2-16 所示。

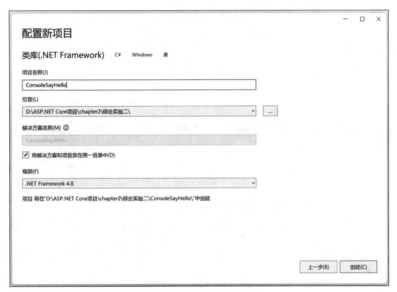

图 2-16　创建类库项目

（2）创建 SayHelloLibraryClass 类文件，编辑代码如下。

```
using System;
namespace ConsoleSayHello
{
    public class SayHelloLibraryClass
    {
        public static void SayHello()
        {
            Console.WriteLine("Hello, World!");
        }
    }
}
```

（3）如图 2-17 所示，在工具栏中选择 Release 模式，在打开的图 2-18 所示的界面中右击"解决方案"→"生成"选项，生成 ConsoleSayHello.dll 文件，如图 2-19 所示。

图 2-17　Release 模式设置

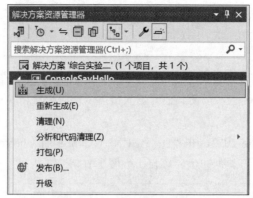

图 2-18　单击"生成"选项

图 2-19　生成 ConsoleSayHello.dll 文件

（4）在"D：\ASP.NET Core 项目\chapter2\综合实验二"目录下，新建 ConsoleSayHello Package 文件夹，存储 NuGet 发布文件，如图 2-20 所示。icon.png 文件将作为 NuGet 包的图标，readme.md 为 NuGet 包的介绍文件，将在 https://www.nuget.org/packages/ConsoleSayHello/ 进行显示。

图 2-20　建立 ConsoleSayHello Package 文件夹

（5）从微软官方商店中下载并安装 NuGet Package Explorer，下载链接为：https://www.microsoft.com/zh-cn/p/nuget-package-explorer/9wzdncrdmdm3?activetab=pivot:overviewtab。安装完成后，打开 NuGet Package Explorer 应用程序。

（6）在 NuGet Package Explorer 中选择 Create a new package 选项，创建新的 package，如图 2-21 所示。

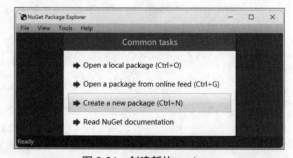

图 2-21　创建新的 package

（7）选择 Content → Add → Lib Folder 选项，新增 lib 文件夹，如图 2-22 所示。

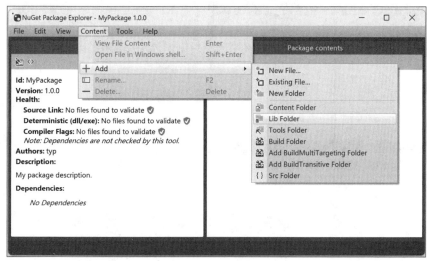

图 2-22　新增 lib 文件夹

（8）右击 lib 目录，在弹出的快捷菜单中，选择 Add .NET Framework folder → v4.8 选项，新增 net48 文件夹，如图 2-23 所示。

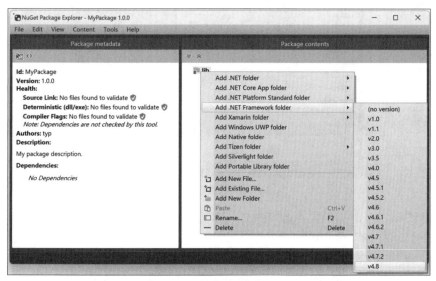

图 2-23　新增 net48 文件夹

（9）添加已有 ConsoleSayHello.dll、readme.md 和 icon.png 文件，如图 2-24 所示。

（10）在菜单中选择 Edit → Edit Metadata 选项，在 Package metadata 窗口中，按照图 2-25 填写相关信息。然后下拉滚动条在页面底部单

图 2-24　添加已有文件

击 Edit dependencies 按钮，添加项目所依赖的框架，如 .NET Framework 和 .NET Standard 等。本书添加了 .NET Framework 4.8 的框架，如图 2-26 所示。当设置完成后，信息显示如图 2-27 所示。

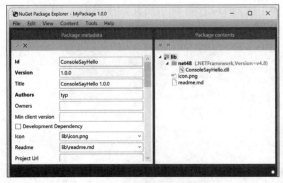

图 2-25 编辑上传数据

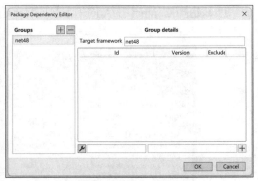

图 2-26 添加项目依赖项

图 2-27 设置信息详情

(11)编辑完成,在菜单中选择 Edit → Edit Metadata Source 选项,打开对应的 XML 文件内容如图 2-28 所示。

图 2-28 XML 文件

（12）在菜单中选择 File → Save as 选项，保存为 NUPKG 格式的文件，如图 2-29 所示。

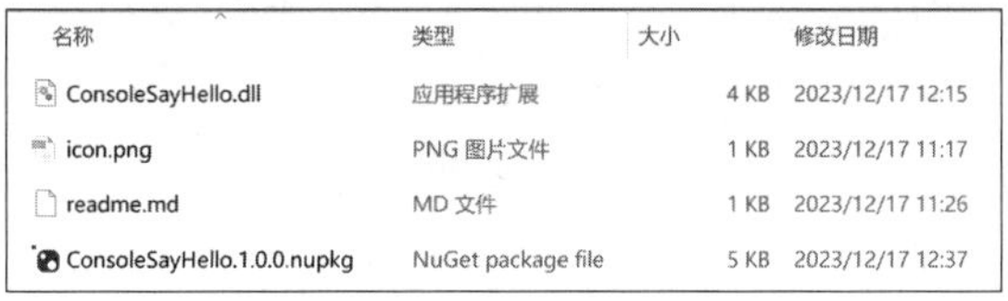

图 2-29　创建的 NUPKG 文件

（13）在菜单中选择 File → Publish 选项，在 Publish Package 对话框中输入在 nuget.org 上得到的 key，发布到 nuget.org，如图 2-30 所示。发布后，经过几分钟审核，就可以将 NuGet 包上传到 NuGet 包库。

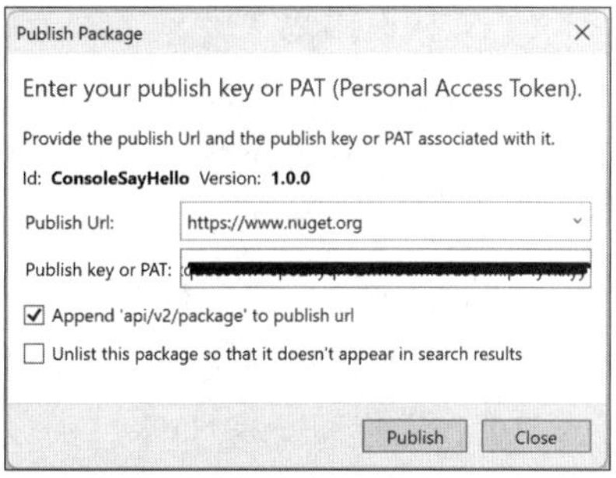

图 2-30　发布到 nuget.org

2.6　本章小结

本章主要介绍使用 ASP.NET Core 时的基础知识。首先，详细阐述了中间件的概念，分析并处理 HTTP 的请求和响应，以及实现各种功能和逻辑。其次，介绍依赖注入这种设计模式，使用其管理对象之间的依赖关系，提高代码的可维护性和可测试性。最后，使用 NuGet 包管理器引用第三方库和工具包，通过 NuGet 包管理器来添加、更新和删除项目的依赖项。通过本章的学习，可以全面了解开发高质量 ASP.NET Core 应用程序的基础知识。

视频讲解

2.7　习题

一、选择题

1. 在 ASP.NET Core 中，中间件的主要作用是（　　）。
　　A. 处理 HTTP 请求和响应　　　　　　B. 进行身份验证
　　C. 执行错误处理　　　　　　　　　　D. 请求转发

2. 在 ASP.NET Core 请求管道中，（　　）时应尽早调用异常处理委托。
　　A. 在管道的最后阶段　　　　　　　　B. 在管道的开始阶段
　　C. 在管道的中间阶段　　　　　　　　D. 在管道的后期阶段

3. 在 ASP.NET Core 中，下列方法中可用于创建管道分支并根据请求路径选择不同的处理逻辑的是（　　）。
　　A. Map( ) 方法　　　B. Use( ) 方法　　　C. Run( ) 方法　　　D. Invoke( ) 方法

4. 在 ASP.NET Core 中，下列方法中用于连接管道中的中间件，按照添加顺序依次执行的是（　　）。
　　A. Map( ) 方法　　　B. Use( ) 方法　　　C. Run( ) 方法　　　D. Invoke( ) 方法

5. 在 ASP.NET Core 中，下列方法中用于执行中间件并生成最终的 HTTP 响应的是（　　）。
　　A. Map( ) 方法　　　B. Use( ) 方法　　　C. Run( ) 方法　　　D. Invoke( ) 方法

6. 在依赖注入中，被依赖对象是指（　　）。
   A. 需要依赖其他对象的对象
   B. 提供被依赖对象所需的功能或资源的对象
   C. 负责管理对象的创建和依赖关系的注入的对象
   D. 依赖其他对象的对象

7. 依赖注入可以通过（　　）方式实现。
   A. 构造函数　　　　B. 方法参数　　　　C. 属性　　　　D. 所有答案都正确

8. ASP.NET Core 6.0 及更高版本采用了（　　）。
   A. 最小托管模型　　B. 分层托管模型　　C. 集中托管模型　　D. 大型托管模型

9. 最小托管模型的设计目的是（　　）。
   A. 提升开发效率和可维护性　　　　　　B. 简化程序的启动配置过程
   C. 使代码更加简洁、易读和易维护　　　D. 所有答案都正确

10. 在选择和安装 NuGet 包时，需要考虑（　　）因素。
    A. 框架的兼容性　　　　　　　　　　B. 依赖关系的兼容性
    C. NuGet 包的版本兼容性　　　　　　D. 所有答案都正确

11. 如果目标项目已经安装了与 NuGet 包中依赖项版本不兼容的其他包，则可能会出现（　　）。
    A. 编译错误　　　　B. 运行时错误　　　　C. 不正确的行为　　　　D. 所有答案都正确

二、填空题

1. NuGet 提供的命令行工具 nuget.exe CLI 适用于_____平台和项目。
2. 程序包管理器控制台是用于_____操作系统和项目的命令行窗口。
3. ASP.NET Core 中的_____环境适用于本地开发和调试。
4. _____环境类似于生产环境，并用于最终的测试和验证。
5. _____环境是实际部署和运行应用程序的线上环境。
6. 使用_____方法可以快速注册自定义匿名中间件。
7. 基于工厂的中间件通过_____接口实现。
8. 在_____文件中进行基于工厂中间件的依赖注入。

三、简答题

1. 简述 ASP.NET Core 异常处理中间件的作用。
2. 简述通过使用 ASP.NET Core 异常处理中间件，开发人员可以实现的主要功能。
3. 简述通过依赖注入模式可以实现的效果。
4. 简述 ASP.NET Core 中的开发环境。
5. 简述 ASP.NET Core 具备的特性和功能。

第3章

LINQ数据模型

CHAPTER 3

语言集成查询（Language Integrated Query，LINQ）技术作为在 Visual Studio 2008 中引入的众多新功能之一，在 Visual Studio 2022 中仍然具有重要的地位和作用。目前，LINQ 默认支持多种数据源，包括 SQL Server、Oracle、XML 等数据库，以及内存中的数据集合等。此外，开发人员还可以通过使用扩展框架，添加更多的数据源，如 MySQL、Amazon 和 Google Desktop 等。这种灵活性使得开发人员能够根据实际需求选择适合的数据源进行开发工作。

3.1 LINQ 基础

3.1.1 LINQ 简介

LINQ 是在 .NET Framework 3.5 中引入的一项新特性。作为 C# 语言和 Visual Basic 语言的扩展功能，LINQ 提供了一种统一且对称的查询方式。通过编写类似 SQL 的表达式，可以实现与多源数据的交互，并获取和操作广义数据上的信息。

作为一组语言特性和 API，LINQ 提供了统一的查询命令编写方式，可以检索并保存来自不同数据源的数据。这使得编程语言和数据库之间能够更好地匹配，并为不同类型的数据源提供了统一的查询接口。LINQ 主要包括 LINQ to Objects、LINQ to XML、ADO.NET LINQ 等部分，其基本架构如图 3-1 所示。

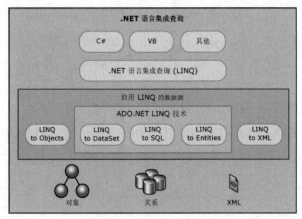

图 3-1 LINQ 基本架构

在 LINQ 的架构中，各个组件有着不同的职责。LINQ to Objects 主要用于对象的查询，它提供了对内存中的对象集合进行查询和操作的能力。LINQ to XML 则专注于 XML 文档的查询和处理，使得对 XML 数据的操作更加便捷。而 LINQ to ADO.NET 则是专门为数据库查询而设计的组件，它内部包含了 LINQ to SQL、LINQ to DataSet 和 LINQ to Entities 等子组件，分别用于与 SQL Server 数据库、ADO.NET DataSet 和 Entity Framework 进行交互。

通过这样的架构，LINQ 提供了统一的查询接口，让开发人员可以使用相似的语法和方法对不同类型的数据源进行查询。这种统一性使得程序设计更加灵活和高效，能够降低开发和维护的成本。无论是操作对象集合、处理 XML 文档还是查询数据库，LINQ 都提供了相应的组件和 API 来满足不同需求。

3.1.2 LINQ 的优缺点

LINQ 作为一种针对 .NET 平台的查询技术，为开发人员提供了一种在编程语言中使用统一的查询语法来查询不同数据源的方法。它可以使用相同的查询语法来查询和转换 XML、对象集合、SQL Server 数据库、ADO.NET 数据集，以及其他多种格式的数据对象。

LINQ 使用时主要的优点如下。

（1）简化查询：LINQ 提供了统一的语法，使得针对不同数据源的查询可以使用相同的方式进行，简化了开发过程。

（2）类型安全：LINQ 的查询表达式在编译时进行类型检查，提供了更好的类型安全性。编译器可以在编译时捕获可能的类型错误，减少了在运行时出现错误的可能性。

（3）集成性：LINQ 是语言集成的查询技术，与 .NET 编程语言（如 C# 语言和 VB.NET 语言）紧密集成。开发人员可以直接在熟悉的语言中编写查询，无须切换到其他查询语言。

（4）可读性强：使用 LINQ 查询语法，可以以一种更自然和可读性更高的方式编写查询。这使得代码更易于理解和阅读，提高了代码的可维护性。

LINQ 使用时主要的缺点如下。

（1）性能问题：尽管 LINQ 提供了方便的查询语法，但有时可能会引入一些性能开销。特别是在处理大型数据集或复杂查询时，性能可能不如手动编写针对特定数据源的查询语句。

（2）学习曲线：初学者需要一些时间和努力来掌握 LINQ 的查询语法。尽管 LINQ 的语法相对简单，但理解和熟练应用它需要一些练习和学习。

（3）功能限制：尽管 LINQ 提供了强大的查询功能，但无法处理某些特殊的查询需求。在某些情况下，可能需要使用其他特定的查询技术来满足特定的需求。

3.2 数据模型预备知识

3.2.1 隐式类型 var

视频讲解

隐式类型 var 是从 Visual C# 3.0 开始引入的一项新技术，它允许在方法内部声明变量。当程序设计无法确定变量的类型时，可以使用 var 类型。var 可以替代 C# 语言中的任何类型，编译器会根据上下文来推断该变量的类型。使用 var 定义变量既具有 object 定义的方便性，又具有强类型定义的效率。

视频讲解

var 类型定义变量的语法如下。

var 变量名 = 初始值；

使用 var 定义变量的简单示例如下。

视频讲解

```
static void DeclareExplicitVars()
{
    var count = 0;
    var isLocked = true;
    var str = "Hello World!";
}
```

在程序运行时，编译器会根据局部变量的初始值推断出 var 变量的数据类型。在上述示例中，count 变量将被声明为 int 类型，isLocked 变量将被声明为 bool 类型，str 变量将被声明为 string 类型。

var 类型也可以在 C# 语言中特有的 foreach 迭代循环中使用。在 foreach 循环语句中，编译器会推断出迭代变量的数据类型。

var类型在foreach迭代循环中使用的示例如下。

```
static void ShowNums()
{
    var nums = new int[]{ 1, 2, 3, 4, 5, 6 };
    foreach (var item in nums)
    {
        Console.WriteLine("nums value: {0}", item);
    }
}
```

使用var关键字虽然可以不关注变量的类型,但也有一些限制。首先,隐式类型var只能应用于方法或属性内部局部变量的声明,不能用var来定义返回值、参数类型或数据成员。其次,使用var声明的变量必须赋初始值,并且初始值不能为null。一旦初始化完成,就不能将与初始值类型不兼容的值赋给变量。从本质上讲,var类型推断保持了C#语言的强类型特性。在初始化之后,编译器已经推断出隐式类型变量的确切数据类型,因此隐式类型局部变量最终是具有强类型的数据。

视频讲解

3.2.2 自动属性

自动属性(auto-implemented Properties)是在Visual C# 5.0之后引入的新语法。与Java语言在类的内部使用GetXXX( )方法和SetXXX( )方法来访问数据不同,微软官方规范推荐在C#语言中使用公有属性来封装私有数据字段以实现数据的读取。当某个属性的set访问器和get访问器中没有任何逻辑处理,只是简单地封装字段时,可以使用自动实现的属性。自动属性的定义类似于字段,除了指定数据类型外,只需要声明其具有的访问器即可。不需要单独声明封装的私有字段,编译器会自动创建。

创建自动属性语法结构如下。

```
class 类名
{
    public 数据类型属性1{get;set;}              //可读写属性
    public 数据类型属性2{get;private set;}      //只读属性
    public 数据类型属性3{private get;set;}      //只写属性
}
```

C#语言的自动属性通过编译器自动生成私有字段,简化了代码编写过程,从而为开发人员节约了时间。

传统的Person类创建代码如下。

```
class Person
{
    private in id;
    public int Id
    {
        set{id=value;}
        get{return id;}
    }
}
```

```
    private string username;
    public string UserName
    {
        set{username=value;}
        get{return username;}
    }
}
```

使用自动属性后，Person 类得到了极大的简化，代码如下。

```
class Person
{
    public in Id{get;set;}
    public string UserName{get;set;}
}
```

定义自动属性时，只需要指定访问修饰符、数据类型、属性名称即可，与常规属性的区别如下。

（1）自动属性必须同时声明 get 访问器和 set 访问器。如果要创建一个只读的自动属性，则需要将 set 访问器的访问修饰符设置为 private；如果要创建一个只写的自动属性，则需要将 get 访问器的访问修饰符设置为 private。

（2）自动实现属性的 get 访问器和 set 访问器中不能包含特殊的逻辑处理。也就是说，自动属性的访问器只是简单地返回字段的值（get）或者赋值给字段（set），不能进行复杂的计算或逻辑操作。

（3）自动属性中无法直接获取编译器生成的字段名称，程序无法直接访问该字段。因此，只能通过属性初始化器来对字段进行初始化，而无法通过其他方式直接访问该字段。

下面展示如何定义自动属性并使用属性初始化器对字段进行初始化，示例代码如下。

```
public class Person
{
    public string Name { get; set; }          // 读写的自动属性
    public int Age { get; private set; }      // 只读的自动属性
    public string Address { private get; set; }
    // 只写的自动属性，地址信息只能在类内部进行赋读取
    public Person(string name, int age)
    {
        Name = name;
        Age = age;
    }
}
// 使用自动属性
Person person = new Person("John", 30);
Console.WriteLine(person.Name);              // 输出:"John"
Console.WriteLine(person.Age);               // 输出：30
person.Address = "123 Main Street";          // 可以在类的外部赋值
```

3.2.3　对象和集合初始化器

对象和集合初始化器是在 Visual C# 3.0 中引入的一种语法，在创建对象时用于设置属性的

初始值。与传统的构造函数方式不同，对象和集合初始化器不需要在构造函数中声明，并且可以直接在构造函数体内为对象或集合的成员赋值。

对象和集合初始化器的语法结构如下。

```
类名 对象 =new 类名 ()
{
    属性1=属性值1,
    属性1=属性值2,
    属性1=属性值3,
    ...
};
```

以创建 Student 对象为例，使用对象初始化器为学生的姓名、生日、学号属性赋值，代码如下。

```
class Student
{
    public int StudentId { get; set; }
    public string StudentName { get; set; }
    public DateTime Brithday  { get; set; }
}
static void Main(string[] args)
{
    // 对象初始化器
    Student objStudent = new Student()
    {
        StudentName = "刘文",
        Brithday = Convert.ToDateTime("1999-9-9"),
        StudentId = 1888
    };
    Console.WriteLine("姓名:{0},学号:{1},生日:{2}",
    objStudent.StudentName,objStudent.StudentId,objStudent.Brithday.ToString());
}
```

对象初始化器和构造方法都可用于初始化对象属性值，它们差异如下。

（1）定义方式：构造方法需要在类中定义，而对象初始化器无须定义，可以直接在创建对象时使用。

（2）强制性：调用构造方法时，需要为参数列表中的每个参数赋值，并且顺序必须与声明变量时相同。对象初始化器没有这种强制要求，可以选择性地为对象属性赋值。

（3）功能范围：对象初始化器只能用于属性的初始化，而构造方法可以执行其他初始化操作。例如，构造方法可以读取文件、进行数据验证等操作。对象初始化器仅用于属性赋值。

3.2.4　扩展方法

视频讲解

扩展方法（extension method）是在 Visual C# 3.0 中引入的一个与 LINQ 密切相关的功能。它可以方便地为某个框架或第三方库中的特定类型增加辅助功能。在早期版本的 .NET 程序集中，开发人员无法直接修改已编译的类型。如果需要向某个类型添加、修改或删除成员，则唯一的方法就是重新修改类型定义的代码。然而，扩展方法允许在不修改类型定义的情况下向已有类型中添加方法。这种"添加"操作无须创建新的派生类型，也无须对原始类型进行重新编译。

创建和调用扩展方法的基本步骤如下。

（1）创建一个静态类。

（2）在该静态类中创建一个静态方法。

（3）为该静态方法添加至少一个参数，并在第一个参数类型之前加上 this 关键字。这样，该方法将成为第一个参数所属类型的扩展方法。

（4）使用该类型的对象直接调用该扩展方法。

按照以上步骤来创建和调用扩展方法，就可以轻松地为现有类型添加额外的功能，而无须修改类型的定义。

【例 3-1】为 string 类型增加一个 FirstUpper( ) 方法，实现将字符串首字母大写，并测试调用。示例代码如下。

```
static class Program
{
    // 必须是静态类才可以添加扩展方法
    public static string FirstUpper(this string str)
    {
        string firstChar = str[0].ToString().ToUpper();
        return str.Remove(0).Insert(0, firstChar);
    }
    static void Main(string[] args)
    {
        string str = "hello";
        string newStr = str.FirstUpper();
        Console.WriteLine(newStr);
    }
}
```

在 C# 语言中，扩展方法通过指定第一个参数来确定其作用的类型，并且该参数需要以 this 修饰符为前缀。扩展方法的目的是为已有类型添加一个方法，这个类型可以是系统数据类型如 int、string，也可以是用户自定义的数据类型。

需要注意的是，与普通方法有所不同，扩展方法本质上是从被扩展类型的实例上调用静态方法。扩展方法无法直接访问被扩展类型的成员，它既不是直接修改，也不是继承。此外，虽然扩展方法在表面上似乎是全局的，但实际上它们受限于所在的命名空间。如果要使用其他命名空间中定义的扩展方法，则首先需要引入相应的命名空间。

3.2.5 lambda 表达式

lambda 表达式是一种匿名函数，即没有函数名的函数。它的命名源自数学中的 λ 运算，直接对应于其中的 lambda 抽象（lambda abstraction）。lambda 表达式的引入与委托类型的使用密切相关，实质上 lambda 表达式就是以更简洁的方式书写匿名方法，从而简化 .NET 委托类型的使用。

视频讲解

在 C# 语言中，lambda 表达式使用 lambda 运算符 "=>" 表示，该运算符读作 goes to。运算符将表达式分为两部分，左边是输入的参数列表，右边是表达式的主体。

lambda 表达式的语法结构如下。

（参数列表）=> ｛表达式或者语句块｝

其中参数列表相当于函数的参数列表，可以有 0 个或多个参数；表达式或者语句块部分相当于函数的函数体，用于实现某些特定功能，lambda 表达式的主要约束如下。

1. 参数的约束

（1）如果参数列表中只有一个未显式声明类型的参数，可以直接书写。例如，x => x + 1。
（2）如果参数列表包含 0 个或者 2 个及 2 个以上的参数，则必须使用括号进行包裹，示例如下。
(int x) => x + 1   // 显式声明类型的参数需要使用括号进行包裹
(x, y) => x * y   // 多个参数需要使用括号进行包裹
（3）如果没有参数，则需要使用空括号表示，如：( ) => Console.WriteLine( )。

2. 返回值的约束

如果语句或语句块有返回值，并且包含两条或两条以上的语句时，则必须以 return 语句作为结尾，示例如下。

x => x + 1   // 只有一条语句，可以直接写表达式
x => { return x + 1; }   // 只有一条语句，可以写返回值
(int x, int y) => { x++; y += 2; return x + y; }
// 多条语句，需要书写 return 语句并指明返回值

3.3 LINQ to SQL 数据模型

3.3.1 实体数据库的建立

本书中的示例均采用课程配套资源中的 Demo 数据库文件作为默认数据库。该数据库包含了三张数据表，分别为 student（学生）表、course（课程）表和 sc（学生选课）表。这三个表之间的结构和关系如表 3-1~表 3-3 所示。

表 3-1 student 表

字 段 名	字段描述	数据类型	主　　键	约　　束
sno	学号	int	是	
sname	姓名	varchar(20)		not null
sex	性别	char(3)		
age	年龄	uint		
dept	部门	varchar(20)		

表 3-2 course 表

字 段 名	字段描述	数据类型	主　　键	约　　束
cno	课程号	int	是	
cname	课程名	varchar(20)		
tname	教师姓名	varchar(20)		not null
credit	学分	uint		not null

表 3-3　sc 表

字　段　名	字段描述	数据类型	主　　键	约　　束
sno	学号	int	是	外键
cno	课程号	int		外键
grade	成绩	int		not null

3.3.2　LINQ to SQL 基本语法

LINQ to SQL 是 LINQ 中的一个数据库访问应用框架，专门针对 SQL Server 数据库的集成查询语言。它以对象形式管理关系型数据，并提供了丰富的查询功能。它能够简化对 SQL Server 数据库的访问代码，改变传统的手工编写代码、运行时出现错误、需要修改 SQL 语句的开发流程。通过系统辅助生成查询语句，只要代码编译通过，就能生成正确的 SQL 语句。

LINQ to SQL 提供了两种语法可以选择：查询表达式语法（query expression）和方法语法（fluent syntax）。这两种语法都可以用于编写 LINQ 查询，具体使用哪种语法取决于开发人员的偏好和需求。无论选择哪种语法，都可以实现对数据库的查询操作并获取所需的结果。

1. 查询表达式语法

查询表达式语法是一种类似于 SQL 语法的查询方式，在 LINQ to SQL 中使用形式如下。

```
var 结果集 = from c in 数据源
where 过滤表达式
orderby 排序
select c;
```

使用中需要注意的问题如下。

（1）查询表达式语法与 SQL 语法相似，使得开发人员更容易理解和使用。

（2）查询表达式必须以 from 子句开头，并以 select 子句或 groupby 子句结束。

（3）可以使用过滤、连接、分组、排序等运算符来筛选数据，构建所需的查询结果。

（4）可以使用隐式类型 var 的变量来保存查询结果，从而方便地推断出结果集的类型。

2. 方法语法

方法语法又称流利语法，利用 System.Linq.Enumerable 类中定义的扩展方法和 lambda 表达式进行查询，类似于调用类的扩展方法，语法结构如下。

```
IEnumerable<T> query= 数据源集合.Where(bool 类型的过滤表达式).OrderBy(排序条件).Select(选择条件)
```

【例 3-2】使用 LINQ 方法语法进行查询示例，返回数组中的偶数。

```
int[] arr={1,2,3,4,5,6,7,8,9};
var result = arr.Where(p => p % 2 == 0).ToArray();
```

在这个示例中，调用了 Enumerable 类中定义的扩展方法 Where( )，并使用了 lambda 表达式作为过滤条件。最后，使用 ToArray( ) 方法将结果转换为数组形式。

3. 查询表达式语法与方法语法比较

查询表达式语法与方法语法存在着紧密的关系，下面是它们的比较。

（1）CLR 本身只理解方法语法，而不理解查询表达式语法。

（2）编译器在编译时负责将查询表达式语法翻译成方法语法。

（3）大部分方法语法都有与之对应的查询表达式形式，例如，Select( ) 方法对应 select 子句、OrderBy( ) 方法对应 orderby 子句等。

（4）在 C# 语言中，有些查询方法目前还没有相应的查询表达式形式，如 Count( ) 方法和 Max( ) 方法等。此时，需要使用查询表达式语法和方法语法的混合方式进行替代。

编译器在底层将查询表达式翻译成明确的方法调用代码。这些代码利用了新的扩展方法和 lambda 表达式语言特性来实现。从 Visual Studio 2022 开始提供了对查询语法的完整智能感应和编译检查支持。

下面通过几个示例来比较 SQL 语法、查询表达式语法和方法语法。其中，db 表示使用 LINQ to SQL 创建的数据源。

（1）查询所有信息功能：查询 student 表中所有学生的姓名和年龄记录。

SQL 语法实现的代码：

```
select sname,age from student
```

查询表达式语法实现的代码：

```
var stu =from s in db.student
select  new
{
    s.sname,
    s.age
};
```

方法语法实现的代码：

```
var  stu=db.student.Select( s => new
{
    s.sname,
    s.age
});
```

（2）条件查询功能：查询计算机系所有男学生的记录。

SQL 语法实现的代码：

```
select * from student where dept='计算机系' and sex='男'
```

查询表达式语法实现的代码：

```
var stu = from s in db.student where s.dept =="计算机系"&& s.sex =="男"
select s;
```

方法语法实现的代码：

```
var stu = db.student.Select(s => s.dept =="计算机系"&& s.sex =="男");
```

SQL 语法中的 and 和 or 分别对应 LINQ 中的"&&"和"||"；SQL 语法中的 is not null 和 is null 分别对应"字段名 .HasValue"和"! 字段名 .HasValue"。

（3）查询结果排序：查询年龄大于 18，或者性别为女生的学生并按年龄排序。

SQL 语法实现的代码：

```
select * from student where age>=18 or sex='女' order by age desc
```

查询表达式语法实现的代码：

```
var stu = from s in db.student
where s.age >= 18||s.sex == "女"
orderby s.age descending
select s;
```

方法语法实现的代码：

```
var stu = db.student.Select(s => s.age >= 18 || s.sex =="女").
OrderByDescending(s => s.age);
```

SQL 语法中的 asc 和 desc 分别对应 LINQ 中的 ascending 和 descending；lambda 表达式中对某个字段进行主排序时升序使用 OrderBy( ) 方法，降序使用 OrderByDescending( ) 方法，再对某个字段进行次排序时升序使用 ThenBy( ) 方法，降序使用 ThenByDescending( ) 方法。

（4）范围查询功能：查询出年龄小于 18 的学生人数。

SQL 语法实现的代码：

```
select count(*) from student where age < 18
```

查询表达式语法实现的代码：

```
var stu = from s in db.student
where s.age < 18
select s.Count();
```

方法语法实现的代码：

```
int ageCount =db.student.Count(s =>s.age < 18)
```

（5）重复信息晒出功能：查询所有学生院系信息（院系 dept 列的不重复信息）。

SQL 语法实现的代码：

```
select distinct dept from student
```

查询表达式语法实现的代码：

```
var depts=from t in db.student.Distinct()
select t.dept
```

方法语法实现的代码：

```
var depts=db.student.Distinct().Select( t => t.dept)
```

（6）指定集合查询功能：查询 sc 表中成绩为 85、86 或 88 的记录。

SQL 语法实现的代码：

```
select * from score where degree in (85,86,88)
```

查询表达式语法实现的代码：

```
var stu= from s in db.sc
where (
new decimal[]{85,86,88}).Contains(s.grade)select s
```

方法语法实现的代码：

```
int n=db.sc.Where( s => new Decimal[] {85,86,88}.Contains(s.grade))
```

如果查询成绩不是 85、86、89 的记录，则编译代码如下。

查询表达式语法实现的代码：

```
int  n= from s in db.sc
where! (
 new decimal[]{85,86,88}).Contains(s.grade)select s
```

方法语法实现的代码：

```
int  n=db.sc.Where( s =>! new Decimal[] {85,86,88}.Contains(s.grade))
```

3.3.3 使用 LINQ to SQL 进行查询

在使用 LINQ to SQL 进行数据查询时，首先需要创建数据上下文类来构建查询的数据源。然后，可以使用 lambda 表达式来添加必要的查询条件，并返回所需的查询结果。

【例 3-3】创建控制台应用程序，按 Demo 数据库中的数据表的结构设计模型，使用 LINQ 创建模型，使用查询表达式语法和方法语法分别实现按年龄进行学生姓名查询操作。

具体实现步骤如下。

（1）在 "D：\ASP.NET Core 项目 \chapter3" 目录中创建 example3-3 文件夹，打开 Visual Studio 2022，创建控制台应用程序，命名为 LINQ-Select。

（2）通过 Visual Studio 的 NuGet 包管理器安装 SQL Server 数据库的 EF Core NuGet 包，在 Visual Studio 2022 菜单中选择 "工具" → "NuGet 包管理器" → "管理解决方案的 NuGet 程序包" 选项，搜索并选择所需要的 NuGet 包进行安装。需要的 NuGet 包为 Microsoft.EntityFrameworkCore.Tools 和 Microsoft.EntityFrameworkCore.SqlServer，如图 3-2 所示。

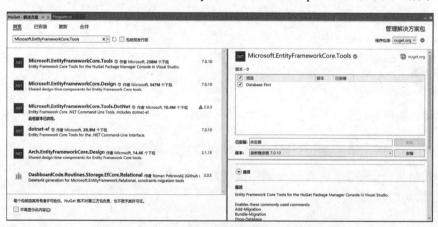

图 3-2 安装 NuGet 包

（3）在 Visual Studio 2022 菜单中选择"工具"→"NuGet 包管理器"→"程序包管理器控制台"选项，将默认项目设置为 LINQ-Select。在"程序包管理控制台"窗口里输入命令如下。

```
Scaffold-DbContext "Server=.\sqlexpress;Database=demo;Trusted_Connection=True;
Trust Server Certificate=true;" Microsoft.EntityFrameworkCore.SqlServer -OutputDir Models
```

（4）创建完基本的模型后，打开 Program.cs 文件，添加基本的数据访问程序，进行查询操作。编辑代码如下。

```
using LINQ_Select.Models;
DemoContext db = new DemoContext();
//方法语法实现
int age = 20;
var stu = db.Students.Where(s => s.Age >= age).Select(s => s.Sname.ToUpper());
Console.WriteLine("年龄大于20的学生如下:");
foreach (string s in stu)
    Console.WriteLine(s);
age = 22;
//查询表达式语法实现
stu = from s in db.Students
      where s.Age >= age
      select s.Sname.ToUpper();
Console.WriteLine("年龄大于22的学生如下:");
foreach (string s in stu)
    Console.WriteLine(s);
Console.Read();
```

在使用 LINQ 进行数据处理时需要首先创建数据上下文对象 db，即 DemoContext db = new DemoContext( )。

（5）运行应用程序的结果如图 3-3 所示。

图 3-3　从数据库中查询的数据结果

3.3.4　使用 LINQ to SQL 进行插入

在使用 LINQ to SQL 进行数据插入时，首先需要创建一条记录。然后，可以通过判断该记录对应的主键在数据源中是否存在来确定是否需要将该记录添加到数据源。如果主键不存在，则可以调用 Add( ) 方法将该记录添加到数据源,并通过调用 Save Changes( ) 方法来保存修改。

【例 3-4】创建控制台应用程序,按 Demo 数据库中的数据表的结构设计模型,使用 LINQ 创建模型,使用方法语法实现学生信息的插入操作。

具体实现步骤如下。

(1) 在 "D: \ASP.NET Core 项目 \chapter3" 目录中创建 example3-4 文件夹,打开 Visual Studio 2022,创建控制台应用程序,命名为 LINQ-Insert。

(2) 按例 3-3 的步骤(2)和步骤(3)添加相关 NuGet 包。

(3) 创建完基本的模型后,打开 Program.cs 文件,添加基本的数据访问程序,进行插入操作。编辑代码如下。

```
using LINQ_Insert.Models;
DemoContext db = new DemoContext();
// 插入之前先查找有没有该数据
var data = db.Students.FirstOrDefault(s => s.Sno == "05881024");
//LINQ 则可使用下面语句实现同样功能
//var data =  (from s in db.Students where s.sno == "05881024" selects).
FirstOrDefault();
// 如果没有该数据,则执行插入语句
if (data == null)
{
    Student stu = new Student
    {
        Sno = "05881024",
        Sname = " 李明明 ",
        Age = 20
    };
    // 执行插入操作
    db.Students.Add(stu);
    db.SaveChanges();
    Console.WriteLine(" 插入成功! ");
}
// 如果该数据已存在
else
{
    Console.WriteLine(" 无法插入已存在数据! ");
}
Console.Read();
```

(4) 第一次运行时插入成功,应用程序运行的结果如图 3-4 所示,再次运行时因为数据表中已存在该数据无法再次插入,应用程序运行的结果如图 3-5 所示。

图 3-4　插入成功

图 3-5　插入失败

3.3.5 使用 LINQ to SQL 进行修改

在使用 LINQ to SQL 进行数据修改时,首先需要检查目标记录是否存在于数据源中。如果存在,则可以通过重新赋值相关属性来对记录进行修改。最后,调用 Save Changes( ) 方法来保存数据源的修改。

【例 3-5】创建控制台应用程序,使用 LINQ 创建模型,使用方法语法实现学生信息的修改操作。

具体实现步骤如下。

(1) 在"D:\ASP.NET Core 项目\chapter3"目录中创建 example3-5 文件夹,打开 Visual Studio 2022,创建控制台应用程序,命名为 LINQ-Update,按例 3-4 的步骤(2)和步骤(3)创建项目。

(2) 创建完基本的模型后,打开 Program.cs 文件,添加基本的数据访问程序,进行修改操作。编辑代码如下。

```
using LINQ_Update.Models;
DemoContext db = new DemoContext();
string sno = "05880101";
// 取出 student
var stu = db.Students.SingleOrDefault<Student>(s => s.Sno == sno);
if (stu == null)
{
    Console.WriteLine(" 学号错误,不存在该学生信息! ");
    return;
}
else
{
    // 修改 student 的属性
    stu.Sname = " 张小三 ";
    stu.Age = 22;
    // 执行更新操作
    db.SaveChanges();
    Console.WriteLine(" 信息更新成功! ");
}
Console.Read();
```

(3) 若学生存在则信息更新成功,应用程序运行的结果如图 3-6 所示。

图 3-6 信息更新成功

3.3.6 使用 LINQ to SQL 进行删除

在使用 LINQ to SQL 进行数据删除时，首先需要检查该记录是否存在。如果记录存在于数据源中，则可以通过调用 DeleteOnSubmit( ) 方法将该记录从数据源中移除。最后，通过调用 SaveChanges( ) 方法来保存对数据源的修改。

【例 3-6】创建控制台应用程序，使用 LINQ 创建模型，使用方法语法实现学生信息的删除操作。

具体实现步骤如下。

（1）在"D:\ASP.NET Core 项目\chapter3"目录中创建 example3-6 文件夹，打开 Visual Studio 2022，创建控制台应用程序，命名为 LINQ-Delete，按例 3-4 的步骤（2）和步骤（3）创建项目。

（2）创建完基本的模型后，打开 Program.cs 文件，添加基本的数据访问程序，进行删除操作。编辑代码如下。

```
using LINQ_Delete.Models;
DemoContext db = new DemoContext();
string sno = "05881024";
var stu = db.Students.FirstOrDefault(s => s.Sno == sno);
if (stu != null)
{
    db.Students.Remove(stu);
    db.SaveChanges();
    Console.WriteLine(" 删除成功! ");
}
else
{
    Console.WriteLine(" 无法删除不存在的数据! ");
}
Console.Read();
```

（3）第一次运行时删除成功，应用程序运行的结果如图 3-7 所示，再次运行时因为数据表中不存在该数据无法再次删除，应用程序运行的结果如图 3-8 所示。

图 3-7　信息删除成功　　　　　　　　图 3-8　信息删除失败

3.4 综合实验三：基于 LINQ 数据模型的学生管理系统

1. 主要任务

创建控制台应用程序，使用 LINQ 创建模型，实现学生信息管理系统的基本功能。

2. 实验步骤

（1）使用 SQL Server 2022 数据库管理系统中 Demo 数据库的 student 表，添加部分测试数据，如图 3-9 所示。

sno	sname	sex	age	dept
05880101	张三	男	22	计算机系
05880102	吴二	女	20	信息系
05880103	张三	女	19	计算机系
05880104	李四	男	22	信息系
05880105	王五	男	22	数学系
05880106	赵六	男	19	数学系
05880107	陈七	女	23	日语系

图 3-9　student 表测试数据

（2）打开 Visual Studio 2022，创建控制台应用程序，命名为"综合实验三"。

（3）通过 Visual Studio 的 NuGet 包管理器安装 SQL Server 数据库的 EF Core NuGet 包，在 Visual Studio 2022 菜单中选择"工具"→"NuGet 包管理器"→"管理解决方案的 NuGet 程序包"选项，搜索并选择所需要的 NuGet 包进行安装。需要的 NuGet 包为 Microsoft. EntityFrameworkCore.Tools 和 Microsoft..EntityFrameworkCore.SqlServer，如图 3-10 所示。

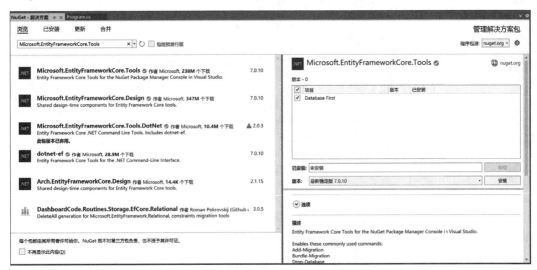

图 3-10　安装 EF Core NuGet 包

（4）在 Visual Studio 2022 菜单中选择"工具"→"NuGet 包管理器"→"程序包管理器控制台"选项，将默认项目设置为"综合实验三"，在"程序包管理控制台"窗口里输入命令如下。

```
Scaffold-DbContext "Server=.\sqlexpress;Database=demo;Trusted_Connection=True;Trust Server Certificate=true;" Microsoft.EntityFrameworkCore.SqlServer -OutputDir Models
```

（5）创建完基本的模型后，打开 Program.cs 文件，添加基本的菜单显示方法，以及学生信息的增、删、改、查方法，实现学生数据表的数据访问功能。编辑代码如下。

```csharp
using Test2.Models;
DemoContext db = new DemoContext();
Student stu;
// 选择式菜单
void ShowMenuList()
{
    string choice, sno, dept, sex;
    Console.WriteLine("           学生信息管理系统 ");
    Console.WriteLine("==========================================");
    Console.WriteLine("           1.输出学生信息 ");
    Console.WriteLine("           2.新增学生信息 ");
    Console.WriteLine("           3.按学号删除学生信息 ");
    Console.WriteLine("           4.按部门删除学生信息 ");
    Console.WriteLine("           5.按学号修改学生信息 ");
    Console.WriteLine("           6.按学号查找学生信息 ");
    Console.WriteLine("           7.按性别查找学生信息 ");
    Console.WriteLine("           0.退出 ");
    Console.WriteLine("==========================================");
    do
    {
        Console.Write(" 输入选择:");
        choice = Console.ReadLine();
        switch (choice)
        {
            case "1":
                ShowStudentList(db.Students.ToList());
                break;
            case "2":
                stu = new Student();
                Console.Write(" 请输入新增学生学号:");
                stu.Sno = Console.ReadLine();
                Console.Write(" 请输入新增学生姓名:");
                stu.Sname = Console.ReadLine();
                Console.Write(" 请输入新增学生性别:");
                stu.Sex = Console.ReadLine();
                Console.Write(" 请输入新增学生年龄:");
                stu.Age = int.Parse(Console.ReadLine());
                Console.Write(" 请输入新增学生部门:");
                stu.Dept = Console.ReadLine();
                InsertStudentInfo(stu);
                Console.WriteLine(" 新增后学生信息如下:");
                ShowStudentList(db.Students.ToList());
                break;
            case "3":
                Console.Write(" 请输入待删除学生学号:");
                sno = Console.ReadLine();
                DeleteStudentInfoBySNo(sno);
                Console.WriteLine(" 删除后学生信息如下:");
```

```csharp
                    ShowStudentList(db.Students.ToList());
                    break;
                case "4":
                    Console.Write("请输入待删除学生部门:");
                    dept = Console.ReadLine();
                    DeleteStudentInfoByDept(dept);
                    Console.WriteLine("删除后学生信息如下:");
                    ShowStudentList(db.Students.ToList());
                    break;
                case "5":
                    stu = new Student();
                    Console.Write("请输入待修改的学生学号:");
                    stu.Sno = Console.ReadLine();
                    Console.Write("请输入修改后学生姓名:");
                    stu.Sname = Console.ReadLine();
                    Console.Write("请输入修改后学生性别:");
                    stu.Sex = Console.ReadLine();
                    Console.Write("请输入修改后学生年龄:");
                    stu.Age = int.Parse(Console.ReadLine());
                    Console.Write("请输入修改后学生部门:");
                    stu.Dept = Console.ReadLine();
                    UpdateStudentInfoBySno(stu);
                    Console.WriteLine("修改后学生信息如下:");
                    ShowStudentList(db.Students.ToList());
                    break;
                case "6":
                    Console.Write("请输入待查找的学生学号:");
                    sno = Console.ReadLine();
                    ShowStudentList(GetStudentsBySno(sno));
                    break;
                case "7":
                    Console.Write("请输入待查找的学生性别:");
                    sex = Console.ReadLine();
                    ShowStudentList(GetStudentsBySex(sex));
                    break;
                case "0":
                    Console.WriteLine("谢谢使用,再见");
                    break;
                default:
                    Console.WriteLine("输入错误");
                    break;
            }
        } while (choice != "0");
    }
    // 显示学生列表信息
    void ShowStudentList(List<Student> list)
    {
        if (list.Count == 0)
            Console.WriteLine("不存在学生信息");
        else
        {
```

```csharp
            Console.WriteLine("学号 \t\t 姓名 \t 性别 \t 年龄 \t 部门 ");
            foreach (Student stu in list)
                Console.WriteLine($"{stu.Sno.Trim()}\t{stu.Sname.Trim()}\t{stu.Sex.Trim()}\t{stu.Age}\t{stu.Dept}");
        }
    }
    // 按性别查找学生信息
    List<Student> GetStudentsBySex(string sex)
    {
        List<Student> stu = db.Students.Where(s => s.Sex == sex).ToList();
        return stu;
    }
    // 按学号查找学生信息
    List<Student> GetStudentsBySno(string sno)
    {
        List<Student> stu = db.Students.Where(s => s.Sno == sno).ToList();
        return stu;
    }
    // 新增学生信息
    void InsertStudentInfo(Student stu)
    {
        var data = (from s in db.Students where s.Sno == stu.Sno selects).FirstOrDefault();
        if (data == null)
        {
            db.Students.Add(stu);
            db.SaveChanges();
            Console.WriteLine(" 插入学生信息成功！ ");
        }
        else
        {
            Console.WriteLine(" 该学生信息已存在，无法重复插入！ ");
        }
    }
    // 按学号删除学生信息
    void DeleteStudentInfoBySNo(string sno)
    {
        var stu = db.Students.FirstOrDefault(s => s.Sno == sno);
        if (stu != null)
        {
            db.Students.Remove(stu);
            db.SaveChanges();
            Console.WriteLine(" 删除成功！ ");
        }
        else
        {
            Console.WriteLine(" 无法删除不存在的数据！ ");
        }
    }
    // 按部门删除学生信息
    void DeleteStudentInfoByDept(string dept)
    {
```

```
    var stu = db.Students.FirstOrDefault(s => s.Dept == dept);
    if (stu != null)
    {
        db.Students.Remove(stu);
        db.SaveChanges();
        Console.WriteLine("删除成功! ");
    }
    else
    {
        Console.WriteLine("无法删除不存在的数据! ");
    }
}
// 按学号修改学生信息
void UpdateStudentInfoBySno(Student stuInfo)
{
    var stu = db.Students.SingleOrDefault<Student>(s => s.Sno == stuInfo.Sno);
    if (stu == null)
    {
        Console.WriteLine("学号错误,不存在该学生信息! ");
        return;
    }
    else
    {
        stu.Sname = stuInfo.Sname;
        stu.Age = stuInfo.Age;
        stu.Sex = stuInfo.Sex;
        stu.Dept = stuInfo.Dept;
        db.SaveChanges();
        Console.WriteLine("信息更新成功! ");
    }
}
ShowMenuList();
```

（6）测试运行应用程序，输出学生信息功能如图 3-11 所示，新增学生信息功能如图 3-12 所示，按学号删除学生信息功能如图 3-13 所示，按学号修改学生信息功能如图 3-14 所示，按性别查找学生信息功能如图 3-15 所示。

图 3-11　输出学生信息功能

图 3-12 新增学生信息功能　　　　　图 3-13 按学号删除学生信息功能

图 3-14 按学号修改学生信息功能　　　图 3-15 按性别查找学生信息功能

3.5 本章小结

本章旨在全面介绍 LINQ 的基本特征和优点。首先，详细讲解了 LINQ 使用中的一些重要预备知识，包括隐形类型 var、自动属性、对象和集合初始化器、扩展方法和 lambda 表达式等。其次，深入探讨了 LINQ to SQL 语法。通过示例，重点比较了 SQL 语法、查询表达式语法和方法语法之间的差异和优劣。最后，通过实际示例的讲解，展示了 LINQ to SQL 在查询、插入、修改和删除方面的应用。通过本章的学习，读者将对 LINQ 的基本特征和优点有一个全面的了解，同时也能够掌握 LINQ to SQL 的语法和应用技巧。

3.6 习题

一、选择题

1. LINQ 是在（　　）版本中引入的。
   A. .NET Framework 3.5　　　　　　B. .NET Framework 4.0
   C. .NET Framework 2.0　　　　　　D. .NET Framework 4.5

2. 隐式类型 var 是从（　　）版本开始引入的。
   A. Visual C# 1.0　　B. Visual C# 2.0　　C. Visual C# 3.0　　D. Visual C# 4.0

3. 使用 var 定义变量时，编译器会根据（　　）来推断变量的类型。
   A. 上下文　　　　　B. 初始值　　　　　C. 变量名　　　　　D. 代码行数

4. 扩展方法是在（　　）版本中引入的。
   A. Visual C# 1.0　　B. Visual C# 2.0　　C. Visual C# 3.0　　D. Visual C# 4.0

5. 扩展方法（　　）。
   A. 只能为 .NET 框架中的类型增加辅助功能
   B. 只能为第三方库中的类型增加辅助功能
   C. 只能为已编译的类型增加辅助功能
   D. 可以为某个框架或第三方库中的特定类型增加辅助功能

6. 在 C# 语言中，lambda 表达式使用的 lambda 运算符"=>"表示的含义是（　　）。
   A. lambda 表达式的参数列表
   B. lambda 表达式的主体
   C. lambda 表达式的语法结构
   D. lambda 表达式的引入与委托类型的使用的关系

7. lambda 表达式的主要约束是（　　）。
   A. 参数列表可以有零个或多个参数
   B. 表达式或者语句块用于实现某些特定功能
   C. lambda 表达式可以代替匿名方法
   D. lambda 表达式以更简洁的方式书写匿名方法

8. 在使用 LINQ to SQL 进行数据删除时，首先需要进行的操作是（　　）。
   A. 检查记录是否存在　　　　　　　B. 调用 DeleteOnSubmit( ) 方法
   C. 调用 SubmitChanges( ) 方法　　　D. 从数据源中移除记录

9. 通过调用（　　）方法来保存对数据源的修改。
   A. DeleteOnSubmit( )　　　　　　　B. SubmitChanges( )
   C. 检查记录是否存在　　　　　　　D. 从数据源中移除记录

二、填空题

1. LINQ 作为一种针对 .NET 平台的查询技术，可以使用相同的查询语法来查询和转换_____、对象集合、SQL Server 数据库、ADO.NET 数据集，以及其他多种格式的数据对象。

2. LINQ 的查询表达式在编译时进行类型检查，提供了更好的_____安全性。这意味着编译器可以在编译时捕获可能的类型错误，减少了在运行时出现错误的可能性。

3. 自动属性的引入是在 Visual C#_____之后。

4. 自动属性的定义类似于_____，除了指定数据类型外，只需要声明其具有的访问器即可。

三、简答题

1. 简述 LINQ 使用的优缺点。

2. 简述 lambda 表达式的参数约束。

3. 简述 lambda 表达式的返回值约束。

第4章

Entity Framework Core数据模型

CHAPTER 4

Entity Framework（EF）Core 是一种用于 .NET 应用程序的对象关系映射（object relational mapping，ORM）框架。提供了一种简化数据库操作的方式，使开发人员可以使用面向对象的方式来处理数据。同时，也提供了一些高级特性，如惰性加载、关联查询和数据验证等，使开发更加高效和便捷。

视频讲解

4.1　EF Core 简介

EF Core 是由微软基于 ADO.NET 开发的一种 ORM 解决方案。作为一种 ORM 数据访问框架，EF Core 能够自动将数据从对象映射到关系型数据库，无须编写大量的数据访问代码。只要掌握 LINQ 应用技巧，就能像操作普通对象一样轻松地对数据库进行操作，从而节省了编写数据库访问代码的时间。

在没有使用 ORM 框架时，开发人员需要自行处理数据反序列化的工作，具体连接步骤如图 4-1 所示。而引入了 ORM 框架后，查询数据库的任务交由框架来完成。开发人员只需要通过访问 ORM 框架的接口，即可获得反序列化的对象，而框架会负责具体的反序列化工作。相应的连接步骤如图 4-2 所示。

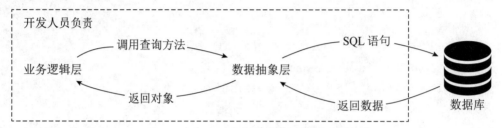

图 4-1　无 ORM 框架时数据反序列化工作

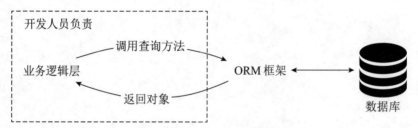

图 4-2　有 ORM 框架时数据反序列化工作

EF Core 框架具有良好的扩展性，除了能够与 SQL Server 数据库进行交互外，通过实现 EF Core 所提供的接口，其他数据库也可以在 EF Core 中得到支持，只要提供相应的 SQL 生成器和连接管理机制。当前 EF Core 支持的主要数据库如表 4-1 所示。

表 4-1　EF Core 的数据库对应的 NuGet 包

数据库名	NuGet 包
SQL Server	Microsoft.EntityFrameworkCore.SqlServer
MySQL	MySql.Data.EntityFrameworkCore
PostgreSQL	Microsoft.EntityFrameworkCore.SqlServer
SQLite	Microsoft.EntityFrameworkCore.SQLite
SQL Compact	EntityFrameworkCore.SqlServerCompact40
In-Memory	Microsoft.EntityFrameworkCore.InMemory
MyCat Server	Pomelo.EntityFrameworkCore.MyCat

4.2 EF Core 设计模式

视频讲解

在开发中，EF Core 提供了两种主要的设计模式：Code First（代码优先）和 Database First（数据库优先）。这两种设计模式都具有一定的优势和适用场景。

Code First 是基于领域驱动设计（DDD）的一种设计模式。通过使用 EF Core API，它根据代码中领域模型的约定和配置，使用迁移来创建数据库和表。这种方法可以很好地与领域模型的开发过程相结合，使数据库的设计与应用程序的业务逻辑紧密耦合。

Database First 则是基于现有数据库的一种设计模式。通过使用 EF Core API，它可以基于已存在的数据库，创建领域模型和数据库上下文（DbContext）类。然而，由于 EF Core 在可视设计器或向导方面的支持有限，使用该方法可能会受到一些限制。

对于初次接触 EF 的读者，建议从 Database First 模式开始学习。通过熟悉 ObjectContext<T> 和 LINQ to Entities 的使用，可以更好地理解 EF Core 的基本概念和工作原理。随后，可以尝试使用 Code First 模式进行实践，进一步探索 EF Core 的高级功能。接下来，将依次介绍这两种设计模式的基本用法。

4.2.1 Database First 模式

Database First 模式是一种以数据库设计为基础的设计模式。它通过先设计好数据库结构，然后根据数据库自动生成实体数据模型，从而完成整个系统开发的设计流程。这种设计模式相对简单，适合对数据库有一定了解的初学者。使用这种设计模式可以更加高效地进行系统开发，减少开发人员手动编写实体模型的工作量。同时，该设计模式还能够确保实体模型与数据库结构保持一致，提高代码的可靠性和可维护性。

在实际应用中，开发人员可以根据数据库中的表、字段等信息，使用工具或代码生成器来快速生成实体模型，进而进行后续的业务逻辑开发和数据操作。不过需要注意的是，该模式在灵活性方面相对较弱，因为实体模型的生成是基于已有的数据库设计而来，某些特殊需求需要针对生成的实体模型进行调整或扩展。

【例 4-1】创建控制台应用程序，使用 EF Core 框架中的 DatabaseFirst 模式，基于 Demo 数据库在项目中创建实体类。

具体实现步骤如下。

（1）在 "D：\ASP.NET Core 项目 \chapter4" 目录中，新建 example4-1 文件夹，打开 Visual Studio 2022，创建控制台应用程序，命名为 EFCore-DatabaseFirst，如图 4-3 所示。

（2）在 "解决方案" 上右击，在弹出的快捷菜单中，选择 "添加" → "新建项目" 选项，弹出 "添加新项目" 对话框，选择 "类库" 选项，如图 4-4 所示，设置类库名为 DataAccess，如图 4-5 所示。

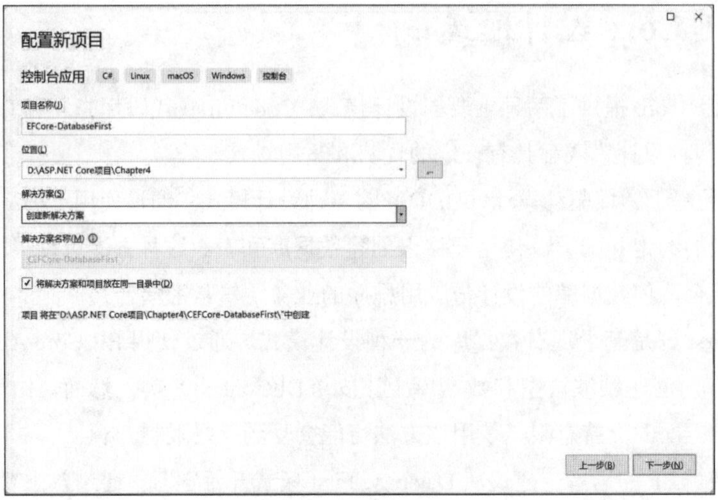

图 4-3 创建项目

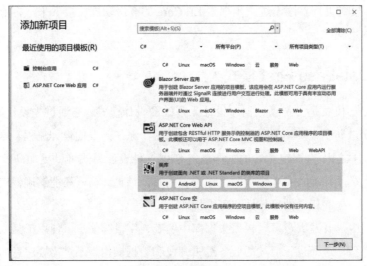

图 4-4 创建新类库

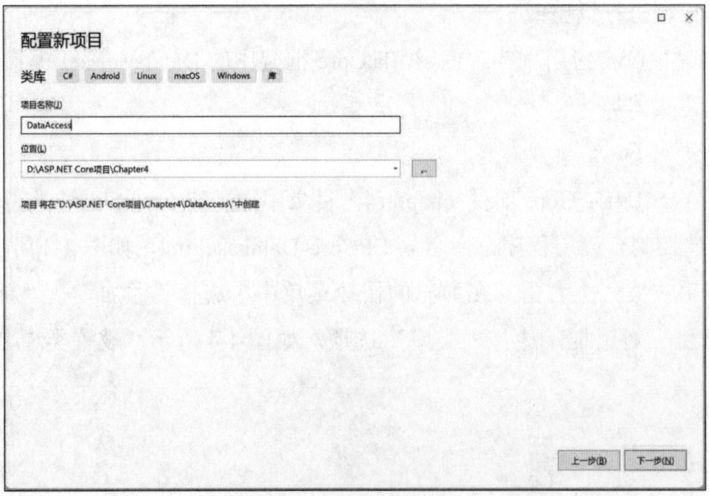

图 4-5 设置新类库名

（3）右击 EFCore-DatabaseFirst 项目，选择"添加"→"项目引用"选项，在弹出的"引用管理器"对话框中勾选 DataAccess 项目，如图 4-6 所示，单击"确定"按钮。

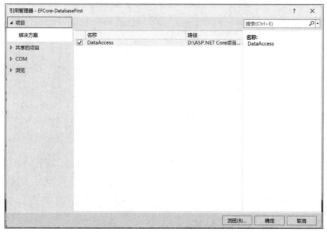

图 4-6　添加类库引用

（4）通过 Visual Studio 的 NuGet 包管理器安装 SQL Server 数据库的 EF Core NuGet 包，在 Visual Studio 2022 菜单中选择"工具"→"NuGet 包管理器"→"管理解决方案的 NuGet 程序包"选项，搜索并选择所需要的 NuGet 包进行安装。需要的 NuGet 包为 Microsoft.EntityFrameworkCore.Tools、Pomelo.EntityFrameworkCore.SqlServer 和 EntityFrameworkCore.Design 库，如图 4-7 所示。

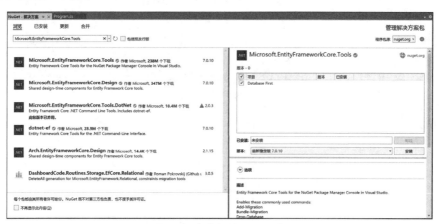

图 4-7　安装相关 NuGet 包

（5）在 Visual Studio 2022 菜单中选择"工具"→"NuGet 包管理器"→"程序包管理器控制台"选项，将默认项目设置为 DataAccess，如图 4-8 所示。在"程序包管理器控制台"里输入 Scaffold-DbContext "Server=.\sqlexpress;Database=demo;Trusted_Connection=True;Trust Server Certificate=true;" Microsoft.EntityFrameworkCore.SqlServer-OutputDir Models 命令，按 Enter 键运行命令，在命令成功运行后，解决方案结构如图 4-9 所示。

图 4-8　设置项目

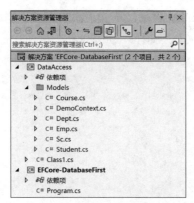

图 4-9　解决方案结构

（6）如果打开 Student 类，可看到和数据库的表结构做了完美映射的代码。数据库已经设计了 5 张表，所以同步生成 5 个实体类。同样修改实体类后也可以在程序包管理器控制台里输入 Update-DataBase 命令，运行更新数据库。

数据集合类 DemoContext.cs 主要代码如下。

```csharp
public partial class DemoContext : DbContext
{
    public DemoContext()
    {
    }
    public DemoContext(DbContextOptions<DemoContext> options)
        : base(options)
    {
    }
    public virtual DbSet<Course> Courses { get; set; }
    public virtual DbSet<Dept> Depts { get; set; }
    public virtual DbSet<Emp> Emps { get; set; }
    public virtual DbSet<Sc> Scs { get; set; }
    public virtual DbSet<Student> Students { get; set; }

    protected override void OnModelCreating(ModelBuilder modelBuilder)
    {
        modelBuilder.Entity<Course>(entity =>
        {
            entity.HasKey(e => e.Cno).HasName("PK__course__D836175560125CF9");
            entity.ToTable("course");
            entity.Property(e => e.Cno)
                .HasMaxLength(8)
                .IsUnicode(false)
                .IsFixedLength()
                .HasColumnName("cno");
            entity.Property(e => e.Cname)
                .HasMaxLength(20)
                .IsUnicode(false)
                .HasColumnName("cname");
            entity.Property(e => e.Credit).HasColumnName("credit");
```

```csharp
            entity.Property(e => e.Tname)
                .HasMaxLength(20)
                .IsUnicode(false)
                .HasColumnName("tname");
        });

        modelBuilder.Entity<Dept>(entity =>
        {
            entity.HasKey(e => e.Deptno).HasName("PK__dept__BE2C337DDD97B0DC");
            entity.ToTable("dept");
            entity.HasIndex(e => e.Dname, "UQ__dept__6B0C41AD3580A495").IsUnique();
            entity.Property(e => e.Deptno)
                .HasMaxLength(8)
                .IsUnicode(false)
                .IsFixedLength()
                .HasColumnName("deptno");
            entity.Property(e => e.Dname)
                .HasMaxLength(20)
                .IsUnicode(false)
                .HasColumnName("dname");
            entity.Property(e => e.Loc)
                .HasMaxLength(20)
                .IsUnicode(false)
                .HasColumnName("loc");
        });

        modelBuilder.Entity<Emp>(entity =>
        {
            entity.HasKey(e => e.Empno).HasName("PK__emp__AF4C318ACA386323");
            entity.ToTable("emp");
            entity.Property(e => e.Empno)
                .HasMaxLength(8)
                .IsUnicode(false)
                .IsFixedLength()
                .HasColumnName("empno");
            entity.Property(e => e.Age).HasColumnName("age");
            entity.Property(e => e.Deptno)
                .HasMaxLength(8)
                .IsUnicode(false)
                .IsFixedLength()
                .HasColumnName("deptno");
            entity.Property(e => e.Ename)
                .HasMaxLength(20)
                .IsUnicode(false)
                .HasColumnName("ename");
            entity.Property(e => e.Job)
                .HasMaxLength(10)
                .IsUnicode(false)
```

```csharp
            .HasColumnName("job");
        entity.Property(e => e.Mgr)
            .HasMaxLength(8)
            .IsUnicode(false)
            .IsFixedLength()
            .HasColumnName("mgr");
        entity.Property(e => e.Sal).HasColumnName("sal");
        entity.HasOne(d => d.DeptnoNavigation).WithMany(p => p.Emps)
            .HasForeignKey(d => d.Deptno)
            .HasConstraintName("FK__emp__deptno__4222D4EF");
            entity.HasOne(d => d.MgrNavigation).WithMany(p => p.InverseMgrNavigation)
            .HasForeignKey(d => d.Mgr)
            .HasConstraintName("FK__emp__mgr__412EB0B6");
    });

    modelBuilder.Entity<Sc>(entity =>
    {
        entity.HasKey(e => new { e.Sno, e.Cno }).HasName("PK__sc__905C05333C03D9CB");
        entity.ToTable("sc");
        entity.Property(e => e.Sno)
            .HasMaxLength(8)
            .IsUnicode(false)
            .IsFixedLength()
            .HasColumnName("sno");
        entity.Property(e => e.Cno)
            .HasMaxLength(8)
            .IsUnicode(false)
            .IsFixedLength()
            .HasColumnName("cno");
        entity.Property(e => e.Grade).HasColumnName("grade");
        entity.HasOne(d => d.CnoNavigation).WithMany(p => p.Scs)
            .HasForeignKey(d => d.Cno)
            .OnDelete(DeleteBehavior.ClientSetNull)
            .HasConstraintName("FK__sc__cno__3B75D760");
        entity.HasOne(d => d.SnoNavigation).WithMany(p => p.Scs)
            .HasForeignKey(d => d.Sno)
            .OnDelete(DeleteBehavior.ClientSetNull)
            .HasConstraintName("FK__sc__sno__3A81B327");
    });

    modelBuilder.Entity<Student>(entity =>
    {
        entity.HasKey(e => e.Sno).HasName("PK__student__DDDF6446B1796ED1");
        entity.ToTable("student");
        entity.Property(e => e.Sno)
            .HasMaxLength(8)
            .IsUnicode(false)
            .IsFixedLength()
            .HasColumnName("sno");
```

```
                entity.Property(e => e.Age).HasColumnName("age");
                entity.Property(e => e.Dept)
                    .HasMaxLength(15)
                    .IsUnicode(false)
                    .HasColumnName("dept");
                entity.Property(e => e.Sex)
                    .HasMaxLength(3)
                    .IsUnicode(false)
                    .IsFixedLength()
                    .HasColumnName("sex");
                entity.Property(e => e.Sname)
                    .HasMaxLength(20)
                    .IsUnicode(false)
                    .IsFixedLength()
                    .HasColumnName("sname");
            });

            OnModelCreatingPartial(modelBuilder);
        }

        partial void OnModelCreatingPartial(ModelBuilder modelBuilder);
}
```

实体类 Sc.cs 的代码如下。

```
public partial class Student
{
    public string Sno { get; set; } = null!;
    public string? Sname { get; set; }
    public string? Sex { get; set; }
    public int? Age { get; set; }
    public string? Dept { get; set; }
    public virtual ICollection<Sc> Scs { get; set; } = new List<Sc>();
}
```

（7）创建完基本的模型后，打开 Program.cs 文件，添加基本的数据访问程序，进行数据操作，编辑代码如下。

```
using DataAccess.Models;
DemoContext context = new DemoContext();
var students = from item in context.Students
               select new
               {
                   no = item.Sno,
                   name = item.Sname,
                   age = item.Age
               };
foreach (var item in students)
{
    Console.WriteLine("No:{0},Name:{1},Age:{2}",item.no,item.name.Trim(),item.age);
}
```

（8）运行应用程序结果如图 4-10 所示。

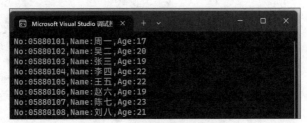

图 4-10　运行应用程序的结果

scaffold-dbcontext 命令为数据库上下文脚手架，可用来生成 models 和 context。命令语法格式如下。

```
Scaffold-DbContext [-Connection] <String> [-Provider] <String>
[-OutputDir <String>] [-Context <String>] [-Schemas <String>]
[-Tables <String>] [-DataAnnotations] [ -Force] [-Project <String>]
[-StartupProject <String>] [-Environment <String>] [<CommonParameters>]
```

各参数说明及用法如表 4-2 所示。

表 4-2　scaffold-dbcontext 命令的各参数解释

参 数 名	参 数 意 义
Connection <String>	指定数据库的连接字符串
Provider <String>	指定要使用的提供程序。如 Microsoft.EntityFrameworkCore.SqlServer
OutputDir <String>	指定用于输出类的目录。如果未提供该参数，则默认为顶级项目目录
Context <String>	指定生成的 DbContext 类的名称
Schemas <String>	指定要为其生成类的模式
Tables <String>	指定要为其生成类的表
DataAnnotations [<SwitchParameter>]	当可能时，使用 DataAnnotation 属性来配置模型。如果不提供该参数，则输出代码将只使用流畅的 API
Force [<SwitchParameter>]	强制脚手架覆盖现有文件。否则，只有在没有覆盖输出文件的情况下，代码才会继续生成
Project <String>	指定要使用的项目。如果未提供该参数，则使用默认项目
StartupProject <String>	指定要使用的启动项目。如果未提供该参数，则使用解决方案中的启动项目
Environment <String>	指定要使用的环境。如果未提供该参数，则默认为开发环境

4.2.2　Code First 模式

Code First 模式是一种以代码优先的方式来设计数据库的设计模式，通过编写程序代码来定义数据结构。根据项目需求，编写数据上下文类，在程序运行时根据这些类创建数据表和相关属性，并将其转换为实体模型。

在 Code First 模式中，不需要依赖特定的 GUI 工具来创建数据库模型。而是通过使用数据库的相关概念和编写代码的方式来定义数据结构。它适用于熟悉传统 ADO.NET 技术的开发人员，可以更加灵活地满足项目需求，并且方便与其他代码进行集成。使用 Code First 模式的好处是开发人员可以完全控制数据库的结构和映射关系，而且能够更好地保持代码和数据库的同步更新。

【例 4-2】创建控制台应用程序，设计 Book 数据表，使用 EF Core 框架中的 Code First 模式，对应地在项目中生成模型及数据库文件。

具体实现步骤如下。

（1）在"D：\ASP.NET Core 项目 \chapter4"目录中，新建 example4-2 文件夹，打开 Visual Studio 2022，创建控制台应用程序，命名为 EFCore-CodeFirst。

（2）通过 Visual Studio 的 NuGet 包管理器安装 SQL Server 的 EF Core NuGet 包，在 Visual Studio 2022 菜单中选择"工具"→"NuGet 包管理器"→"管理解决方案的 NuGet 程序包"选项，搜索并选择所需要的 NuGet 包进行安装。需要的 NuGet 包为 Microsoft.EntityFrameworkCore.SqlServer、Microsoft.EntityFrameworkCore 和 Microsoft.EntityFrameworkCore.Tools，版本均选择 6.0.0，如图 4-11 所示。

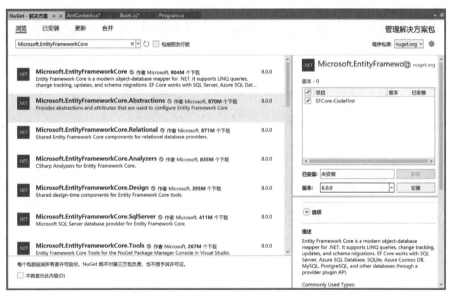

图 4-11　安装 EF Core NuGet 程序包

（3）右击 EFCore-CodeFirst 项目，添加创建 Book 类，如图 4-12 所示。

图 4-12　添加创建 Book 类

(4) 编辑 Book 类代码如下。

```
namespace EFCore_CodeFirst
{
    public class Book
    {
        public int BookId { get; set; }
        public string Title { get; set; }
    }
}
```

(5) 添加配置数据库上下文类 AntContext，继承自 DbContext 类，包含构造函数和数据库上下文类的配置 OnConfiguring( ) 方法，编辑代码如下。

```
using Microsoft.EntityFrameworkCore;

namespace EFCore_CodeFirst
{
    // 数据库上下文类相当于连接数据库的一个管道
    public class AntContext : DbContext
    {
        // 主要是框架在用，有时用户也能用到
        public AntContext()
        {
        }
        // 上下文类的构造函数
        public AntContext(DbContextOptions<AntContext> options) : base(options)
        {
        }
        public DbSet<Book> Books { get; set; }
        // 配置数据库上下文类
        protected override void OnConfiguring(DbContextOptionsBuilder optionsBuilder)
        {
            string connString = @"server=.\SQLEXPRESS;database=Test;trusted_connection=true;MultipleActiveResultSets=true";
            optionsBuilder.UseSqlServer(connString);//需要确保已安装
//Microsoft.EntityFrameworkCore.SqlServer
        }

        protected override void OnModelCreating(ModelBuilder modelBuilder)
        {
            // 添加数据
            modelBuilder.Entity<Book>().HasData(new List<Book>
            {
                new Book{ BookId=1,Title="ASP.NET 网站设计 "},
                new Book{ BookId=2,Title="ASP.NET MVC 网站设计 "},
                new Book{ BookId=3,Title="ASP.NET Core 网站设计 "},
            });
        }
```

```
        }
}
```

（6）在 Visual Studio 2022 菜单中选择"工具"→"NuGet 包管理器"→"程序包管理器控制台"选项，在"程序包管理器控制台"里输入 Add-Migration Initial 命令，按 Enter 键运行迁移数据库命令，运行成功后生成迁移文件，解决方案结构如图 4-13 所示。

（7）在"程序包管理器控制台"里输入 Update-DataBase 命令，运行生成数据库。

（8）运行应用程序，成功后查询数据库中数据表，如图 4-14 所示。

图 4-13　解决方案结构

图 4-14　创建生成 Books 表

4.3　EF Core 数据处理

4.3.1　使用 EF Core 进行查询

与 LINQ to SQL 查询记录数据类似，使用 EF Core 进行查询也需要先使用数据上下文类来构建查询的数据源，并使用 Lamdba 表达式添加必要的查询条件，最后返回查询结果。在 Database First 模式和 Code First 模式中，都可以实现查询操作，只是在数据源类型和方法调用上略有差别，不再具体举例说明。

4.3.2　使用 EF Core 进行插入

在使用 EF Core 进行数据插入时，首先需要创建一条记录。然后，需要检查该记录对应的主键是否已经存在于数据源中。如果主键不存在，则可以使用 Add( ) 方法将该记录添加到数据源中。最后，需要调用 SaveChanges( ) 方法来保存修改。这样可以确保数据的完整性和一致性。

【例 4-3】创建控制台应用程序，使用 EF Core 创建模型，并使用方法语法实现学生信息的插入操作。

（1）在"D:\ASP.NET Core 项目\chapter4"目录中，新建 example4-3 文件夹，打开 Visual Studio 2022，创建项目控制台应用程序。

（2）按例 3-4 的步骤（2），添加相关 NuGet 包。

（3）创建完基本的模型后，打开 Program.cs 文件，添加基本的数据访问程序，进行插入操作,编辑代码如下。

```
using DataAccess.Models;
DemoContext db = new DemoContext();
var data = (from s in db.Students where s.Sno == "05881024" select s).FirstOrDefault();
// 如果没有该数据,则执行插入语句
if (data == null)
{
    Student stu = new Student
    {
        Sno = "05881024",
        Sname = "李明明",
        Age = 20
    };
    // 执行插入操作
    db.Students.Add(stu);
    db.SaveChanges();
    Console.WriteLine("插入成功! ");
}
// 如果该数据已存在
else
{
    Console.WriteLine("无法插入已存在数据! ");
}
Console.Read();
```

(4)实现功能和例 3-4 完全一致。

4.3.3 使用 EF Core 进行修改

在使用 EF Core 进行数据修改时,首先要检查该记录是否存在。如果记录存在,则可以对其相关属性进行重新赋值。最后,调用 SaveChanges( ) 方法来保存数据源的修改。需要注意的是,由于数据可能存在外键关系,一般情况下主键不允许修改。因此,在修改数据时,应该只关注非主键属性的更新,以保持数据库的一致性。

【例 4-4】创建控制台应用程序,使用 EF Core 创建模型,并使用方法语法实现学生信息的修改操作。

具体实现步骤如下。

(1)在 "D:\ASP.NET Core 项目\chapter4" 目录中,新建 example4-4 文件夹,打开 Visual Studio 2022,创建项目控制台应用程序。

(2)按例 3-4 的步骤(2),添加相关 NuGet 包。

(3)创建完基本的模型后,打开 Program.cs 文件,添加基本的数据访问程序,进行修改操作。编辑代码如下。

```
using DataAccess.Models;
DemoContext db = new DemoContext();
```

```
string sno = "05880101";
// 取出 student 数据
var stu = db.Students.SingleOrDefault<Student>(s => s.Sno == sno);
if (stu == null)
{
    Console.WriteLine(" 学号错误，不存在该学生信息！ ");
    return;
}
else
{
    // 修改 student 的属性
    stu.Sname = " 张小三 ";
    stu.Age = 22;
    // 执行更新操作
    db.SaveChanges();
    Console.WriteLine(" 信息更新成功！ ");
}
Console.Read();
```

（4）实现功能和例 3-5 完全一致。

4.3.4 使用 EF Core 进行删除

在使用 EF Core 进行数据删除时，首先要检查该记录是否存在。如果记录存在，则可以使用 Remove( ) 方法将其从数据源中移除。最后，调用 SaveChanges( ) 方法保存修改，确保数据源的更新。

【例 4-5】创建控制台应用程序，使用 EF Core 创建模型，并使用方法语法实现学生信息的删除操作。

具体实现步骤如下。

（1）在 "D：\ASP.NET Core 项目 \chapter4" 目录中，新建 example4-5 文件夹，打开 Visual Studio 2022，创建项目控制台应用程序。

（2）按例 3-4 的步骤（2），添加相关 NuGet 包。

（3）创建完基本的模型后，打开 Program.cs 文件，添加基本的数据访问程序，进行删除操作。编辑代码如下。

```
using DataAccess.Models;
DemoContext db = new DemoContext();
string sno = "05881024";
var stu = db.Students.FirstOrDefault(s => s.Sno == sno);
if (stu != null)
{
    db.Students.Remove(stu);
    db.SaveChanges();
    Console.WriteLine(" 删除成功！ ");
}
else
{
```

```
            Console.WriteLine(" 无法删除不存在的数据！ ");
    }
    Console.Read();
```

（4）实现功能和例 3-6 完全一致。

4.4　Dapper 简介

视频讲解

　　Dapper 是一种通用的分布式跟踪系统，旨在帮助开发人员理解和调试复杂的微服务架构。它通过跟踪请求在不同服务之间的传输路径和性能指标，提供了全局的可视化和分析工具，帮助开发人员快速定位和解决问题。

　　Dapper 最初由 Google 开发，并在 Google 内部使用多年。后来，Dapper 的关键思想被开源社区采纳，并形成了一些基于 Dapper 的开源实现，如 OpenZipkin 和 Jaeger。作为 .NET 平台上简单的对象映射库，Dapper 通过扩展 IDbConnection 接口，为其提供查询数据库的方法。Dapper 因其高效的运行速度而被誉为 "微型 ORM 之王"，能够与手写的 ADO.NET SqlDateReader 相媲美。

　　在小规模的项目中，如果使用 EF Core 处理大数据访问和关系映射，则有些大材小用。这时，Dapper 将是一个理想的选择，因为它更加轻量级且性能优越。使用 Dapper 可以避免过度复杂化的 ORM 框架，提供更接近原生 SQL 查询的灵活性和控制力。

4.4.1　Dapper 优点

视频讲解

1. 轻量级

Dapper 的核心仅有约 500 行带注释的代码，并且不依赖其他扩展库，无须进行大量配置，因此非常轻量级。

2. 动态映射

使用动态反射来实现对象与关系数据库的映射，可在更短的时间内完成更多的数据操作。

3. 高效缓存

采用缓存池技术来减少对象创建的时间，并展现出优异的性能表现。

4. 简单易用

提供非常简洁的 API 接口，无须复杂的配置信息，学习成本低，能够快速上手使用。

5. 多数据库支持

Dapper 能够将 SQLite、SQL CE、Firebird、Oracle、MySQL、PostgreSQL 和 SQL Server 等多种数据库映射为一对一、一对多，以及多对多等关系。

4.4.2　微型 ORM

视频讲解

　　ORM 是一种技术，用于在面向对象的编程语言和关系型数据库之间建立映射关系。它的主要目的是允许开发人员使用面向对象的方式来操作数据库，避免编写复杂的 SQL 语句。与传统的 ORM 框架相比，微型 ORM 是一种轻量级的实现，专注于提供基本的数据库操作功能，而不涉及全面的 ORM 和查询功能。

微型 ORM 具有几个主要优点。首先，它具有轻量级特性，不需要大量的资源和配置，因此更容易集成到现有项目中，并且启动和运行成本更低。其次，微型 ORM 通常具有简单易用的 API，非常适合小型项目或者对数据库交互需求较简单的应用程序。表 4-3 展示了微型 ORM 与传统 ORM 的主要参数对比。

表 4-3　微型 ORM 与传统 ORM 比较

参数	微型 ORM	传统 ORM
将查询映射到对象	●	●
程序/查询执行	●	●
缓存结果		●
变更跟踪		●
SQL 生成		●
身份管理		●
惰性加载		●
数据库迁移		●
集成成本	低	高
启动和运行成本	低	高

4.4.3　Dapper 包的安装

在项目中使用 NuGet 包管理器下载 Dapper 包。首先，打开 ASP.NET Core 项目，选择"工具"→"NuGet 包管理器"→"管理解决方案的 NuGet 程序包"选项。在管理解决方案包中搜索 Dapper 包。找到 Dapper 包后，单击"安装"按钮，开始安装过程。安装完成后，在"解决方案"目录中"依赖项"文件夹下的"包"目录中会出现一个名为 Dapper 的文件。在程序中引入 Dapper 命名空间，即可使用 Dapper 包提供的 API 进行数据库操作。

4.4.4　Dapper 的底层实现

Dapper 是一种采用动态反射实现的数据访问库，它使用一个提取器（extractor）来生成 SQL 语句，并利用缓存技术进行优化。Dapper 支持多种参数类型，并应用了 ORM 技术，实现了自动映射应用程序和 SQL 之间的参数关系。Dapper 的底层实现代码如下。

```
public static IEnumerable Query(this IDbConnection cnn, string sql,
object param = null, IDbTransaction transaction = null, bool buffered =
true, int? commandTimeout = null, CommandType? commandType = null)
{
        sql = SqlMapper.Patch(sql);
        var identity = new Identity(sql, commandType, cnn, typeof(T),
param == null ? null : param.GetType(), null);
        var info = GetCacheInfo(identity);
        IDbCommand cmd = null;
        IDataReader reader = null;

        bool wasClosed = cnn.State == ConnectionState.Closed;
```

```
            try
            {
                cmd = SetupCommand(cnn, transaction, sql, info.ParamReader,
param, commandTimeout, commandType);
                if (wasClosed) cnn.Open();
                reader = cmd.ExecuteReader(wasClosed ? CommandBehavior.
CloseConnection : CommandBehavior.Default);
                var tuple = info.Deserializer;
                int hash = GetColumnHash(reader);
                if(tuple.Func == null || tuple.Hash != hash)
                {
                    if (reader.FieldCount == 0) yield break;
                    tuple =( IDataReader deserializer, int hash) SqlMapper.
GetDeserializer(typeof(T), reader, 0, -1, false);
                    if(info != null) SetQueryCache(identity, info.CloneWith
Deserialized(tuple));
                }
                var func = tuple.Func;
                while (reader.Read())
                {
                    yield return (T)func(reader);
                }
                while (reader.NextResult()) { }
                // happy path; close the reader cleanly - no
                reader.Dispose();
                reader = null;
                commandCount++;
                if(timeout) stopwatch.Stop(); // timeout / command timeout
                RecordExecution(identity, commandCount, stopwatch.
ElapsedMilliseconds / 1000.0);
            }
            finally
            {
                if (reader != null)
                {
                    if (!reader.IsClosed) try { cmd.Cancel(); }
                        catch { /* don't spoil the existing exception */ }
                    reader.Dispose();
                }
                else if (cmd != null)
                {
                    cmd.Dispose();
                }
                if (wasClosed)
cnn.Close();
            }
}
```

4.4.5 Dapper 中的方法

Dapper 是一个基于 .NET 平台的数据访问库,它提供了一系列方法来执行数据库操作。首先,需要创建一个 IDbConnection 连接对象,然后可以使用 Execute( )、Query( ) 等方法来执行 SQL 语句。这些方法能够方便地在 .NET 应用程序中进行数据库操作。

视频讲解

1. Query( ) 方法

功能:执行查询并返回结果集。

语法:Query<T>(sql, param, transaction, buffered, commandTimeout, commandType)

参数如下。

sql:包含 SQL 查询语句的字符串。

param:可选参数,用于传递查询参数。

transaction:可选参数,用于指定数据库事务。

buffered:可选参数,表示是否应该缓存结果。

commandTimeout:可选参数,表示命令执行的超时时间。

commandType:可选参数,表示命令的类型(如 Text、StoredProcedure 等)。

示例代码如下。

```
var sql = "查询 sql 命令";
var 实体对象 = connection.Query< 实体类型 >(sql, new {参数名=参数值});
```

以上代码使用 Query( ) 方法执行一个 SQL 查询语句,并将结果映射到指定的实体类型。

2. QueryFirstOrDefault( ) 方法

功能:与 Query( ) 方法相似,但只返回结果集的第一行(如果存在)。

语法:QueryFirstOrDefault<T>(sql, param, transaction, commandTimeout, commandType)

参数如下。

sql:包含 SQL 查询语句的字符串。

param:可选参数,用于传递查询参数。

transaction:可选参数,用于指定数据库事务。

commandTimeout:可选参数,表示命令执行的超时时间。

commandType:可选参数,表示命令的类型(如 Text、StoredProcedure 等)。

示例代码如下。

```
var sql = "查询 sql 命令";
var customer = connection.QueryFirstOrDefault< 实体类型 >(sql, new {参数名 = 参数值 });
```

以上代码使用 QueryFirstOrDefault( ) 方法执行一个 SQL 查询语句,并将结果映射到指定的实体类型。与 Query( ) 方法不同的是,QueryFirstOrDefault( ) 方法只返回结果集的第一行(如果存在)。

3. QueryMultiple( ) 方法

功能:与 Query( ) 方法相似,但用于执行返回多个结果集的查询。

语法:QueryMultiple(sql, param, transaction, commandTimeout, commandType)

参数如下。

sql:包含 SQL 查询语句的字符串。

param:可选参数,用于传递查询参数。

transaction：可选参数，用于指定数据库事务。

commandTimeout：可选参数，表示命令执行的超时时间。

commandType：可选参数，表示命令的类型（如 Text、StoredProcedure 等）。

示例代码如下。

```
var sql = "查询sql命令";
var multi = connection.QueryMultiple(sql);
var customers = multi.Read< 实体类型 1>().ToList();
var orders = multi.Read< 实体类型 2>().ToList();
```

以上代码演示了使用 QueryMultiple( ) 方法执行一个 SQL 查询语句，并返回多个结果集。首先，创建一个 QueryMultiple 对象，该对象通过 connection.QueryMultiple( ) 方法执行 SQL 查询。然后，使用 multi.Read( ) 方法分别读取每个结果集，并将每个结果集映射到相应的实体模型。最后，使用 ToList( ) 方法将结果转换为列表以便进一步处理。QueryMultiple( ) 方法还支持其他可选参数，例如，事务、命令超时时间和命令类型的设置等。

4. QuerySingleOrDefault( ) 方法

功能：与 Query( ) 方法相似，但只返回结果集的单个行（如果存在），如果结果集为空，则返回默认值。

语法：QuerySingleOrDefault<T>(sql, param, transaction, commandTimeout, commandType)

参数如下。

sql：包含 SQL 查询语句的字符串。

param：可选参数，用于传递查询参数。

transaction：可选参数，用于指定数据库事务。

commandTimeout：可选参数，表示命令执行的超时时间。

commandType：可选参数，表示命令的类型（如 Text、StoredProcedure 等）。

示例代码如下。

```
var sql = "查询sql命令";
var customer = connection.QuerySingleOrDefault< 实体类型 >(sql, new { 参数名 = 参数值 });
```

以上代码演示了使用 QuerySingleOrDefault( ) 方法执行一个 SQL 查询语句，并返回结果集中的单个行（如果存在）。使用 QuerySingleOrDefault( ) 方法并通过泛型参数 < 实体类型 > 指定结果集的映射类型。通过 new { 参数名 = 参数值 } 的形式提供了查询的参数。该方法会自动将结果映射到指定的实体类型，如果结果集为空，则返回实体类型的默认值（null 或 0 等）。

5. QuerySingle( ) 方法

功能：与 Query( ) 方法相似，但只返回结果集的单个行，如果结果集为空或超过一个行，则会引发异常。

语法：QuerySingle<T>(sql, param, transaction, commandTimeout, commandType)

参数如下。

sql：包含 SQL 查询语句的字符串。

param：可选参数，用于传递查询参数。

transaction：可选参数，用于指定数据库事务。

commandTimeout：可选参数，表示命令执行的超时时间。

commandType：可选参数，表示命令的类型（如 Text、StoredProcedure 等）。

示例代码如下。

```
var sql = "查询 sql 命令";
var customer = connection.QuerySingle<实体类型>(sql, new { 参数名 = 参数值 });
```

以上代码演示了使用 QuerySingle( ) 方法执行一个 SQL 查询语句，并返回结果集中的单个行。

6. Execute( ) 方法

功能：执行非查询操作并返回受影响的行数。

语法：Execute(sql, param, transaction, commandTimeout, commandType)

参数如下。

sql：包含 SQL 语句（通常是插入、更新、删除，以及存储过程）的字符串。

param：可选参数，用于传递参数值。

transaction：可选参数，用于指定数据库事务。

commandTimeout：可选参数，表示命令执行的超时时间。

commandType：可选参数，表示命令的类型（如 Text、StoredProcedure 等）。

示例代码如下。

```
var sql = "增、删、改 sql 语句";
var rowsAffected = connection.Execute(sql, new { 参数名1 = "参数值1", 参数名2 = "参数值2" });
```

以上代码演示了使用 Execute( ) 方法执行一个非查询操作，并返回受影响的行数。Execute( ) 方法通常用于执行插入、更新、删除操作，以及调用存储过程等不需要返回结果集的操作。使用 Execute( ) 方法，并通过 sql 参数传递 SQL 语句。如果需要传递参数，可以使用 param 参数，并使用 new { 参数名 = 参数值 } 的形式进行传递。该方法会执行指定的 SQL 语句，并返回受影响的行数。这意味着，返回值 rowsAffected 表示执行操作后数据库中受影响的行数。

【例 4-6】创建控制台应用程序，按 Demo 数据库中的数据表的结构设计模型，使用 Dapper 模型实现按性别进行学生信息查询。

具体实现步骤如下。

（1）在 "D：\ASP.NET Core 项目 \chapter4" 目录中，新建 example4-6 文件夹，打开 Visual Studio 2022，创建控制台应用程序，命名为 Dapper-Select。

（2）通过 Visual Studio 的 NuGet 包管理器安装 SQL Server 的 EF Core NuGet 包，在 Visual Studio 2022 菜单中选择 "工具" → "NuGet 包管理器" → "管理解决方案的 NuGet 程序包" 选项，搜索 Dapper 包和 Microsoft.Data.SqlClient 包进行安装，如图 4-15 所示。

图 4-15　安装 NuGet 包

（3）打开 Program.cs 文件，添加基本的数据访问程序，进行查询访问。编辑代码如下。

```
using Dapper;
using System.Data;
using Microsoft.Data.SqlClient;

IDbConnection con = new SqlConnection(@"Server=.\sqlexpress;Database=demo;Trusted_Connection=True;Trust Server Certificate=true;");
Console.WriteLine("请输入待查找的学生性别：");
string sexParam=Console.ReadLine();
var students = con.Query<Student>("SELECT * FROM student where sex=@sex",new {sex=sexParam});
foreach (var student in students)
{
    Console.WriteLine($"Sno: {student.Sno} | SName: {student.Sname.Trim()} | Age: {student.Age} | Sex: {student.Sex} | Dept: {student.Dept}");
}
public class Student
{
    public string Sno { get; set; } = null!;
    public string? Sname { get; set; }
    public string? Sex { get; set; }
    public int? Age { get; set; }
    public string? Dept { get; set; }
}
```

（4）运行应用程序结果如图 4-16 所示。

图 4-16　学生信息查询结果

【例 4-7】创建控制台应用程序，按 Demo 数据库中的数据表的结构设计模型，使用 Dapper 模型实现学生信息的新增。

具体实现步骤如下。

（1）在"D:\ASP.NET Core 项目\chapter4"目录中，新建 example4-7 文件夹，打开 Visual Studio 2022，创建控制台应用程序，命名为 Dapper-Insert。

（2）通过 Visual Studio 的 NuGet 包管理器安装 SQL Server 的 EF Core NuGet 包，在 Visual Studio 2022 菜单中选择"工具"→"NuGet 包管理器"→"管理解决方案的 NuGet 程序包"选项，如图 4-17 所示。搜索 Dapper 包和 Microsoft.Data.SqlClient 包进行安装。

图 4-17　安装 NuGet 包操作

（3）打开 Program.cs 文件，添加基本的数据访问程序，进行查询访问。编辑代码如下。

```
using Dapper;
using System.Data;
using Microsoft.Data.SqlClient;
using System.ComponentModel.Design;

IDbConnection con = new SqlConnection(@"Server=.\sqlexpress;Database=demo;Trusted_Connection=True;Trust Server Certificate=true;");
var n = con.Execute("insert into student values (@sno,@sname,@sex,@age,@dept)",
    new {sno="05880121",sname="刘毅",sex="男",age=20,dept="英语系"});
con.Close();
if (n == 1)
    Console.WriteLine(" 添加成功 ");
else
    Console.WriteLine(" 添加失败 ");
Console.ReadLine();
public class Student
{
    public string Sno { get; set; } = null!;
    public string? Sname { get; set; }
    public string? Sex { get; set; }
    public int? Age { get; set; }
    public string? Dept { get; set; }
}
```

（4）运行应用程序的结果如图 4-18 所示。

图 4-18　学生信息查询结果

【例 4-8】创建控制台应用程序，使用 Dapper 模型调用 Demo 数据库中的存储过程按学号查找学生的平均成绩。

具体实现步骤如下。

（1）在"D:\ASP.NET Core 项目\chapter4"目录中，新建 example4-8 文件夹，打开 Visual Studio 2022，创建控制台应用程序，命名为 Dapper-Proc。

（2）通过 Visual Studio 的 NuGet 包管理器安装 SQL Server 的 EF Core NuGet 包，在 Visual Studio 2022 菜单中选择"工具"→"NuGet 包管理器"→"管理解决方案的 NuGet 程序包"选项，搜索 Dapper 包和 Microsoft.Data.SqlClient 包进行安装。

（3）在 SQL Server 数据库中新建查询，编辑如下 T-SQL 命令并执行。

```
use demo
go
create procedure GetAvgScore @sno int, @avg varchar(20)out
as
begin
    select @avg=avg(grade) from student,sc where student.sno=sc.sno and student.sno=@sno
end
```

（4）打开 Program.cs 文件，添加基本的数据访问程序，调用存储过程查询学生平均成绩。编辑代码如下。

```
using Dapper;
using Microsoft.Data.SqlClient;
using System.Data;

IDbConnection con = new SqlConnection(@"Server=.\sqlexpress;Database=demo;Trusted_Connection=True;Trust Server Certificate=true;");
var parameters = new DynamicParameters();
Console.Write("请输入待查询的学生学号：");
string sno=Console.ReadLine();
parameters.Add("@avg", dbType: DbType.Int32, direction: ParameterDirection.Output);
parameters.Add("@sno", sno);
con.Query("getavgscore", parameters, commandType: CommandType.StoredProcedure);
int avgScore = parameters.Get<int>("@avg");
Console.WriteLine(avgScore);
public class Student
{
    public string Sno { get; set; } = null!;
```

```
    public string? Sname { get; set; }
    public string? Sex { get; set; }
    public int? Age { get; set; }
    public string? Dept { get; set; }
}
```

（5）运行应用程序的结果如图 4-19 所示。

图 4-19 学生信息查询结果

4.5 综合实验四：课程信息管理系统

1. 主要任务

创建控制台应用程序，使用 EF Core 创建模型，实现课程信息管理系统的基本功能。

图 4-20 course 表中的测试数据

2. 实验步骤

（1）使用 SQL Server 2022 数据库管理系统中 Demo 数据库的 course 数据表，添加部分测试数据，如图 4-20 所示。

（2）打开 Visual Studio 2022，创建控制台应用程序，命名为"综合实验四"。

（3）通过 Visual Studio 的 NuGet 包管理器安装 SQL Server 的 EF Core NuGet 包，在 Visual Studio 2022 菜单中选择"工具"→"NuGet 包管理器"→"管理解决方案的 NuGet 程序包"选项，搜索并选择所需要的 NuGet 包进行安装。需要安装的 NuGet 包为 Microsoft.EntityFrameworkCore.Tools、Pomelo.EntityFrameworkCore.SqlServer 和 EntityFrameworkCore.Design 库，如图 4-21 所示。

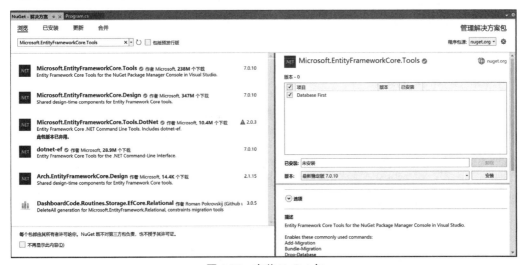

图 4-21 安装 NuGet 包

（4）在 Visual Studio 2022 菜单中选择"工具"→"NuGet 包管理器"→"程序包管理器控制台"选项，将默认项目设置为"综合实验四"，如图所示。在"程序包管理器控制台"里输入命令如下。

```
Scaffold-DbContext "Server=.\sqlexpress;Database=demo;Trusted_Connection=True;Trust Server Certificate=true;" Microsoft.EntityFrameworkCore.SqlServer -OutputDir Models
```

（5）创建完基本的模型后，打开 Program.cs 文件，添加基本的菜单显示方法，以及课程信息的增、删、改、查方法，实现课程数据表的数据访问功能。编辑代码如下。

```csharp
using DataAccess.Models;
DemoContext db = new DemoContext();
Course cour;
// 选择式菜单
void ShowMenuList()
{
    string choice, cno="", cname="";
    Console.WriteLine("          课程信息管理系统 ");
    Console.WriteLine("==========================================");
    Console.WriteLine("          1.输出课程信息 ");
    Console.WriteLine("          2.新增课程信息 ");
    Console.WriteLine("          3.按课程号删除课程信息 ");
    Console.WriteLine("          4.按课程名删除课程信息 ");
    Console.WriteLine("          5.按课程号修改课程信息 ");
    Console.WriteLine("          6.按课程号查找课程信息 ");
    Console.WriteLine("          7.按课程名查找课程信息 ");
    Console.WriteLine("          0.退出 ");
    Console.WriteLine("==========================================");
    do
    {
        Console.Write(" 输入选择: ");
        choice = Console.ReadLine();
        switch (choice)
        {
            case "1":
                ShowCourseList(db.Courses.ToList());
                break;
            case "2":
                cour = new Course();
                Console.Write(" 请输入新增课程号: ");
                cour.Cno = Console.ReadLine();
                Console.Write(" 请输入新增课程名: ");
                cour.Cname = Console.ReadLine();
                Console.Write(" 请输入新增课程授课教师名: ");
                cour.Tname = Console.ReadLine();
                Console.Write(" 请输入新增课程学分: ");
                cour.Credit = int.Parse(Console.ReadLine());
                InsertCourseInfo(cour);
                Console.WriteLine(" 新增后课程信息如下: ");
                ShowCourseList(db.Courses.ToList());
```

```csharp
                    break;
                case "3":
                    Console.Write("请输入待删除课程号:");
                    cno = Console.ReadLine();
                    DeleteCourseInfoByCNo(cno);
                    Console.WriteLine("删除后课程信息如下:");
                    ShowCourseList(db.Courses.ToList());
                    break;
                case "4":
                    Console.Write("请输入待删除课程名:");
                    cname = Console.ReadLine();
                    DeleteCourseInfoByCname(cname);
                    Console.WriteLine("删除后课程信息如下:");
                    ShowCourseList(db.Courses.ToList());
                    break;
                case "5":
                    cour = new Course();
                    Console.Write("请输入待修改的课程号:");
                    cour.Cno = Console.ReadLine();
                    Console.Write("请输入修改后课程名:");
                    cour.Cname = Console.ReadLine();
                    Console.Write("请输入新增课程授课教师名:");
                    cour.Tname = Console.ReadLine();
                    Console.Write("请输入新增课程学分:");
                    cour.Credit = int.Parse(Console.ReadLine());
                    UpdateCourseInfoByCno(cour);
                    Console.WriteLine("修改后课程信息如下:");
                    ShowCourseList(db.Courses.ToList());
                    break;
                case "6":
                    Console.Write("请输入待查找的课程号:");
                    cno = Console.ReadLine();
                    ShowCourseList(GetCoursesByCno(cno));
                    break;
                case "7":
                    Console.Write("请输入待查找的课程名:");
                    cname = Console.ReadLine();
                    ShowCourseList(GetCoursesByCname(cname));
                    break;
                case "0":
                    Console.WriteLine("谢谢使用,再见");
                    break;
                default:
                    Console.WriteLine("输入错误");
                    break;
            }
    } while (choice != "0");
}

// 显示课程列表信息
static void ShowCourseList(List<Course> list)
```

```csharp
{
    if (list.Count == 0)
        Console.WriteLine(" 不存在课程信息 ");
    else
    {
        Console.WriteLine(" 课程号 \t\t 课程名 \t 授课教师名 \t 学分 ");
        foreach (Course cour in list)
            Console.WriteLine("{0}\t\t{1}\t\t{2}\t\t{3}", cour.Cno.Trim(), cour.Cname.Trim(), cour.Tname, cour.Credit);
    }
}

// 按课程号查找课程信息
List<Course> GetCoursesByCno(string cno)
{
    List<Course> courses = db.Courses.Where(c => c.Cno == cno).ToList();
    return courses;
}
// 按课程名查找课程信息
List<Course> GetCoursesByCname(string cname)
{
    List<Course> courses = db.Courses.Where(c => c.Cname == cname).ToList();
    return courses;
}
// 新增课程信息
void InsertCourseInfo(Course cour)
{
    var data = (from c in db.Courses where c.Cno == cour.Cno select c).FirstOrDefault();
    if (data == null)
    {
        db.Courses.Add(cour);
        db.SaveChanges();
        Console.WriteLine(" 插入课程信息成功! ");
    }
    else
    {
        Console.WriteLine(" 该课程信息已存在,无法重复插入! ");
    }
}

// 按课程号删除课程信息
void DeleteCourseInfoByCNo(string cno)
{
    var cour = db.Courses.FirstOrDefault(c => c.Cno == cno);
    if (cour != null)
    {
        db.Courses.Remove(cour);
        db.SaveChanges();
        Console.WriteLine(" 删除课程信息成功! ");
```

```csharp
    else
    {
        Console.WriteLine(" 无法删除不存在的课程信息！ ");
    }
}

// 按课程名删除课程信息
void DeleteCourseInfoByCname(string cname)
{
    var cour = db.Courses.FirstOrDefault(c => c.Cname == cname);
    if (cour != null)
    {
        db.Courses.Remove(cour);
        db.SaveChanges();
        Console.WriteLine(" 删除课程成功！ ");
    }
    else
    {
        Console.WriteLine(" 无法删除不存在的课程信息！ ");
    }
}

// 按课程号修改课程信息
void UpdateCourseInfoByCno(Course cour)
{
    var course = db.Courses.SingleOrDefault<Course>(c => c.Cno == cour.Cno);
    if (course == null)
    {
        Console.WriteLine(" 课程号错误，不存在该课程信息！ ");
        return;
    }
    else
    {
        course.Cname = cour.Cname;
        course.Tname = cour.Tname;
        course.Credit = cour.Credit;
        db.SaveChanges();
        Console.WriteLine(" 课程信息更新成功！ ");
    }
}
ShowMenuList();
```

（6）测试运行应用程序，输出课程信息功能如图 4-22 所示，新增课程信息功能如图 4-23 所示，按课程号删除课程信息功能如图 4-24 所示，按课程号修改课程信息功能如图 4-25 所示，按课程号查找课程如图 4-26 所示。

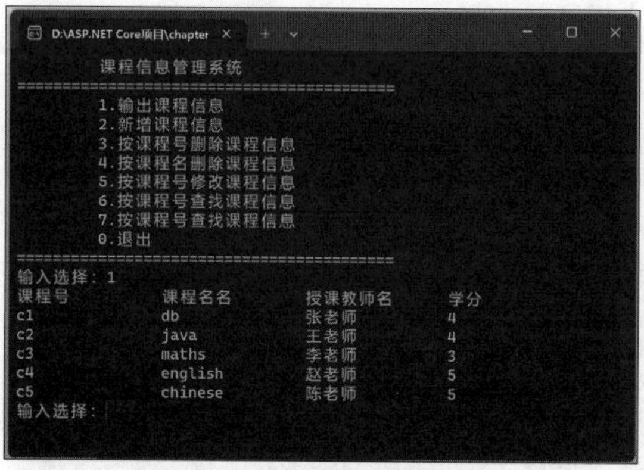

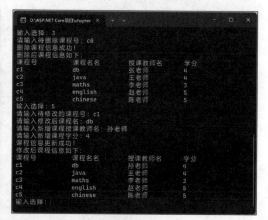

图 4-22　输出课程信息功能

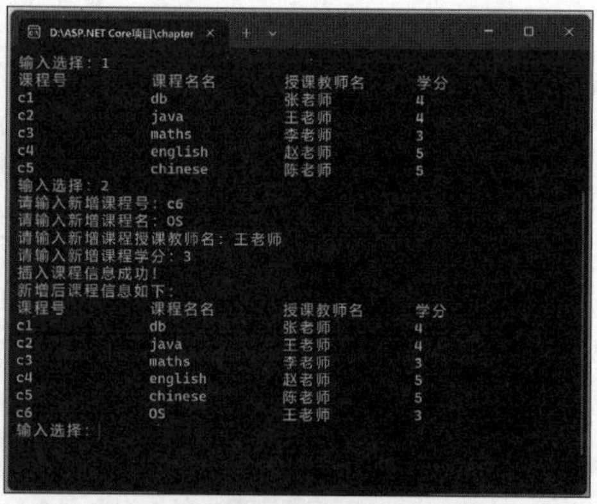

图 4-23　新增课程信息功能

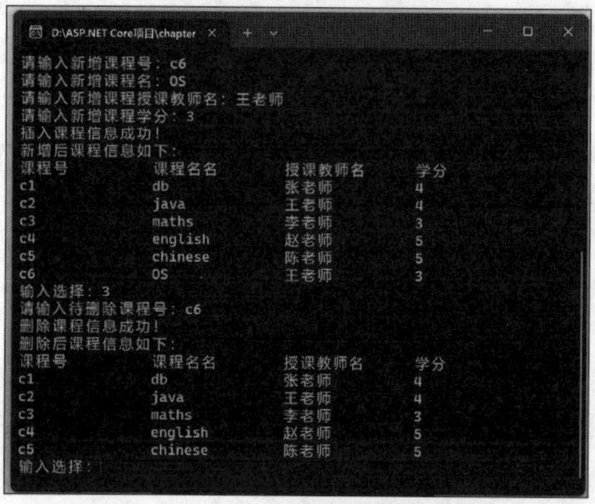

图 4-24　按课程号删除课程信息功能

图 4-25　按课程号修改课程信息功能

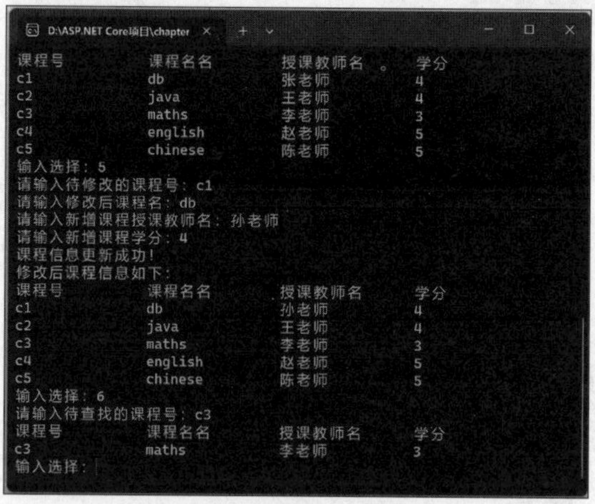

图 4-26　按课程号查找课程信息功能

4.6　本章小结

本章详细介绍了 EF Core 的基本特征和优点。首先，分别通过示例对 EF Core 中的 Database First 模式和 Code First 模式进行详细讲解。其次，介绍了使用 EF Core 模型进行基本的数据增、删、改、查处理的方法。最后，探讨了 Dapper 的优点、主要方法，以及基本应用。通过本章的学习，将对 EF Core 和 Dapper 有更全面的了解，从而在实际应用中能够更高效地开发和管理数据库。

4.7 习题

一、选择题

1. 下列各项中属于 EF Core 作用的是（　　）。
   A. 协助开发人员进行数据反序列化　　B. 提供对象关系映射解决方案
   C. 负责查询数据库的任务　　D. 简化编写数据库访问代码的流程
2. 引入 ORM 框架后，开发人员需要自行处理的是（　　）。
   A. 数据库连接步骤的实现　　B. 数据的反序列化工作
   C. 数据库查询任务　　D. ORM 框架的接口访问
3. Database First 模式的设计流程是（　　）。
   A. 先设计实体数据模型，再设计数据库结构
   B. 先设计数据库结构，再根据数据库自动生成实体数据模型
   C. 先编写业务逻辑代码，再设计数据库结构
   D. 先编写前端界面，再设计数据库结构
4. Code First 模式的特点是（　　）。
   A. 通过 GUI 工具来设计数据库模式
   B. 通过编写程序代码来定义数据结构和创建数据表
   C. 适合不熟悉传统 ADO.NET 开发的技术人员使用
   D. 根据项目需求，直接将实体模型转换为数据表
5. Code First 模式相比于传统的 GUI 工具更适合（　　）使用。
   A. 熟悉传统 ADO.NET 技术的开发人员　　B. 熟悉数据库管理工具的开发人员
   C. 初学者　　D. 不需要技术背景的人员
6. EF Core 包含的开发模式是（　　）。
   A. Code First 模式　　B. Model First 模式
   C. Database First 模式　　D. Code First 模式和 Database First 模式
7. 采用 EF Core 进行 Code First 模式开发时，需要（　　）。
   A. 先建立数据库，再进行其他的开发　　B. 先编写代码，再进行其他的开发
   C. 数据库和代码同步创建　　D. 数据库和代码创建的先后顺序任意
8. 下列数据库中可以在 EF Core 支持使用的是（　　）。
   A. SQL Server　　B. Qracle　　C. MySQL　　D. 以上都可以

二、填空题

1. 使用 EF Core 模型进行查询时，需要先使用数据上下文类来构建查询的_____。
2. 在 Database First 模式和 Code First 模式中，都可以实现查询操作，只是在_____和_____上略有差别。

3. Database First 模式是一种以_____设计为基础的设计模式。

4. 使用 Database First 模式可以更加高效地进行系统开发，减少开发人员手动编写实体模型的_____。

5. ORM 的主要目的是允许开发人员使用面向对象的方式来操作_____。

6. 微型 ORM 相较于传统 ORM，更适合于对数据库交互需求较_____的应用程序。

7. Dapper 的核心代码有_____行带注释的代码。

8. Dapper 使用_____技术来实现对象与关系数据库的动态映射。

9. EF Core 支持 Database First 和_____两种编程方式。

10. EF Core 将通过_____类访问数据库，实现创建、读取、更新和删除等数据操作。

11. 使用 EF Core 需要引用命名空间_____。

12. 在数据上下文类中的_____参数中可指定连接字符串的名字。

13. _____和_____两种模式是可逆的，都可以得到数据库和实体数据模型。

三、简答题

1. 简述 Dapper 的 Query( ) 方法有哪些参数和示例。

2. 简述 EF Core 提供的两种设计模式。

3. 简述 Code First 模式和 Database First 模式分别是基于哪种方式。

第 5 章

数据验证与注解

CHAPTER 5

数据验证和数据注解是 ASP.NET Core 模型验证（model validation）的两个关键内置属性，它们在软件系统中具有重要作用。数据验证是通过对输入数据进行检查和验证，确保其符合预期的格式、范围和规则，从而保证数据的准确性和完整性。这种验证可以防止用户输入错误或恶意注入攻击，提高系统的安全性和可靠性。数据注解是一种将元数据与数据模型关联起来的技术，通过为数据模型添加注解或属性来描述数据的特性和约束条件。这些注解可以指定数据的必填性、唯一性、长度限制等规则，还可以创建自定义数据验证属性和错误消息。

5.1 数据验证

在 ASP.NET Core Web 应用程序开发中,数据验证可以分为客户端验证和服务器端验证。客户端验证主要通过脚本语言(如 JavaScript 语言或 VBScript 语言)编写代码在浏览器端进行实现。这种验证方式不需要将数据提交到远程服务器,能够迅速给予用户反馈,让其及时发现所填写数据的非法性。因此客户端验证能为用户提供类似运行桌面应用程序的体验。

与之相对,服务器端验证通过使用高级语言(如 C# 语言或 VB 语言)编写代码来实现。所有客户端输入的内容都会被发送到服务器进行处理,这样可以防止一些潜在漏洞或异常情况的出现,确保数据的有效性。

通过客户端验证,能够及时检测用户输入的错误并迅速予以反馈,从而提升用户体验。而服务器端验证则能够保证数据的完整性和安全性,防止用户绕过客户端验证的规则,确保无论何种情况下都能得到准确、有效的数据。

5.1.1 客户端验证的应用

视频讲解

客户端验证是一种重要的技术手段,能够提高系统的响应速度、用户体验和安全性。通过在本地设备上进行数据验证,可以较早地排除无效或恶意的数据,减轻服务器的负担,提升系统的效率和性能。

【例 5-1】创建一个简单的用户注册页面,使用 ASP.NET Core 和 JavaScript 脚本来进行客户端验证。

具体实现步骤如下。

(1)打开 Visual Studio 2022,选择"创建新项目"→"ASP.NET Core Web 应用(模型 - 视图 - 控制器)"选项,如图 5-1 所示。

图 5-1 新建项目操作

(2)在"配置新项目"对话框中,设置项目名称为 example5-1,保存位置为"D:\ASP.NET Core 项目\chapter5"文件夹,将解决方案和项目放于同一目录中,单击"下一步"按钮,如图 5-2 所示。

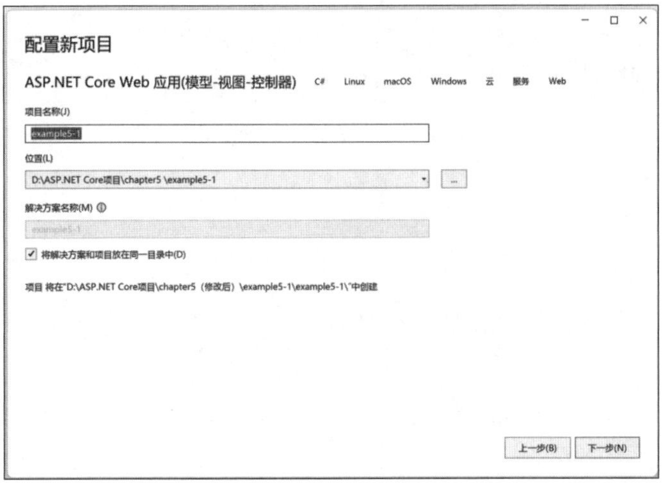

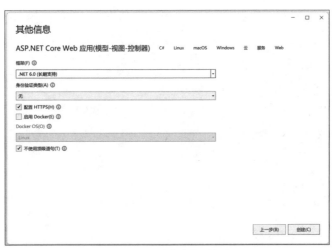

图 5-2 "配置新项目"对话框

（3）在"其他信息"对话框中，将框架设置为 .NET 6.0，不使用顶级语言，其他信息为默认项，单击"创建"按钮，如图 5-3 所示。

图 5-3 "其他信息"对话框

（4）在 example5-1 项目下的 Controllers 文件夹中，添加创建名为 AccountController.cs 的控制器文件，并编辑代码如下。

```
using Microsoft.AspNetCore.Mvc;
namespace example5_1.Controllers
{
    public class AccountController : Controller
    {
        public IActionResult Registe()
        {
            return View();
        }
```

```csharp
        [HttpPost]
        public IActionResult ValidateUsername(string username)
        {
            // 验证用户名是否存在
            bool isUsernameValid = !IsUsernameExisting(username);
            return Json(new { isValid = isUsernameValid });
        }

        [HttpPost]
        public IActionResult ValidateEmail(string email)
        {
            // 验证电子邮件格式是否有效
            bool isEmailValid = IsEmailValid(email);
            return Json(new { isValid = isEmailValid });
        }

        [HttpPost]
        public IActionResult Registe(string username, string email, string password)
        {
            // 输出注册成功的信息
            Console.WriteLine($" 新用户注册成功：用户名 - {username}，电子邮件 - {email}，密码 - {password}");
            return RedirectToAction("Index", "Home");
        }

        // 验证用户名 admin 是否已存在
        private bool IsUsernameExisting(string username)
        {
            return username == "admin";
        }

        // 验证电子邮件格式是否有效
        private bool IsEmailValid(string email)
        {
            return email.Contains("@");
        }
    }
}
```

（5）在 example5-1 项目下的 Views 文件夹中，添加创建名为 Account 的文件夹。在该文件夹中，添加名为 Registe.cshtml 的视图文件，并编辑代码如下。

```cshtml
@{
    ViewData["Title"] = "用户注册";
}

<h2>用户注册</h2>

<form id="registeForm">
```

```html
    <div class="form-group">
        <label for="username">用户名:</label>
        <input type="text" class="form-control" id="username" required>
        <div id="usernameError" class="text-danger"></div>
    </div>
    <div class="form-group">
        <label for="email">电子邮件:</label>
        <input type="email" class="form-control" id="email" required>
        <div id="emailError" class="text-danger"></div>
    </div>
    <div class="form-group">
        <label for="password">密码:</label>
        <input type="password" class="form-control" id="password" required>
        <div id="passwordError" class="text-danger"></div>
    </div>
    <button type="submit" class="btn btn-primary">注册</button>
</form>

@section scripts {
    <script src="~/js/registe-validation.js"></script>
}
```

(6) 在 example5-1 项目下的 wwwroot/js 文件夹中, 添加创建名为 registe-validation.js 的 JavaScript 文件, 并编辑代码如下。

```javascript
$(document).ready(function () {
    $('#registeForm').submit(function (e) {
        e.preventDefault();
        var username = $('#username').val();
        var email = $('#email').val();
        var password = $('#password').val();
        $.ajax({
            url: '@Url.Action("ValidateUsername", "Account")',
            type: 'POST',
            data: { username: username },
            success: function (result) {
                if (result.isValid) {
                    $('#usernameError').text('');
                    validateEmail();
                } else {
                    $('#usernameError').text('用户名已存在');
                }
            }
        });
    });

    function validateEmail() {
        var email = $('#email').val();
        $.ajax({
            url: '@Url.Action("ValidateEmail", "Account")',
            type: 'POST',
```

```
                data: { email: email },
                success: function (result) {
                    if (result.isValid) {
                        $('#emailError').text('');
                        registeUser();
                    } else {
                        $('#emailError').text('无效的电子邮件格式');
                    }
                }
            });
        }

        function registeUser() {
            var username = $('#username').val();
            var email = $('#email').val();
            var password = $('#password').val();
            $.ajax({
                url: '@Url.Action("Registe", "Account")',
                type: 'POST',
                data: { username: username, email: email, password: password },
                success: function (result) {
                    // 注册成功后的处理
                    alert('注册成功！');
                }
            });
        }
    });
```

（7）右击 example5-1 项目下的 Views/Account/Registe.cshtml 文件，在弹出的快捷菜单中，选择"在浏览器中查看（Miscrosoft Edge）"选项，运行网站，运行结果如图 5-4 所示。

图 5-4　网站运行页面

5.1.2　客户端验证与服务器端验证比较

视频讲解

客户端验证提供了快速反馈和良好的用户体验，而服务器端验证则保证了数据的安全性和完整性。在实际开发中，根据具体需求和安全要求，可以选择适合的验证方式或者结合两者的优势来进行数据验证。客户端验证和服务器端验证各自的优缺点如下。

1. 客户端验证的优点

即时反馈：客户端验证可以在用户提交表单之前对数据进行验证，即时向用户提供反馈。从而减少不必要的服务器交互，提高用户体验。

减轻服务器压力：通过在客户端进行数据验证，可以减轻服务器的负载压力，在数据发送到服务器之前就排除一些明显的错误或无效的数据。

缩短用户等待时间：可以减少与服务器的通信次数，从而减少等待时间。数据验证逻辑可以直接在用户的本地设备上执行，不再需要依赖服务器的反馈。这样可以大幅度减少数据验证所需的时间，提高客户端的响应速度。

用户体验好：由于验证过程在客户端进行，用户无须等待服务器的反馈，因此会感受到更加快速和及时的操作响应。这种即时性和流畅性的体验可以提升用户的满意度，增强用户对产品或服务的信任感。

2. 客户端验证的缺点

可靠性：客户端验证容易受到用户篡改、绕过或禁用的攻击。用户可以通过禁用 JavaScript 脚本等方式绕过客户端验证规则，导致数据的安全性和准确性受到威胁。

安全性：客户端验证无法提供真正的安全保障，服务器端仍然需要进行数据验证来确保数据的完整性和安全性。

重复验证：客户端验证和服务器端验证可能会存在冗余验证的情况，这在某些情况下可能会浪费资源。

3. 服务器端验证的优点

安全性高：服务器端验证是数据验证的最终层次，可以确保数据的完整性和安全性。服务器端验证通常使用强大的验证库和算法，可以检测和纠正各种攻击和输入错误。

可信度高：服务器端验证的结果是可信的，无法被用户篡改。它始终在服务器上进行，用户无法干涉。

兼容性强：由于服务器不受特定设备或操作系统的限制，验证逻辑可以在服务器上独立执行，使其能够适应各种客户端环境。这种兼容性优点使得服务器端验证能够广泛应用于各种平台和设备，提供一致的验证服务。

可以对复杂的规则进行验证：服务器通常拥有更强大的计算能力和存储资源，利用服务器端语言和库来实现复杂的数据处理、验证算法或加密技术。

4. 服务器端验证的缺点

用户体验差：服务器端验证需要将数据发送到服务器，并等待服务器的反馈。这增加了网络延迟和页面刷新的时间，可能会降低用户体验。

服务器压力：服务器端验证需要消耗服务器资源，特别是在高负载时可能会导致性能问题。如果有大量的并发请求，服务器端验证可能会成为瓶颈。

客户端验证和服务器端验证有各自的优势和限制。通常情况下，最佳实践是结合使用客户端验证和服务器端验证，以在提供即时反馈和优化用户体验的同时保证数据的完整性和安全性。如果只进行数字验证、字符检测、简单规则条件、为空判断等验证，通常选择客户端验证，对于涉及数据库、复杂算法、复杂规则条件等验证，则采用服务器端验证。

5.2 数据验证属性

5.2.1 ASP.NET Core 内置数据验证属性

视频讲解

相比于使用 JQuery 插件或 AJAX 第三方验证，使用基于 ASP.NET Core 框架内置的数据验证属性更为便捷。下面将详细介绍 ASP.NET Core 内置的数据验证属性。表 5-1 列举了常用的 ASP.NET Core 内置数据验证属性。

表 5-1 常用的 ASP.NET Core 内置数据验证属性

属 性 名	说 明
Compare	用于比较两个数据的值是否相等
CreditCard	用于验证字符串数据是否为有效的信用卡号码
EnumDataType	用于验证数据值是否属于指定的枚举类型
FileExtensions	用于验证上传文件的扩展名是否在指定的范围内
MaxLength	用于指定字符串数据的最大长度
MinLength	用于指定字符串数据的最小长度
Phone	用于验证字符串数据是否为有效的电话号码
Range	用于指定数值类型数据的允许范围
RegularExpression	用于指定字符串数据必须满足指定的正则表达式模式
Required	用于指定某个数据必须提供值，否则会触发验证错误
StringLength	用于指定字符串数据的最小和最大长度
Url	用于验证字符串数据是否为有效的 URL 地址
DataType	用于指定数据类型，如日期、时间、电话号码等
EmailAddress	用于验证字符串数据是否为有效的电子邮件地址

在 ASP.NET Core 中，有一些验证属性如 Required、StringLength、RegularExpression、Range 和 Compare，其定义位于 System.ComponentModel.DataAnnotations 命名空间中。在使用这些验证属性之前，需要先引入这个命名空间。另外，Entity Framework 4 组件还新增了一些验证属性，如 MinLength 和 MaxLength 等。除了引用 System.ComponentModel.DataAnnotations 命名空间，还需要在项目中添加 Entity Framework.dll 组件才能使用这两个属性。MinLength 属性和 MaxLength 属性可以应用于数据中 string 类型和 byte[] 数组类型的字段，用来指定字段所允许的最小值和最大值。而 StringLength 只能应用于数据中 string 类型的字段，用来指定字段的长度范围。以上这些验证属性能够提高在开发过程中对数据的校验和限制，保证数据的有效性和一致性。

在实际应用中，可以同时使用多个验证属性来满足数据验证需求。如果需要对数据中密码字段进行验证，要求其既必填，又不少于 6 位长度，可以同时使用 Required 属性和 MinLength 属性来进行综合验证。这两个验证属性的组合，可以在数据持久化过程中进行验证，确保密码字段同时满足必填和最小长度要求。如果用户未填写密码或密码长度不符合要求，Entity Framework 将会抛出相应的异常或警告信息，帮助用户及时发现和处理数据错误。

【例 5-2】创建一个 ASP.NET Core 注册页面，使用数据验证属性对输入信息进行验证。

具体实现步骤如下。

（1）打开 Visual Studio 2022，选择"创建新项目"→"ASP.NET Core Web 应用（模型 - 视图 - 控制器）"选项。

（2）在"配置新项目"对话框中，设置项目名称为 example5-2，保存位置为"D：\ASP.NET Core 项目 \chapter5"文件夹，将解决方案和项目放于同一目录中，单击"下一步"按钮。

（3）在"其他信息"对话框中，将框架设置为 .NET 6.0，使用顶级语句，其他信息为默认项，单击"创建"按钮。

（4）右击 example5-2 项目下的 Models 文件夹，添加创建 UserInfo 类，编辑代码如下。

```
using System.ComponentModel.DataAnnotations;
using System.ComponentModel;

namespace example5_2.Models
{
    public class UserInfo
    {
        // 指定该属性在显示时的名称为 " 用户名 "
        [DisplayName(" 用户名 ")]
        // 属性为必填项，并设置错误消息为 "{0} 用户名必须填写 "。其中，{0} 将会在错
        // 误消息中被替换为属性的显示名称
        [Required(ErrorMessage = "{0} 用户名必须填写 ")]
        [Key]
        public string UserName { get; set; }
        // 密码必填，且至少 6 位
        [Required(ErrorMessage = "{0} 密码不可以为空 ")]
        // 指定密码的字符长度应为 6~10
        [StringLength(10, ErrorMessage = " 密码 6-10 位 之 间 ", MinimumLength = 6)]
        public string Password { get; set; }
        // 验证两次输入的密码是否一致
        [Required]
        // 将该属性与 Password 属性进行比较，如果两者的值不一致，将会返回错误消息
        [Compare("Password", ErrorMessage = " 两次密码输入不一致 ")]
        public string ConfirmPassword { get; set; }
        // 邮件为必填
        [Required]
        // 使用正则表达式对属性的值进行验证，确保其符合邮箱的格式要求
        [RegularExpression(@"[A-Za-z0-9._%+-]+@[A-Za-z0-9.-]+\.[A-Za-z]{2,4}", ErrorMessage = " 邮箱格式不正确 ")]
        public string Email { get; set; }
        // 年龄为必填
        [Required]
        // 指定该属性的值应为 1~100
        [Range(1, 100)]
        public int Age { get; set; }
    }
}
```

（5）右击 example5-2 项目下的 Controllers 文件夹，在弹出的快捷菜单中，选择"添

加"→"控制器"选项,如图 5-5 所示。在"添加已搭建基架的新项"对话框中选择"视图使用 Entity Framework 的 MVC 控制器"选项,如图 5-6 所示。在弹出的"添加 视图使用 Entity Framework 的 MVC 控制器"对话框中,设置模型类和 DbContext 类,具体如图 5-7 所示。添加成功后,在 Controllers 文件夹中创建了名为 UserInfoesController.cs 的控制器文件,在 Views 文件夹中创建了 UserInfoes 文件夹,包含了 UserInfo 模型类的增、删、改、查页面,如图 5-5~图 5-8 所示。

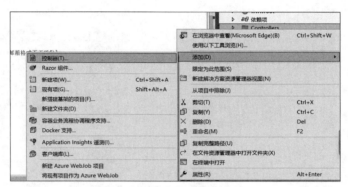

图 5-5 添加"控制器"操作

图 5-6 "添加已搭建基架的新项"对话框

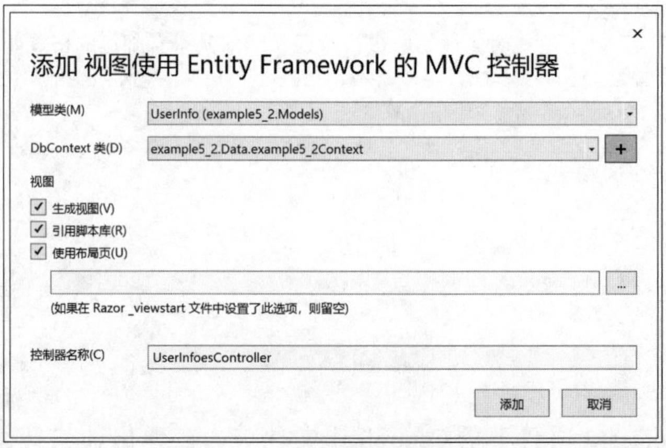

图 5-7 "添加 视图使用 Entity Framework 的 MVC 控制器"对话框

（6）右击 example5-2 项目下的 Views/UserInfoes/Create.cshtml 文件，在弹出的快捷菜单中，选择"在浏览器中查看（Miscrosoft Edge）"选项，运行网站，运行结果如图 5-9~ 图 5-11 所示。

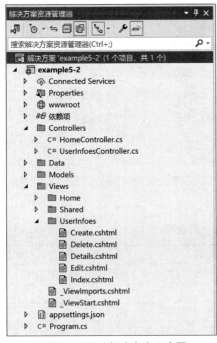

图 5-8 网络解决方案示意图

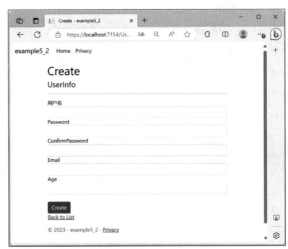

图 5-9 网站运行页面

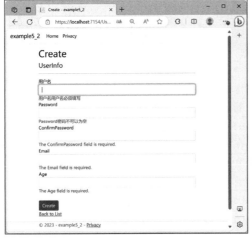

图 5-10 网站数据验证错误提示

图 5-11 网站数据验证正确显示

在例 5-2 中，使用的数据验证属性解释如下。

（1）通过 [DisplayName(" 用户名 ")]属性，UserName 字段在页面中显示别名"用户名"。要使用该属性，需要添加 System.ComponentModel 命名空间的引用。

（2）每个验证属性都包含 [ErrorMessage] 属性，方括号内的属性是可选的，可以为该属性赋值也可以不赋值。如果它没有被指定，则 ASP.NET Core 将使用默认的错误提示值。然而，默认值可能包含某些专业术语，为了提供更友好的提示，通常会指定自定义值。

(3)[Required([ErrorMessage])]为必填验证属性,通过 ErrorMessage 属性可以设置未通过验证时的错误信息。

(4)[StringLength(int MaximumLength, [ErrorMessage],[int MinimumLength])]为长度验证属性,参数 MaximumLength 表示允许输入的最大长度,ErrorMessage 属性表示未通过验证时的错误信息,参数 MinimumLength 表示允许输入的最小长度。

(5)[Compare(string otherProperty,[ErrorMessage])]为比较验证属性,参数 otherProperty 表示要与当前属性进行比较的其他属性,ErrorMessage 属性表示未通过验证时的错误信息。

(6)[Range(double Mininum,double Maxinum,[ErrorMessage])]为范围验证属性,参数 Mininum 表示范围的最小值,参数 Maxinum 表示范围的最大值,ErrorMessage 属性表示未通过验证时的错误信息。

(7)[RegularExpression(string pattern,[ErrorMessage])]为正则表达式验证属性。参数 pattern 表示用于验证字段的正则表达式,ErrorMessage 属性表示未通过验证时的错误信息。常用的正则表达式字符说明如表 5-2 所示。

表 5-2 常用的正则表达式字符说明

正则表达式字符	说明
\	将下一个字符标记为特殊字符、原义字符、向后引用或八进制转义符
^	匹配输入字符串的开始位置
$	匹配输入字符串的结束位置
*	匹配前面的子表达式零次或多次
+	匹配前面的子表达式一次或多次
{n}	n 是一个非负整数,匹配次数为 n 次
{n,}	n 是一个非负整数,至少匹配 n 次
{n,m}	m 和 n 均为非负整数,其中 n <= m,最少匹配 n 次且最多匹配 m 次
?	匹配前面表达式 0 次或 1 次
x|y	匹配 x 或 y
[xyz]	字符集合,匹配所包含的任意一个字符
[^xyz]	负值字符集合,匹配未包含的任意字符
[a-z]	字符范围,匹配指定范围内的任意字符
[^a-z]	负值字符范围,匹配任何不在指定范围内的任意字符
\d	匹配一个数字字符,等价于 [0-9]
\D	匹配一个非数字字符,等价于 [^0-9]
\f	匹配一个换页符,等价于 \x0c 和 \cL
\n	匹配一个换行符,等价于 \x0a 和 \cJ
\r	匹配一个回车符,等价于 \x0d 和 \cM

通过将这些常用的正则表达式字符组合,就可以方便地验证不同类型的数据是否符合特定的模式和规则。

5.2.2 ASP.NET Core 远程验证属性

视频讲解

远程回调验证是对字段进行远程数据验证的一种方法。远程验证属性利用服务器端的回调函数来执行客户端的验证逻辑。当遇到有远程验证属性的元数据时,系统会自动调用相应控制器下的方法来完成远程数据验证。与其他验证属性不同，远程验证属性所属的命名空间为 System.Web.Mvc。

远程验证属性的语法格式如下。

[Remote(string action, string controller, ErrorMessage)]

其中，参数 action 表示要调用的方法名，参数 controller 表示要调用的方法所在的控制器名，而 ErrorMessage 属性表示未通过验证时的错误信息

【例 5-3】在例 5-1 和例 5-2 的基础上增加验证功能，新会员注册时要求注册邮箱不允许重复，即需检查数据库中是否已存在该邮箱（此处简化为，只有 default@163.com 邮箱不能被使用），使用 Remote 属性进行远程数据验证。

具体实现步骤如下。

（1）在 UserInfo 实体类中，添加对 Email 字段的验证，编辑代码如下。

```
// 邮箱检测
[Remote("CheckEmail", "UserInfoes", ErrorMessage = " 邮箱已经存在 ")]
public string Email { get; set; }
```

（2）在 UserInfoes 控制器中创建 CheckEmail( ) 方法。

```
public IActionResult CheckEmail(string email)
{
    var isEmailExists = (email == "default@163.com");
    return Json(!isEmailExists);
}
```

（3）右击 example5-3 项目下的 Views/UserInfoes/Create.cshtml 文件，在弹出的快捷菜单中，选择"在浏览器中查看（Miscrosoft Edge）"选项，运行网站，在 Email 文本框中输入邮箱地址，调用 CheckEmail( ) 方法进行远程数据验证，验证结果如图 5-12 所示。

图 5-12　邮箱验证错误提示

5.2.3　自定义数据验证属性

自定义数据验证属性是指通过编写自己的验证属性来验证用户提交的数据。这样可以确保输入的数据符合业务规则和要求。ASP.NET Core 除了特定的数据验证属性，还具有强大的扩展性，允许继承某个验证类创建自定义的验证属性完成某些特殊的数据验证。

例如，在输入部门代码时，要求不能输入汉字，则可以创建自定义数据验证属性来实现。示例代码如下。

```
public class DeptAttribute : RegularExpressionAttribute
{
    public DeptAttribute() : base(@"/[\u4E00-\u9FA5]/g ")
```

视频讲解

```
        { }
}
```

创建完 DeptAttribute 自定义数据验证属性以后，在输入部门代码时都可以直接使用该自定义数据验证属性进行验证，代码如下。

```
[DeptAttribute(ErrorMessage =" 部门代码不能含有中文 ")]
public string DeptNo{get;set;}
```

【例 5-4】在例 5-3 的基础上增加自定义数据验证属性，以确保新会员注册时年龄必须大于 18 岁。

具体实现步骤如下。

（1）在 UserInfo 实体类中，将 Age 字段替换为 BirthDate 字段，并为其添加自定义数据验证属性，代码如下。

```
public class UserInfo
{
    [Required(ErrorMessage = "{0}用户名必须填写")]
    [Key]
    public string UserName { get; set; }
    // 生日为必填
    [Required]
    // 远程验证如果年龄小于18岁，远程验证将返回错误消息
    [Remote(action: "IsAgeValid", controller: "UserInfoes",
ErrorMessage = "You must be at least 18 years old.")]
    public DateTime BirthDate { get; set; }
}
```

（2）右击 example5-4 项目下的 Controllers 文件夹，在弹出的快捷菜单中，选择"添加"→"控制器"选项，重新添加"视图使用 Entity Framework 的 MVC 控制器"的控制器。

（3）在 UserInfoes 控制器中创建 IsAgeValid( ) 方法，编辑代码如下。

```
[AcceptVerbs("GET", "POST")]
public IActionResult IsAgeValid(DateTime birthdate)
{
    var age = DateTime.Today.Year - birthdate.Year;
    if (birthdate > DateTime.Today.AddYears(-age))
    {
        age--;
    }
    // 如果年龄大于等于18岁返回true，否则返回false
    if (age >= 18)
    {
        return Json(true);
    }
    else
    {
        return Json(false);
    }
}
```

（4）右击 example5-4 项目下的 Views/UserInfoes/Create.cshtml 文件，在弹出的快捷菜单中，选择"在浏览器中查看（Miscrosoft Edge）"选项，运行网站，客户端运行中将调用 UserInfoes 控制器中的 IsAgeValid 自定义数据验证方法进行数据验证，验证结果如图 5-13 所示。

图 5-13　年龄自定义数据验证的错误提示

在例 5-4 中，IsAgeValid 是一个自定义数据验证属性，它接收一个生日日期作为参数。在该方法中，通过生日日期和当前日期计算出年龄，并与 18 进行比较来验证年龄是否符合要求。当模型绑定发生时，ASP.NET Core 会自动执行相应的数据验证逻辑并返回验证结果。如果验证失败，则可以在页面中显示相应的错误信息。

5.3　数据注解

5.3.1　数据显示注解

数据注解，又称数据显示注解，是一种在页面上提升关键字段显示友好性的技术手段。它能够通过改变字段的显示方式，使其更符合常规的表达习惯，比如，将 FirstName 字段在页面中显示为更合理的 First Name。在 ASP.NET Core 中，存在一系列常用的数据显示注解，这些注解被广泛使用于开发过程中，以达到更好的用户体验和易读性。表 5-3 展示了 ASP.NET Core 中常见的数据显示注解。

视频讲解

表 5-3　ASP.NET Core 中常见的数据显示注解

属　性　名	说　　　明
Display	指定字段在页面上的显示名称
DisplayName	指定字段在页面上的友好显示名称
DataType	指定字段的数据类型，以便正确地显示和验证用户输入
DefaultValue	指定字段的默认值
ScaffoldColumn	指示是否自动生成用于编辑和显示该字段的 UI 元素
DisplayFormat	格式化字段的显示方式，如日期、时间和数字的格式
ReadOnly	指示字段是否为只读，即不允许用户编辑该字段的值
Editable	指示字段是否可以编辑，与 ReadOnly 相反
UIHint	指定自定义视图模板的名称，用于控制字段的显示方式
HiddenInput	指示字段是否应该被隐藏，即不在页面上显示该字段的输入框

【例 5-5】创建一个商品详情页面，对各字段使用数据显示注解进行注释，并运行测试。
具体实现步骤如下。
（1）按例 5-2 中步骤（1）~步骤（3）创建 ASP.NET Core Web 应用程序项目，设置项目名称为 example5-5。

（2）创建实体类 Product，编辑代码如下。

```csharp
public class Product
{
    [DisplayName("商品名")]
    [Key]
    public string ProductName { get; set; }
    [DataType(DataType.Date)]
    [DisplayName("生产日期")]
    public DateTime ProDate { get; set; }
    [HiddenInput(DisplayValue = false)]
    public string ProWorker { get; set; }
    [DisplayFormat(ApplyFormatInEditMode = true, DataFormatString = "{0:c}")]
    [DisplayName("价格")]
    public decimal Price { get; set; }
}
```

（3）创建控制器类 ProductsController，编辑代码如下。

```csharp
public class ProductController : Controller
{
    // GET: Product
    public ActionResult Index()
    {
        Models.Product product = new Models.Product() { ProductName = "0.5 mm签字笔", ProDate = DateTime.Parse("2023-05-12"), ProWorker = "王宁", Price =decimal.Parse( "6.5") };
        return View(product);
    }
}
```

（4）添加 Index.cshtml 视图文件，编辑源代码如下。

```cshtml
@model example4_4.Models.Product
@{
    ViewData["Title"] = "Index";
}

<h1>Index</h1>

<p>
    <a asp-action="Create">Create New</a>
</p>
<table class="table">
    <thead>
        <tr>
            <th>
                @Html.DisplayNameFor(model => model.ProductName)
            </th>
            <th>
                @Html.DisplayNameFor(model => model.ProDate)
            </th>
            <th>
```

```
                @Html.DisplayNameFor(model => model.ProWorker)
            </th>
            <th>
                @Html.DisplayNameFor(model => model.Price)
            </th>
            <th></th>
        </tr>
    </thead>
    <tbody>

        <tr>
            <td>
                @Html.DisplayFor(model => model.ProductName)
            </td>
            <td>
                @Html.DisplayFor(model => model.ProDate)
            </td>
            <td>
                @Html.DisplayFor(model => model.ProWorker)
            </td>
            <td>
                @Html.DisplayFor(model => model.Price)
            </td>
            <td>
                <a asp-action="Edit" asp-route-id="@Model.ProductName">Edit</a> |
                <a asp-action="Details" asp-route-id="@Model.ProductName">Details</a> |
                <a asp-action="Delete" asp-route-id="@Model.ProductName">Delete</a>
            </td>
        </tr>

    </tbody>
</table>
```

（5）运行网站，如图 5-14 所示，可以看到商品部分信息名称显示为汉字，生产日期为日期类型，价格显示为中文货币类型。

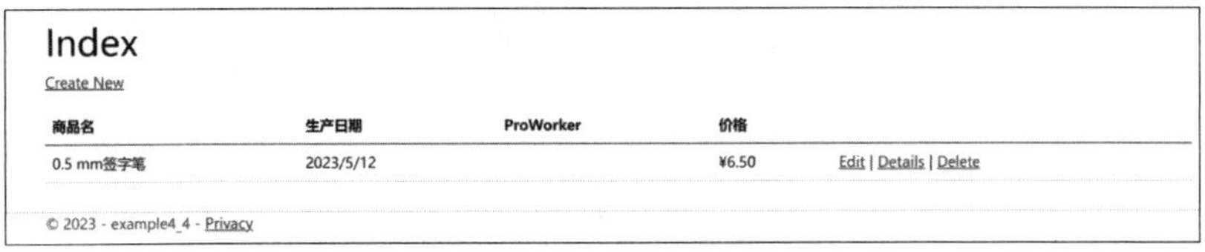

图 5-14　数据注解示例

在例 5-5 中，使用的数据显示注解解释如下。

（1）[DisplayName(string displayName)] 是用于定义字段显示名称的特性。其中参数 displayName 表示要显示的字段名，需要引用 System.ComponentModel 命名空间。

（2）[DisplayFormat([ApplyFormatInEditMode],[DataFormatString],[NullDisplayText])] 用于指定数据字段的显示格式。[ApplyFormatInEditMode] 属性用于设置编辑模式是否应用该格式，

[DataFormatString]属性用于设置格式字符串，而[NullDisplayText]属性用于设置当数据为空值（Null）时字段的显示文本。

（3）[DataType(DataType dataType，[ErrorMessage])]用于设置与字段关联的类型名称，参数 dataType 表示与字段关联的类型名称，[ErrorMessage]属性是验证错误时的提示文字。DataType 不是 C# 语言中的数据类型，而是系统定义的一个枚举类型，DataType 的枚举定义如下。

```
public enum DataType
{
    Custom, DateTime, Date, Time, Duration, PhoneNumber, Currency, Text,
    HTML, MultilineText,EmailAddress, Password, Url, ImageUrl, CreditCard,
    PostalCode, Upload
}
```

（4）[HiddenInput([DisplayValue])]用于隐藏某个字段值，[DisplayValue]属性设置是否显示隐藏的 input 值。默认情况下字段在编辑模式时会以只读形式显示，将 DisplayValue 设置为 false 则可实现字段的完全隐藏，HiddenInput 所属的命名空间为 System.Web.Mvc。

（5）[Editable(bool allowEdit)]用于设置字段是否可以编辑，参数 allowEdit 指示字段是否可编辑，true 为可编辑，false 为不可编辑。

视频讲解

5.3.2 数据映射注解

数据映射是指将实体类与数据库表之间进行转换的对应关系。数据映射注解用于约束这种转换过程。可以通过将实体类中的字段与数据库表的主外键进行对应设置，或者将字段设置为与表中的别名或其他字段对应的方式来实现。在实际应用中，ASP.NET Core 常用的数据映射注解如表 5-4 所示。

表 5-4　ASP.NET Core 常用的数据映射注解

属　性　名	说　　明
Key	指定字段为实体类的主键
Column	将字段与数据库列进行映射，可以指定列名、数据类型、是否允许为空等信息
NotMapped	指定字段不与数据库进行映射，即不持久化到数据库中
Table	指定实体类对应的数据库表名
ForeignKey	指定字段为外键，并指定关联的实体类及其对应的主键属性
DatabaseGenerated	指定字段的值由数据库生成，如自增长字段
ReadOnly(true)	指定字段只读，不可被修改
Timestamp	指定字段作为时间戳，用于检测并发性冲突
TableColumn	将字段与数据库表列进行映射，可以指定列名、数据类型、是否允许为空等信息
Index	指定字段创建数据库索引
InverseProperty	指定字段与导航属性之间的反向关系，用于建立一对一或一对多的关联
ComplexType	指定字段为复杂类型，与数据库表的关系是组合关系而不是关联关系

【例 5-6】创建控制台应用程序，设计 Book 数据表，使用 EFCore 框架中的 Code First 模式，对应地在项目中生成模型及数据库文件。

具体实现步骤如下。

（1）按例 4-2 中步骤（1）～步骤（3）创建控制台应用程序，命名为 example5-6，创建实体类 User，编辑代码如下。

```
[Table("UserInfo")]
public partial class User
{
    [Key]
    [Display(Name = "编号:")]
    [Column("UserId")]
    public int Id { get; set; }
    [Column(TypeName = "nvarchar")]
    [MaxLength(50)]
    [Display(Name = "用户名:")]
    public string UserName { get; set; }
    [Display(Name = "密码:")]
    [DataType(DataType.Password)]
    public string PassWord { get; set; }
    [NotMapped]
    [System.ComponentModel.DataAnnotations.Compare("PassWord1", ErrorMessage = "密码和确认密码不一致！")]
    [Display(Name = "确认密码")]
    [DataType(DataType.Password)]
    public virtual string PassWord2 { get; set; }
    [Column(TypeName = "nvarchar")]
    [Display(Name = "真实姓名:")]
    [MaxLength(20)]
    public string TrueName { get; set; }
    [ReadOnly(true)]
    [Display(Name = "创建时间:")]
    public DateTime CreatTime { get; set; }
}
```

（2）添加配置数据库上下文类 AntContext，编辑代码如下。

```
using Microsoft.EntityFrameworkCore;

namespace example5-6
{
    // 数据库上下文类有点像连接数据库的一个管道
    public class AntContext : DbContext
    {
        // 主要是框架在用，有时用户也能用到
        public AntContext()
        {
        }

        // 上下文类构造函数
        public AntContext(DbContextOptions<AntContext> options) : base(options)
        {
        }
```

```
            public DbSet<User> Users { get; set; }
            //配置数据库上下文类
            protected override void OnConfiguring(DbContextOptionsBuilder optionsBuilder)
            {
                string connString = @"server=.\SQLEXPRESS;database=UserDemo;trusted_connection=true;MultipleActiveResultSets=true";
                optionsBuilder.UseSqlServer(connString);//这里要确保安装
//Microsoft.EntityFrameworkCore.SqlServer包
            }

            protected override void OnModelCreating(ModelBuilder modelBuilder)
            {
                // 添加数据
                modelBuilder.Entity<User>().HasData(new List<User>
                {
                    new User{ UserId=1,UserName="user1",PassWord="123456",PassWord2="123456",TrueName="Li Ming",CreatTime=DateTime.Parse("2023-12-20 8:00:00")},
                    new User{ UserId=2,UserName="user2",PassWord="123456",PassWord2="123456",TrueName="Wang Wei",CreatTime=DateTime.Parse("2023-12-25 21:00:00")},
                    new User{ UserId=3,UserName="user3",PassWord="123456",PassWord2="123456",TrueName="Sun Nan",CreatTime=DateTime.Parse("2023-10-20 9:16:00")},
                });
            }
        }
}
```

(3) 分析上述代码注解约束，对应数据库中创建的数据表定义如下。

```
Table UserInfo
(
    Id int Primarykey,
    UserName nvarchar,
    PassWord nvarchar,
    TrueName nvarchar,
    CreatTime Time
)
```

(4) 在 Visual Studio 2022 菜单中，选择"工具"→"NuGet 包管理器"→"程序包管理器控制台"选项。执行数据迁移命令如下。

```
Add-Migration InitialCreate
```

(5) 在"程序包管理器控制台"中执行以下命令将迁移应用到数据库。

```
Update-Database
```

（6）在 SQL Server 数据库中使用模型类的数据映射注解创建好数据库，数据表结构如图 5-15 所示，表中数据如图 5-16 所示。

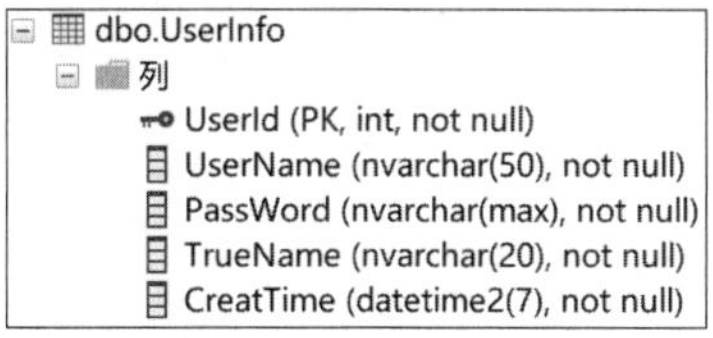

图 5-15　数据表结构

	UserId	UserName	PassWord	TrueName	CreatTime
1	1	user1	123456	Li Ming	2023-12-20 08:00:00.0000000
2	2	user2	123456	Wang Wei	2023-12-25 21:00:00.0000000
3	3	user3	123456	Sun Nan	2023-10-20 09:16:00.0000000

图 5-16　表中新增数据

在例 5-6 中，使用的数据映射注解解释如下。

（1）[Table(string name)] 用于指定该类映射到的数据表，参数 name 表示映射的数据库表名。

（2）[DatabaseGenerated(DatabaseGeneratedOption databaseGeneratedOption)] 用于指定数据库生成值的模式。参数 databaseGeneratedOption 是 DatabaseGeneratedOption 枚举类型，包含 Computed、Identity、None 三个枚举值。其中，Computed 表示数据库在插入或更新时生成值，Identity 表示数据库在插入行时生成值，None 表示数据库不生成值。

（3）[Key] 用于设置唯一标识实体类的一个或多个主键。

（4）[ForeignKey(string name)] 用于指定外键关系的字段，参数 name 表示关联字段的名称。

（5）[Column(string name, [TypeName])] 用于标识字段将映射到的数据列，参数 name 用于设置该字段在数据库中对应的字段名，[TypeName] 属性用于获取或设置对应数据库中列的类型。

（6）[NotMapped] 用于标识在数据库映射中删除该字段。

（7）[ReadOnly(bool isReadOnly)] 用于指定绑定到的字段值是只读还是读写，参数 isReadOnly 用于设置字段的访问属性，true 表示字段是只读属性，false 表示字段是可读写属性。

5.4　Fluent 验证

视频讲解

Fluent API 是一种编程接口，用于通过方法链式调用的方式配置和构建对象。在 ASP.NET Core 中，Fluent API 被广泛用于配置实体类的字段。在实体类的字段配置方面，Fluent API 提供了更灵活、更强大的选项，可以覆盖默认规则和约定。它允许开发人员以一种更精确的方式定义实体类的行为和映射规则，主要配置如下。

数据类型映射：可以配置实体类的字段和数据库列之间的数据类型映射，例如，将一个字符串字段映射到数据库的 VARCHAR 列。

主键配置：可以定义实体类的主键，包括使用复合主键、自动生成的主键和非传统的主键命名约定。

外键关系：可以配置实体类之间的关系，并定义外键字段和级联操作，例如，当删除一个父实体类时同时删除与之相关的子实体类。

检查约束：可以定义在数据库中强制执行的验证规则，例如，属性值的最小、最大长度或范围。

索引配置：可以创建索引，以提高查询性能，并指定索引的名称、列和排序方式。

5.4.1 Fluent API 的优点

Fluent API 与使用数据注解进行实体类的字段配置的差异主要在于语法和表达方式等方面，Fluent API 具有集中配置、灵活等优点。

语法风格：Fluent API 使用方法链式调用的方式进行配置，通过一系列的方法调用来定义实体类的字段的行为。而数据注解需要使用特性标签直接放置在字段上的方式来定义字段的行为。

灵活性和扩展性：Fluent API 提供了更丰富、更灵活的选项来配置实体类的字段，使得字段的配置更加清晰和可维护，能够应对更复杂的场景。相比之下，数据注解的能力较为有限，适用于简单的字段配置需求。

集中配置：Fluent API 提供了一种集中配置的方式，可以将字段的配置集中到一个地方，使得代码更易读和维护。而数据注解则需要将字段配置分散到各个字段上。

总体而言，Fluent API 提供了更高度可控和可扩展的实体类的字段配置选项，适用于复杂的应用程序场景。在使用时，开发人员可以根据具体需求进行选择，或者两者结合使用。

5.4.2 Fluent API 中的主要方法

Fluent API 提供了一系列在 ASP.NET Core 中使用的方法来进行实体类的字段配置，使用这些方法，可以根据具体需求对实体字段进行精确的配置。其主要方法及其功能如下。

（1）HasMaxLength( ) 方法：设置属性的最大长度。

功能：指定字段的最大长度，以确保数据模型与数据库中表的约束一致。

语法：HasMaxLength(maxLength)

参数：字段的最大长度。

示例代码如下。

```
protected override void OnModelCreating(ModelBuilder modelBuilder)
{
    modelBuilder.Entity<Customer>()
        .Property(c => c.Name)
        .HasMaxLength(50);
}
```

（2）IsRequired( ) 方法：设置字段是否为必需。

功能：指定字段是否为必需的，即是否必须提供非空值。

语法：IsRequired( )

示例代码如下。

```
protected override void OnModelCreating(ModelBuilder modelBuilder)
{
    modelBuilder.Entity<Order>()
        .Property(o => o.OrderDate)
        .IsRequired();
}
```

（3）HasPrecision( ) 方法：设置字段的精度和小数位数。

功能：指定字段的精度和小数位数，通常用于定义具有固定精度和小数位数的十进制数列。

语法：HasPrecision(precision, scale)

参数：precision 指精度（总位数），scale 指小数位数。

示例代码如下。

```
protected override void OnModelCreating(ModelBuilder modelBuilder)
{
    modelBuilder.Entity<Payment>()
        .Property(p => p.Amount)
        .HasPrecision(10, 2);
}
```

（4）IsUnicode( ) 方法：设置字段是否为 Unicode 编码。

功能：指定字段是否使用 Unicode 编码。

语法：IsUnicode(isUnicode)

参数：一个布尔值，表示字段是否为 Unicode 编码。

示例代码如下。

```
protected override void OnModelCreating(ModelBuilder modelBuilder)
{
    modelBuilder.Entity<Customer>()
        .Property(c => c.Name)
        .IsUnicode(true);
}
```

（5）IsConcurrencyToken( ) 方法：设置字段是否为并发标记。

功能：指定字段是否用作并发标记，以支持乐观并发控制。

语法：IsConcurrencyToken( )

示例代码如下。

```
protected override void OnModelCreating(ModelBuilder modelBuilder)
{
    modelBuilder.Entity<Product>()
        .Property(p => p.Stock)
        .IsConcurrencyToken();
}
```

（6）ValueGeneratedOnAdd( ) 方法：指定字段在实体类添加到数据库时自动生成值。

语法：ValueGeneratedOnAdd( )

示例代码如下。

```
modelBuilder.Entity<MyEntity>()
.Property(e => e.PropertyName)
.ValueGeneratedOnAdd();
```

（7）ValueGeneratedOnAddOrUpdate( ) 方法：指定字段在实体类添加或更新到数据库时自

动生成值。

语法：ValueGeneratedOnAddOrUpdate( )

示例代码如下。

```
modelBuilder.Entity<MyEntity>()
.Property(e => e.PropertyName)
.ValueGeneratedOnAddOrUpdate();
```

【例 5-7】创建 ASP.NET Core Web 应用程序项目，使用 Fluent API 对模型进行数据验证。

具体实现步骤如下。

（1）在"D：\ASP.NET Core 项目\chapter5"目录中，新建 example5-7 文件夹，打开 Visual Studio 2022，选择"创建新项目"→"ASP.NET Core Web 应用（模型 - 视图 - 控制器）"选项，命名为 Fluent-Demo。

（2）通过 Visual Studio 的 NuGet 包管理器安装 SQL Server 的 EF Core NuGet 包，在 Visual Studio 2022 菜单中选择"工具"→"NuGet 包管理器"→"管理解决方案的 NuGet 程序包"选项，搜索并安装 Microsoft.EntityFrameworkCore 包。

（3）在 Fluent-Demo 项目下的 Models 文件夹中，添加创建 Student 实体类，编辑代码如下。

```
public class Student
{
    public int Id { get; set; }
    public string Name { get; set; }
    public int Age { get; set; }
    public DateTime EnrollmentDate { get; set; }
}
```

（4）在 Fluent-Demo 项目下的 Models 文件夹中，添加创建 MyDbContext 类，添加 DbSet<Student>Students 字段，并在 OnModelCreating( ) 方法中配置验证规则，代码如下。

```
using Microsoft.EntityFrameworkCore;
namespace Fluent_Demo.Models
{
    public class MyDbContext : DbContext
    {
        public DbSet<Student> Students { get; set; }
        protected override void OnModelCreating(ModelBuilder modelBuilder)
        {
            modelBuilder.Entity<Student>(entity =>
            {
                //Id字段是必填项且在添加时自动生成值
                entity.Property(e => e.Id)
                    .IsRequired()
                    .ValueGeneratedOnAdd();
                //Name 字段是必填项且最大长度为 50 个字符
                entity.Property(e => e.Name)
                    .IsRequired()
                    .HasMaxLength(50);
```

```
                //Age 字段是必填项
                entity.Property(e => e.Age)
                    .IsRequired();
                //EnrollmentDate 字段既可以在添加时自动生成值,也可以在添加或更
// 新时自动生成值,并且时间精度为 0
                entity.Property(e => e.EnrollmentDate)
                    .IsRequired()
                    .ValueGeneratedOnAddOrUpdate()
                    .HasPrecision(0);
            });
        }
    }
}
```

(5)修改 Fluent-Demo 项目下 Controllers 文件夹中的 Index 页面用于输入和提交数据,编辑源文件如下。

```
@model Student
@{
    ViewData["Title"] = "Create Student";
}
<h2>Create Student</h2>
<form method="post" action="/Home/Create">
    <div class="form-group">
        <label asp-for="Name"></label>
        <input asp-for="Name" class="form-control" />
        <span asp-validation-for="Name" class="text-danger"></span>
    </div>
    <div class="form-group">
        <label asp-for="Age"></label>
        <input asp-for="Age" class="form-control" />
        <span asp-validation-for="Age" class="text-danger"></span>
    </div>
    <div class="form-group">
        <label asp-for="EnrollmentDate"></label>
        <input asp-for="EnrollmentDate" class="form-control" />
        <span asp-validation-for="EnrollmentDate" class="text-danger"></span>
    </div>
    <button type="submit" class="btn btn-primary">Create</button>
</form>
```

(6)在 Fluent-Demo 项目下 Controllers 文件夹中的 HomeController.cs 文件中添加代码,用于处理提交的数据并进行验证,代码如下。

```
[HttpPost]
public IActionResult Create (Student student)
{
    string message;
    // 检查模型状态是否有效
    if (ModelState.IsValid)
```

```
    {
        message =string.Format($"Id:{student.Id},Name:{student.Name},Age:{student.Age},EnrollmentDate:{student.EnrollmentDate}");
    }
    else
    {
        message = "Add failed";
    }
    // 返回一个包含 JavaScript 警告消息的内容结果
    return Content($"<script>alert('{message}');</script>", "text/html");
}
```

（7）运行网站。当提交表单时，Fluent API 会根据在 MyDbContext 中配置的验证规则检查输入的数据，并返回相应的错误信息，如图 5-17 所示。当所有信息均正常输入后（见图 5-18），Id 可自动生成显示信息，显示如图 5-19 所示。

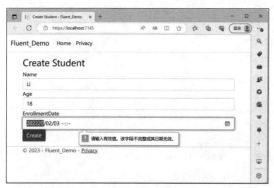

图 5-17　未通过数据验证的错误提示

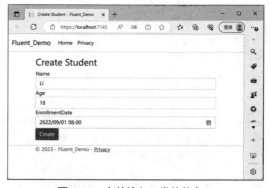

图 5-18　完整输入正常的信息

图 5-19　自动生成 Id 信息

5.5　综合实验五：选课系统子模块

1. 主要任务

创建 ASP.NET Core Web 应用程序，构建选课系统中一个基本的学生与课程关系网站，用户可以查看并更新学生、课程和讲师信息。

2. 实验步骤

（1）在"D:\ASP.NET Core 项目\chapter5"目录中，新建"综合实验五"文件夹。

（2）打开 Visual Studio 2022，选择"创建新项目"→"ASP.NET Core Web 应用（模型 - 视图 - 控制器）"选项，命名为 CourseSelection。

（3）创建数据模型，一名学生可以修读任意数量的课程，并且某一课程可以有任意数量的学生修读。设计数据模型如图 5-20 所示。

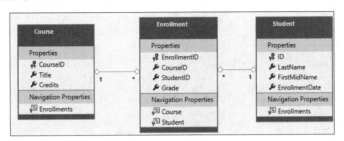

图 5-20　数据模型

（4）在 CourseSelection 项目下的 Models 文件夹中，添加创建 Student.cs 类文件，Enrollment.cs 类文件和 Course.cs 类文件，编辑代码如下。

Student.cs 类文件的代码：

```
namespace CourseSelection.Models
{
    public class Student
    {
        //ID 属性为类对应数据库表的主键列
        public int ID { get; set; }
        public string LastName { get; set; }
        public string FirstMidName { get; set; }
        //Enrollments 属性为导航属性
        public DateTime EnrollmentDate { get; set; }
        // 可有多个相关的 Enrollment 实体
        public ICollection<Enrollment> Enrollments { get; set; }
    }
}
```

Enrollment.cs 类文件的代码：

```
using System.ComponentModel.DataAnnotations;
namespace CourseSelection.Models
{
    public enum Grade
    {
        A, B, C, D, F
    }
    public class Enrollment
    {
        //EnrollmentID 字段为主键
        public int EnrollmentID { get; set; }
        //CourseID 字段是外键，其对应的导航属性为 Course
```

```
            public int CourseID { get; set; }
            //StudentID 字段是外键，其对应的导航属性为 Student
            public int StudentID { get; set; }
            //Grade 字段为 enum
            [DisplayFormat(NullDisplayText = "No grade")]
            public Grade? Grade { get; set; }
            public Course Course { get; set; }
            public Student Student { get; set; }
        }
    }
```

Course.cs 类文件的代码：

```
using System.ComponentModel.DataAnnotations.Schema;
namespace CourseSelection.Models
{
    public class Course
    {
        [DatabaseGenerated(DatabaseGeneratedOption.None)]
        public int CourseID { get; set; }
        public string Title { get; set; }
        public int Credits { get; set; }
        public ICollection<Enrollment> Enrollments { get; set; }
    }
}
```

（5）搭建页面基架，创建上下文类实现数据模型协调实体框架功能。在"解决方案资源管理器"窗口中，右击 Controllers 文件夹，在弹出的快捷菜单中，选择"添加"→"控制器"选项，在"添加已搭建基架的新项"对话框中选择"视图使用 Entity Framework 的 MVC 控制器"选项，在弹出的"添加 视图使用 Entity Framework 的 MVC 控制器"对话框中，设置模型类为 Student（ContosoSelection.Models），添加并设置 DbContext 类为 CourseSelectionContext，单击"添加"按钮，完成添加，如图 5-21 所示。

图 5-21　搭建页面基架

（6）在 CourseSelection 项目下的 View/Students 文件夹中创建 Razor 页面，包括 Create.cshtml、Delete.cshtml、Details.cshtml、Edit.cshtml、Index.cshtml，并添加创建 Data/ContosoSelectionContext.cs 文件。安装 Microsoft.VisualStudio.Web.CodeGeneration.Design 包、Microsoft.EntityFrameworkCore.Tools 包和 Microsoft.EntityFrameworkCore.SqlServer 包。

（7）配置数据库连接字符串，打开 appsettings.json 文件，添加连接字符串如下。

```
"AllowedHosts": "*",
"ConnectionStrings": {
    "CourseSelectionContext": "Server=(localdb)\\mssqllocaldb;Database=CourseSelection.Data;Trusted_Connection=True;MultipleActiveResultSets=true"
}
```

（8）更新数据库上下文类，基架工具在 Data 目录中生成了上下文类，但数据模型只包含 Student 实体，编辑更新代码如下。

```
using CourseSelection.Models;
using Microsoft.EntityFrameworkCore;

namespace CourseSelection.Data
{
    public class CourseSelectionContext : DbContext
    {
        public CourseSelectionContext (DbContextOptions<CourseSelectionContext> options)
            : base(options)
        {
        }
        //请使用重命名方式修改该实体集名称
        public DbSet<Student> Students { get; set; }
        public DbSet<Enrollment> Enrollments { get; set; }
        public DbSet<Course> Courses { get; set; }
        protected override void OnModelCreating(ModelBuilder modelBuilder)
        {
            modelBuilder.Entity<Course>().ToTable("Course");
            modelBuilder.Entity<Enrollment>().ToTable("Enrollment");
            modelBuilder.Entity<Student>().ToTable("Student");
        }
    }
}
```

（9）按步骤（5）的方式为 Course 实体添加基于 Entity Framework 的 MVC 控制器，设置模型类为 Course(ContosoSelection.Models)，设置 Db Context 类为 CourseSelectionContext。

（10）设定数据库种子，添加创建测试数据填充数据库的代码。添加创建 **DbInitializer.cs** 文件类，编辑代码如下。

```
public static class DbInitializer
{
    public static void Initialize(CourseSelectionContext context)
    {
        // Look for any students.
        if (context.Students.Any())
        {
            return;   // DB has been seeded
        }

        var students = new Student[]
        {
            new Student{FirstMidName="Carson",LastName="Alexander",EnrollmentDate=DateTime.Parse("2023-09-01")},
            new Student{FirstMidName="Meredith",LastName="Alonso",EnrollmentDate=DateTime.Parse("2023-09-01")},
            new Student{FirstMidName="Arturo",LastName="Anand",EnrollmentDate=DateTime.Parse("2022-09-01")},
```

```csharp
                new Student{FirstMidName="Gytis",LastName="Barzdukas",
EnrollmentDate=DateTime.Parse("2022-09-01")},
                new Student{FirstMidName="Yan",LastName="Li",
EnrollmentDate=DateTime.Parse("2021-09-01")},
                new Student{FirstMidName="Peggy",LastName="Justice",
EnrollmentDate=DateTime.Parse("2021-09-01")},
                new Student{FirstMidName="Laura",LastName="Norman",
EnrollmentDate=DateTime.Parse("2022-09-01")},
                new Student{FirstMidName="Nino",LastName="Olivetto",
EnrollmentDate=DateTime.Parse("2023-09-01")}
            };
            context.Students.AddRange(students);
            context.SaveChanges();
            var courses = new Course[]
            {
                new Course{CourseID=1050,Title="Chemistry",Credits=3},
                new Course{CourseID=4022,Title="Microeconomics",Credits=3},
                new Course{CourseID=4041,Title="Macroeconomics",Credits=3},
                new Course{CourseID=1045,Title="Calculus",Credits=4},
                new Course{CourseID=3141,Title="Trigonometry",Credits=4},
                new Course{CourseID=2021,Title="Composition",Credits=3},
                new Course{CourseID=2042,Title="Literature",Credits=4}
            };

            context.Courses.AddRange(courses);
            context.SaveChanges();

            var enrollments = new Enrollment[]
            {
                new Enrollment{StudentID=1,CourseID=1050,Grade=Grade.A},
                new Enrollment{StudentID=1,CourseID=4022,Grade=Grade.C},
                new Enrollment{StudentID=1,CourseID=4041,Grade=Grade.B},
                new Enrollment{StudentID=2,CourseID=1045,Grade=Grade.B},
                new Enrollment{StudentID=2,CourseID=3141,Grade=Grade.F},
                new Enrollment{StudentID=2,CourseID=2021,Grade=Grade.F},
                new Enrollment{StudentID=3,CourseID=1050},
                new Enrollment{StudentID=4,CourseID=1050},
                new Enrollment{StudentID=4,CourseID=4022,Grade=Grade.F},
                new Enrollment{StudentID=5,CourseID=4041,Grade=Grade.C},
                new Enrollment{StudentID=6,CourseID=1045},
                new Enrollment{StudentID=7,CourseID=3141,Grade=Grade.A},
            };
            context.Enrollments.AddRange(enrollments);
            context.SaveChanges();
        }
    }
```

（11）使用 EnsureCreated( ) 方法创建具有新架构的数据库。如果有上下文的数据库，则 EnsureCreated( ) 方法不执行任何操作。如果没有数据库，则它将创建数据库和架构。更新 Program.cs 代码，在 app.UseHttpsRedirection( ); 前添加如下代码。

```
using (var scope = app.Services.CreateScope())
{
    var services = scope.ServiceProvider;
    var context = services.GetRequiredService<CourseSelectionContext>();
    context.Database.EnsureCreated();
    DbInitializer.Initialize(context);
}
```

（12）修改默认路由，设置初始显示 Students/Index.cshtml 视图。编辑 Program.cs 中 MapControllerRoute 中间件，代码如下。

```
app.MapControllerRoute(
            name: "default",
            pattern: "{controller=Students}/{action=Index}/{id?}");
```

（13）运行网站，默认显示学生信息如图 5-22 所示，编辑学生信息如图 5-23 所示，删除课程信息如图 5-24 所示。

图 5-22　显示学生信息

图 5-23　编辑学生信息

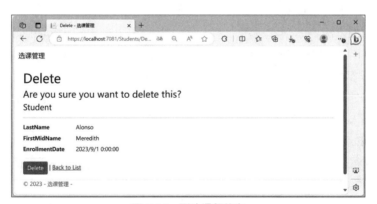

图 5-24　删除课程信息

5.6　本章小结

本章主要探讨了数据验证和数据注解的核心特征和功能。在此基础上，详细介绍了它们的使用方法和原理。同时，对客户端验证和服务器端验证进行了比较，并分析了它们各自的优缺点和适用场景。此外，还对数据显示注解和数据映射注解的应用进行了深入讲解。通过学习本章内容，读者将能够更好地理解数据验证和数据注解，并在实际开发工作中灵活运用。

5.7 习题

一、选择题

1. 在 ASP.NET Core Web 应用程序开发中，客户端验证的特点是（　　）。
   A. 使用脚本代码实现　　　　　　　　B. 提交到远程服务器处理
   C. 提供快速反馈　　　　　　　　　　D. 用高级语言编写代码实现
2. 在 ASP.NET Core Web 应用程序开发中，服务器端验证的特点是（　　）。
   A. 使用脚本代码实现　　　　　　　　B. 提交到远程服务器处理
   C. 提供快速反馈　　　　　　　　　　D. 用高级语言编写代码实现
3. 在 ASP.NET Core Web 应用程序开发中，（　　）不属于客户端验证的优点。
   A. 提高用户体验　　　　　　　　　　B. 减轻服务器压力
   C. 缩短用户等待时间　　　　　　　　D. 增强数据安全性
4. 客户端验证的优点是（　　）。
   A. 可靠性差　　　　　　　　　　　　B. 安全性低
   C. 重复验证　　　　　　　　　　　　D. 用户体验差
5. 在 ASP.NET Core Web 应用程序开发中，通常情况下最佳实践是（　　）。
   A. 只使用客户端验证
   B. 只使用服务器端验证
   C. 结合使用客户端验证和服务器端验证
   D. 根据具体需求和安全要求选择合适的验证方式
6. 远程数据验证的语法格式中，参数 action 表示（　　）。
   A. 要调用的方法名　　　　　　　　　B. 要调用的方法所在的控制器名
   C. 在验证未通过时的错误信息　　　　D. 远程特性的元数据
7. 远程数据验证的语法格式中，ErrorMessage 属性表示（　　）。
   A. 要调用的方法名　　　　　　　　　B. 要调用的方法所在的控制器名
   C. 在验证未通过时的错误信息　　　　D. 远程特性的元数据
8. 在 ASP.NET Core 中，数据注解的作用是（　　）。
   A. 改变字段的显示方式　　　　　　　B. 提升关键字段的显示友好性
   C. 实现数据的校验和验证　　　　　　D. 改善系统的性能
9. Fluent API 与使用数据注解进行实体类的字段配置的差异主要在于（　　）方面。
   A. 语法风格和灵活性　　　　　　　　B. 扩展性和集中配置
   C. 语法和表达方式　　　　　　　　　D. 灵活性和代码维护
10. Fluent API 相对于数据注解的优点是（　　）。
    A. 提供更丰富、更灵活的选项来配置实体类的字段
    B. 可以将字段的配置集中到一个地方，使得代码更易读和维护

C. 适用于简单的字段配置需求

D. 提供更高度可控和可扩展的实体类的字段配置选项

二、填空题

1. 使用 Fluent API 中的_____方法可以设置字段的最大长度。

2. 在数据映射中，可以通过_____方式将实体类中的字段与数据库表的主外键进行对应设置。

3. 自定义数据验证属性是通过编写自己的_____来验证用户提交的数据。

4. ASP.NET Core 允许通过继承某个验证类创建_____来完成特殊的验证。

5. 客户端验证通过_____在浏览器端进行实现。

6. 服务器端验证通过使用_____来实现，确保数据的有效性。

三、简答题

1. 简述 ASP.NET Core Web 应用程序开发中的客户端验证和服务器端验证的区别。

2. 简述客户端验证和服务器端验证分别提供的优势。

3. 简述 ASP.NET Core 内置的数据验证属性的优势。

4. 举例说明常用的 ASP.NET Core 内置数据验证属性。

第6章

控制器

CHAPTER 6

控制器是MVC（Model-View-Controller）架构中的核心组件之一，它扮演着协调模型（Model）和视图（View）之间交互的角色。控制器负责接收用户的HTTP请求，执行相应的业务逻辑，并与模型进行交互，最终选择合适的视图呈现响应给用户。

6.1 控制器概述

控制器（controller）是 ASP.NET Core MVC 的核心组件，其扮演着中转和中介两个重要角色。中转的作用在于控制器充当了连接请求和响应的桥梁，根据用户的输入执行相应的操作（action），同时在执行操作的过程中调用模型（model）中的业务逻辑，并将结果返回给用户的视图（view）。而中介的作用在于控制器实现了视图和模型之间的分离，使得视图和模型可以各自专注于自己的职责，并通过控制器进行交互。通过这种方式，控制器在整个 ASP.NET Core MVC 中起到了至关重要的作用，保证了系统的可读性、严谨性和可维护性。

控制器在 ASP.NET Core MVC 架构中的作用如图 6-1 所示。

图 6-1　控制器在 ASP.NET Core MVC 架构中的作用

6.2 控制器的基本使用

6.2.1 控制器的基本内容

本节将详细讲解在第 4 章创建的 ASP.NET Core MVC 网站中控制器的基本结构。所有的控制器都被存放在 Controllers 目录中，并且以"控制器名称+Controller"的命名方式进行命名，如图 6-2 所示。

控制器是 C# 类，继承自 Microsoft.AspNetCore.Mvc.Controller 类。Controller 类是内置的控制器基类。每个公有方法（public method）在控制器中被称为一个操作，可以通过相应的 URL 在 Web 中调用执行。所有的控制器都需要满足如下基本约束。

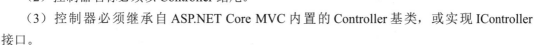

图 6-2　控制器目录

（1）控制器类必须是公有类型。

（2）控制器名称必须以 Controller 结尾。

（3）控制器必须继承自 ASP.NET Core MVC 内置的 Controller 基类，或实现 IController 接口。

打开 Home 控制器对应的 HomeController.cs 文件，代码如下。

```
public class HomeController : Controller
{
    private readonly ILogger<HomeController> _logger;
    public HomeController(ILogger<HomeController> logger)
    {
        _logger = logger;
    }
```

```
        public IActionResult Index()
        {
            return View();
        }
        public IActionResult Privacy()
        {
            return View();
        }
        [ResponseCache(Duration = 0, Location = ResponseCacheLocation.None,
NoStore = true)]
        public IActionResult Error()
        {
            return View(new ErrorViewModel { RequestId = Activity.Current?.
Id ?? HttpContext.TraceIdentifier });
        }
    }
```

HomeController 类中包含了三个公有方法，即三个操作。这些方法用于处理来自客户端的请求，并响应相应的视图。在 6.4 节中会详细介绍方法的返回值类型 ActionResult。需要注意的是，控制器中的非公有方法，如 private 或 protected 类型的方法，并不会被视为操作。只有公有方法才能成为可被调用的操作方法。

6.2.2　控制器的创建

在 Web 应用程序开发中，控制器是一个不可或缺的组件，用于处理请求和响应。它能够根据不同的请求做出相应的处理并返回结果，从而实现灵活的路由和优化用户体验。

【例 6-1】创建名为 example6-1 的 ASP.NET Core MVC 项目，在该项目的 Controllers 文件夹中新建控制器，添加基本的视图，使用简单应用控制器的功能。

具体实现步骤如下。

（1）右击 example6-1 项目下的 Controllers 文件夹，在弹出的快捷菜单中，选择"添加"→"控制器"选项，如图 6-3 所示。

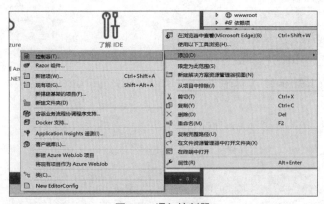

图 6-3　添加控制器

（2）在"添加已搭建基架的新项"对话框中选择"MVC 控制器 - 空"选项，单击"添加"按钮，如图 6-4 所示。其他模板将在 6.2.3 节中介绍。

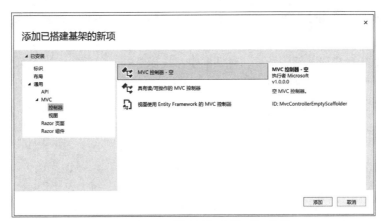

图 6-4 "添加已搭建基架的新项"对话框

(3) 在"添加新项"对话框中修改控制器名称为 HelloController,如图 6-5 所示,单击"添加"按钮。

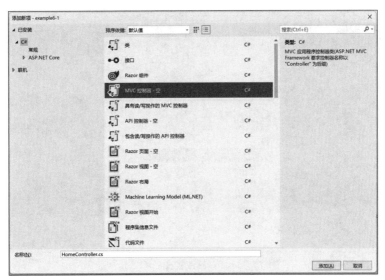

图 6-5 添加新控制器操作

(4) 在 Controllers 文件夹下,出现新增的 HelloController.cs 控制器文件。
(5) 打开 HelloController.cs 文件,代码如下。

```csharp
using Microsoft.AspNetCore.Mvc;
namespace example6-1.Controllers
{
    public class HelloController : Controller
    {
        public IActionResult Index()
        {
            return View();
        }
    }
}
```

（6）创建视图，在 Index( ) 方法上右击，在弹出的快捷菜单中，选择"添加视图"选项，如图 6-6 所示。

（7）在"添加已搭建基架的新项"对话框中，选择"Razor 视图 - 空"选项，单击"添加"按钮，如图 6-7 所示。修改视图名称为 Index.cshtml，如图 6-8 所示。更多视图模板将在第 7 章中介绍。在"添加新项"对话框中，单击"添加"按钮。

图 6-6　为控制器添加视图

图 6-7　"添加已搭建基架的新项"对话框

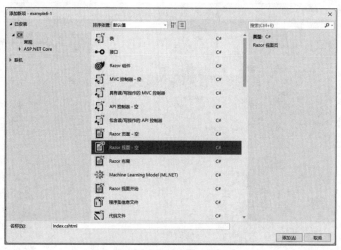

图 6-8　修改视图名称

（8）在 Views/Hello 目录下，出现新增的 Index.cshtml 视图文件，如图 6-9 所示。

图 6-9　新增的视图文件

（9）打开 Index.cshtml 文件，修改代码如下。

```
@{
    ViewBag.Title = "Index";
}
<h2>Hello  Index</h2>
```

（10）运行网站，在浏览器的地址栏中，输入 http://localhost:XXXX/Hello 进行访问，页面运行结果如图 6-10 所示。

图 6-10　页面运行结果

请注意，在以下描述中，XXXX 代表实际计算机使用的端口号。本书将统一省略前缀，如"http://localhost:XXXX/Hello"，简写为"/Hello"。

6.2.3　控制器的读写模板

在例 6-1 步骤（2）的"添加已搭建基架的新项"对话框中，可以为待创建的控制器进行模板选择，示例中使用的是"MVC 控制器 - 空"模板，除此以外 ASP.NET Core MVC 中还支持"具有读 / 写操作的 MVC 控制器""视图使用 Entity Framework 的 MVC 控制器"等模板。恰当地选择模板可以极大地提高后续开发的效率。接下来，将对最常用的"具有读 / 写操作的 MVC 控制器"模板进行简要介绍。

如果在例 6-1 的步骤（2）中选择了"具有读 / 写操作的 MVC 控制器"模板，那么创建的控制器将包含除了 Index( ) 方法之外，还有 Details( )、Create( )、Edit( )、Delete( ) 等方法。其中，Create( )、Edit( )、Delete( ) 方法都带有默认的 [HttpGet] 和 [HttpPost] 修饰，这意味着这些方法可以处理 GET 请求和 POST 请求。添加适当的代码到这些方法中，就可以实现读、写等相关操作。初始代码如下。

```
public class HelloController : Controller
{
    public ActionResult Index()
    {
        return View();
    }
    // GET: HelloController/Details/5
    public ActionResult Details(int id)
    {
        return View();
    }
    // GET: HelloController/Create
    public ActionResult Create()
    {
```

```csharp
        return View();
    }
    // POST: HelloController/Create
    [HttpPost]
    [ValidateAntiForgeryToken]
    public ActionResult Create(IFormCollection collection)
    {
        try
        {
            return RedirectToAction(nameof(Index));
        }
        catch
        {
            return View();
        }
    }
    // GET: HelloController/Edit/5
    public ActionResult Edit(int id)
    {
        return View();
    }
    // POST: HelloController/Edit/5
    [HttpPost]
    [ValidateAntiForgeryToken]
    public ActionResult Edit(int id, IFormCollection collection)
    {
        try
        {
            return RedirectToAction(nameof(Index));
        }
        catch
        {
            return View();
        }
    }
    // GET: HelloController/Delete/5
    public ActionResult Delete(int id)
    {
        return View();
    }

    // POST: HelloController/Delete/5
    [HttpPost]
    [ValidateAntiForgeryToken]
    public ActionResult Delete(int id, IFormCollection collection)
    {
        try
        {
            return RedirectToAction(nameof(Index));
        }
        catch
```

```
            {
                return View();
            }
        }
    }
```

6.3 操作选择器

操作选择器（action method selector）是一种应用于操作方法的属性，用于控制器对方法调用的响应。它通过路由引擎来选择适当的操作方法来处理特定的请求。在操作选择器中，常用的属性包括 ActionName（操作名称）、NonAction（无为操作）和 ActionVerbs（操作方法限定）。这些属性的作用是确保正确的操作方法被选中并进行处理。通过使用操作选择器，可以更加准确地定义和调用控制器中的操作方法。这不仅增加了代码的可读性，还提高了应用程序的可维护性和扩展性。

6.3.1 ActionName 属性

操作调用器（ActionInvoker）在选择控制器中的操作方法时，默认会使用反射机制来查找同名方法，这个过程即为操作名称选择器的执行过程。除此之外，还可以通过使用 ActionName 属性来设置操作方法的别名。选择器将会根据修改后的名称来确定要调用的方法，从而选择适当的操作。

ActionName 属性的基本语法如下。

```
[ActionName("newActionName")]
```

newActionName 是开发人员为操作方法设置的别名。查找方法时，操作名称不区分大小写。

【例 6-2】创建名为 example6-2 的 ASP.NET Core MVC 项目，在控制器中为方法添加 ActionName 属性，在页面测试 Action Name 属性。

具体实现步骤如下。

（1）在 Home 控制器中添加 GetDateTimeView( ) 方法，编辑代码如下。

```
[ActionName("GetDate")]
public string GetDateTimeView()
{
    return DateTime.Now.ToLongDateString();
}
```

（2）创建对应的 GetDateTimeView.cshtml 视图文件。

（3）运行网站，在浏览器的地址栏中，输入 /Home/GetDate 进行访问，页面运行结果如图 6-11 所示。

为了访问名为 GetDateTimeView 的操作，在方法中添加了 [ActionName("GetDate")] 属性。这样，就需要使用路由 /Home/GetDate 来进行访问。当请求到达时，ASP.NET Core MVC 会去寻找位于 /Views/Home/GetDateTimeView.cshtml 的视图页面来渲染。

图 6-11 页面运行结果

需要注意的是，方法只能包含一个 ActionName 属性，不允许多个方法对应同一个操作名称。如果出现多个方法具有相同的操作名称，那么在请求对应的操作时将会引发异常。因此，在设计控制器时要保证操作名称的唯一性，以避免此类问题的发生。

6.3.2 NonAction 属性

NonAction 属性是操作选择器的另一个内置属性。当将 NonAction 属性应用于控制器中的某个方法时，ActionInvoker 将不会执行该方法。这个属性的主要目的是保护控制器中的某些特殊公开方法不会被发布到 Web 上，或隐藏一些尚未完全开发完成但不想删除的方法。通过应用这个属性，可以不对外公开这些功能，从而提高代码的可读性和安全性。

【例 6-3】创建名为 example6-3 的 ASP.NET Core MVC 项目，为控制器中的某个方法添加 NonAction 属性，在页面测试 NonAction 属性。

具体实现步骤如下。

（1）编写方法代码如下。

```
[NonAction]
public IActionResult HiddenAction()
{
    // 这个被标记为 NonAction 的方法将不会被公开
    return View();
}
```

（2）创建对应的 HiddenAction.cshtml 视图文件。

（3）运行网站，在浏览器的地址栏中，输入 /Home/HiddenAction 进行访问，页面因为无法找到资源产生 404 错误，如图 6-12 所示。这样的方式能够保护特定的方法不被公开访问。

图 6-12 无法找到资源错误信息

使用 NonAction 属性时，只可将其应用在控制器中的方法上，而不能应用在控制器本身或其他非方法成员上。将方法的 public 更改成 private，也可以实现相同目的。

```
private  IActionResult HiddenAction()
{
    return View();
}
```

6.3.3 ActionVerbs 属性

ActionVerbs 是一种常用的内置属性，用于限制只响应指定的操作动词进行特定行为。在需要接收窗体信息的情况下，通常可以创建两个同名的方法。其中，一个添加 HttpGet 属性，用于响应 Get 请求，以显示窗体的 HTML 内容；另一个添加 HttpPost 属性，用于响应 Post 请求，以接收窗体输出的值。从而可以有效地实现对窗体操作的控制和处理。

1. HttpGet 属性

在方法中应用 HttpGet 属性表示，只有当客户端浏览器发送 GET 请求时，操作选择器才会选择该方法。

2. HttpPost 属性

在方法中应用 HttpPost 属性表示，只有当客户端浏览器发送 Post 请求时，操作选择器才会选择该方法。

如果方法没有使用任何操作方法限定属性，那么无论客户端浏览器发送什么类型的 HTTP 动词，都会自动选择该方法。除了上述提到的 HttpGet 和 HttpPost 属性，还有其他一些操作方法限定属性，如 HttpDelete、HttpPut、HttpHead、HttpOptions、HttpPatch 等。这些属性可以根据具体需求来限定操作方法的响应条件。通过使用适当的操作属性，可以确保在处理请求时，操作方法的选择更加精确和可控。

【例 6-4】创建名为 example6-4 的 ASP.NET Core MVC 项目，在控制器中创建两个同名的方法，分别添加 HttpGet 属性和 HttpPost 属性，在页面测试 ActionVerbs 属性。

具体实现步骤如下。

（1）编辑 Home 控制器的代码如下。

```
using Microsoft.AspNetCore.Mvc;

public class HomeController : Controller
{
    // GET: /Home/Index
    [HttpGet]
    public IActionResult Index()
    {
        // 处理 GET 请求的逻辑
        return View();
    }
    // POST: /Home/Index
    [HttpPost]
    public IActionResult Index(string data)
    {
        // 处理 POST 请求的逻辑，并接收一个名为 "data" 的参数
        ViewData["Result"] = "Received data: " + data;
        return RedirectToAction("Success");
    }

    // GET: /Home/Success
    public IActionResult Success()
    {
        // 处理成功后的逻辑
        string result = ViewData["Result"] as string;
        return View((object)result);
    }
}
```

在 HomeController 的控制器类中，包含了 Index( )、Index（string data）、Success( ) 三个动作方法。

① Index( )方法使用 HttpGet 属性来标识，表示只有当客户端浏览器发送 GET 请求时，才会选择这个方法处理请求。它返回一个 ViewResult，负责渲染 Index 视图。

② Index（string data）方法使用 HttpPost 属性标识，表示只有当客户端浏览器发送 POST 请求时，才会选择这个方法处理请求。它接收一个名为 data 的参数，用于处理从客户端传递过来的数据，并将数据存储在 ViewData 字典中，然后通过 RedirectToAction( )方法重定向到 Success( )方法。

③ Success( )方法没有任何属性标识，默认情况下它可以处理任何类型的 HTTP 请求。它从 ViewData 字典中获取之前存储的数据，并将其作为模型传递给 Success 视图。

（2）在 example 6-4 项目下的 Views 文件夹中创建 Index.cshtml 和 Success.cshtml 视图文件进行界面展示，视图源文件的代码如下。

Index.cshtml 文件的代码：

```
<h2>GET Request</h2>
<form method="post">
    <input type="text" name="data" />
    <input type="submit" value="Submit" />
</form>
```

Success.cshtml 文件的代码：

```
<h2>POST Request Success</h2>
<p>@Model</p>
```

（3）运行网站，在浏览器的地址栏中，输入 /Home/Index 进行访问，将看到一个表单。这是响应 HttpGet 属性的页面，如图 6-13 所示。

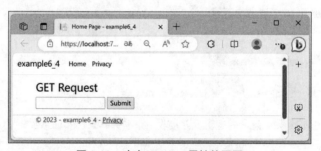

图 6-13 响应 HttpGet 属性的页面

（4）输入数据后，单击 Submit 按钮，将执行 HttpPost 操作方法，并重定向到 Success 页面，显示接收到的数据，页面运行结果如图 6-14 所示。

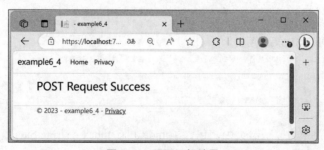

图 6-14 页面运行结果

6.4 ActionResult

ActionResult 是操作方法执行后返回的结果类型。通常，操作方法会返回一个直接或间接继承自 ActionResult 类的抽象类。ActionResult 类包含多个派生类，每个子类具有不同的功能。并非所有的子类都会返回视图，部分会直接返回流或者返回字符串等。

ActionResult 派生类的简要介绍如表 6-1 所示。

表 6-1　ActionResult 派生类的简要介绍

类　名	功　能
ViewResult	返回一个完整的视图
PartialViewResult	返回一个部分视图
RedirectResult	重定向到指定的 URL
RedirectToRouteResult	重定向到指定路由
ContentResult	返回纯文本内容
EmptyResult	返回一个空结果，用于表示无任何内容需要返回
JsonResult	返回 JSON 格式数据
FilePathResult	根据文件路径返回文件结果
FileContentResult	通过 byte 数组返回文件
FileStreamResult	通过文件流返回文件

6.4.1　ViewResult类

视频讲解

ViewResult 类是最常用的结果类型之一，它用于返回一个视图页面，该页面可以根据视图模板生成内容。在与控制器进行交互时，常使用的 View( ) 重载方法如下。

（1）View( )。

（2）View(string viewName)。

（3）View(object model) 。

（4）View(string viewName, object model)。

在上述方法中，每个参数具有的含义如下。

（1）无参数：如果未提供任何参数，View( ) 方法将返回当前控制器所对应的视图。这意味着它将使用默认的视图模板来生成页面内容。

（2）viewName 参数：表示要返回的视图的名称。通过指定视图名称，可以获取特定的视图结果。视图名称可以是完整的路径，也可以是相对于当前控制器的路径。

（3）model 参数：表示要传递给视图的强类型数据。该数据可以在视图中使用，用于呈现相关信息和执行相关操作。通过将强类型数据与视图绑定，可以提供更好的可读性和类型安全性。

通过使用这些参数，可以在控制器中根据具体需求调用适当的方法来获取相应的视图结果。这种做法使得代码更加规范化、易于理解，并且提供了灵活性和可扩展性。所以，根据需要选择适当的 View( ) 重载方法可以有效地进行视图管理和页面呈现。

【例 6-5】创建名为 example6-5 的 ASP.NET Core MVC 项目，在 Home 控制器中创建两个

方法，测试 ViewResult 类及相关方法。

具体实现步骤如下。

（1）编辑 Home 控制器的代码如下。

```csharp
using Microsoft.AspNetCore.Mvc;
public class HomeController : Controller
{
    public IActionResult Index()
    {
        return View(); // 返回默认的视图
    }

    public IActionResult CustomView()
    {
        return View("CustomView"); // 返回指定名称的视图
    }

    public IActionResult ViewWithModel()
    {
        var model = new MyViewModel { Message = "Hello, World!" };
        return View("CustomView", model); // 返回指定名称和模型的视图
    }
}

public class MyViewModel
{
    public string Message { get; set; }
}
```

（2）在 example6-5 项目下的 Views 文件夹中，右击 Views/Home 文件夹，在弹出的快捷菜单中，选择"添加"→"视图"选项，如图 6-15 所示。命名视图文件为 Index.cshtml 和 CustomView.cshtml，编辑源文件的代码如下。

Index.cshtml 文件的代码：

```html
<h1>Welcome to Index Page</h1>
```

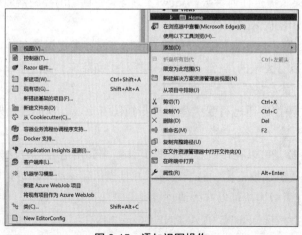

图 6-15　添加视图操作

CustomView.cshtml 文件的代码：

```
@model MyViewModel
<h1>@Model.Message</h1>
```

（3）运行网站，在浏览器的地址栏中，输入 /Home/Index 访问默认视图，如图 6-16 所示。输入 Home/ViewWithModel 访问指定视图，如图 6-17 所示。

图 6-16　Index 视图页面

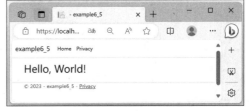

图 6-17　ViewWithModel 视图页面

在名为 ViewWithModel 视图所对应的 ViewWithModel( ) 方法中，通过 viewName 参数设置，返回一个名为 CustomView 的视图，并确保不同的 URL 展示相同的内容。

6.4.2　PartialViewResult 类

PartialViewResult 类用于返回一个分部视图页，它可以根据视图模板生成部分页面的内容。与 ViewResult 类本质上是相同的。在 ASP.NET Core MVC 中，ViewResult 类可以被看作是一个 Page 页面，而 PartialViewResult 类则相当于一个 UserControl 用户控件。PartialView( ) 可以使用的重载方法如下，各参数的含义与 View( ) 方法中的参数相同。

（1）PartialView( )。

（2）PartialView(string viewName)。

（3）PartialView(object model)。

（4）PartialView(string viewName,object model)。

【例 6-6】创建名为 example6-6 的 ASP.NET Core MVC 项目，在 Home 控制器中创建方法，测试 PartialViewResult 类及相关方法。

具体实现步骤如下。

（1）编辑 Home 控制器的代码如下。

```
using Microsoft.AspNetCore.Mvc;

public class HomeController : Controller
{
    public IActionResult Index()
    {
        // 调用 PartialView() 方法来返回一个 Partial View
        return PartialView();
    }
    public IActionResult About()
    {
        ViewData["Message"] = " 关于页面 ";
```

```
            // 使用 PartialView(string viewName) 方法来指定某个特定的 Partial View
            return PartialView("AboutPartial");
    }
    public IActionResult Contact()
    {
        // 使用 PartialView(string viewName, object model) 方法传递一个 model
// 给 Partial View
        var model = new ContactViewModel
        {
            Name = "张三",
            Email = "zhangsan@example.com"
        };
        return PartialView("ContactPartial", model);
    }
}
public class ContactViewModel
{
        public string Name { get; set; }
        public string Email { get; set; }
}
```

（2）在 example6-6 项目下的 Views/Home 文件夹中，创建 Index.cshtml、AboutPartial.cshtml 和 ContactPartial.cshtml 三个视图文件，编辑源文件的代码如下。

Index.cshtml 文件的代码：

```
<h2> 首页 </h2>
<p> 欢迎访问首页！ </p>
```

AboutPartial.cshtml 文件的代码：

```
<h2> 关于我们 </h2>
<p> 这是我们的关于页面。</p>
```

ContactPartial.cshtml 文件的代码：

```
<h2> 联系我们 </h2>
<p> 姓名：@Model.Name</p>
<p>Email: @Model.Email</p>
```

（3）运行网站，通过浏览器访问以下 URL 来查看不同的 Partial Views，首页（/Home/Index）如图 6-18 所示，关于页面（/Home/About）如图 6-19 所示，联系页面（/Home/Contact）如图 6-20 所示。

图 6-18　首页

图 6-19　关于页面　　　　　　　　　图 6-20　联系页面

通过测试运行，可以明显观察到分部视图没有正确应用主版页面。这是由于在 PartialViewResult 类的反馈过程中，并不会套用 Shared 目录中所定义的主版页面。

6.4.3　RedirectResult 类

视频讲解

在 ASP.NET Core MVC 中，RedirectResult 类是用于跳转到指定 URL 的类。它类似于 ASP.NET 中的 Response.Redirect( ) 方法。在 ASP.NET Core MVC 的控制器上，可以使用 Redirect( ) 方法或 RedirectPermanent( ) 方法来实现跳转功能。这两个方法的语法结构和参数意义如下。

（1）Redirect(string url)：用于进行暂时性重定向，即在访问新内容的同时，搜索引擎会保存旧的 URL。参数 url 表示要重定向的统一资源路径。

（2）RedirectPermanent(string url)：用于进行永久性重定向。参数 url 表示要重定向的统一资源路径。

通过使用 RedirectResult 类，可以方便地在 ASP.NET Core MVC 应用程序中实现页面跳转功能，并且可以根据需要选择暂时性重定向或永久性重定向。

【例 6-7】创建名为 example6-7 的 ASP.NET Core MVC 项目，在 Home 控制器中创建方法，测试 RedirectResult 类，以及 Redirect( ) 方法和 RedirectPermanent( ) 方法。

具体实现步骤如下。

（1）编辑 Home 控制器的代码如下。

```
using Microsoft.AspNetCore.Mvc;

namespace YourNamespace.Controllers
{
    public class HomeController : Controller
    {
        public IActionResult Index()
        {
            return Redirect("/Home/RedirectedAction");
        }

        public IActionResult RedirectedAction()
        {
            return View();
        }
    }
}
```

（2）添加 RedirectedAction.cshtml 视图文件。

（3）运行网站，在浏览器的地址栏中，输入 /Home/Index 进行访问，将被重定向到 /Home/RedirectedAction，并在浏览器中看到相应的视图，页面运行结果如图 6-21 所示。

图 6-21　页面运行结果

6.4.4　RedirectToRouteResult 类

视频讲解

RedirectToRouteResult 类是 ASP.NET Core MVC 中用于重定向到指定操作的结果类型。它可以根据指定的路由名称或路由信息生成 URL 地址以进行跳转。在一般情况下，可以使用 RedirectToAction( ) 方法来实现重定向，可以使用的重载方法如下。

（1）RedirectToAction(string actionName)：跳转到当前控制器中指定的目标操作。

（2）RedirectToAction(string actionName, string controllerName)：跳转到指定控制器中指定的目标操作。

（3）RedirectToAction(string actionName, object routeValues)：跳转到当前控制器中指定的目标操作，并通过 URL 路由传递参数。

（4）RedirectToAction(string actionName, string controllerName, object routeValues)：跳转到指定控制器中指定的目标操作，并通过 URL 路由传递参数。

方法中参数的含义如下。

（1）actionName：表示要跳转的当前控制器中的目标操作的名称。

（2）controllerName：表示要跳转的目标控制器的名称。

（3）routeValues：表示通过 URL 路由传递的参数。

此外，也可以使用 RedirectToRoute( ) 方法进行重定向，该方法可以使用以下重载方法。

（1）RedirectToRoute(string routeName)：使用指定的路由名称进行跳转。

（2）RedirectToRoute(string routeValues)：通过 URL 路由传递参数进行跳转。

（3）RedirectToRoute(string routeName, string routeValues)：使用指定的路由名称，并通过 URL 路由传递参数进行跳转。

方法中参数的含义如下。

（1）routeName：表示要跳转时使用的路由名称。

（2）routeValues：表示通过 URL 路由传递的参数。

通过使用这些重定向方法，可以在 ASP.NET Core MVC 应用程序中方便地进行页面跳转和参数传递。

【例 6-8】创建名为 example6-8 的 ASP.NET Core MVC 项目，在 Home 控制器中创建方法，测试 RedirectToRouteResult 类及相关方法。

具体实现步骤如下。

(1)在 HomeController.cs 文件中,添加以下代码来实现重定向方法。

```
using Microsoft.AspNetCore.Mvc;
public class HomeController : Controller
{
    public ActionResult RedirectTest()
    {
        return RedirectToAction("RedirectTest");
    }
    public ActionResult RedirectTest2()
    {
        return RedirectToAction("RedirectTest", "home");
    }
    public ActionResult RedirectTest3()
    {
        return RedirectToAction("RedirectTest", "home", new { sno = 1001 });
    }
}
```

(2)运行网站时,应始终显示 RedirectTest.cshtml 视图文件的内容。在浏览器的地址栏中,分别输入以下地址进行测试。

① 输入 /Home/RedirectTest2 进行访问,跳转后地址栏中将显示 /Home/RedirectTest。

② 输入 /Home/RedirectTest?sno=1001 进行访问,跳转后地址栏中将显示 /Home/RedirectTest?sno=1001。

6.4.5 ContentResult 类

视频讲解

ContentResult 类用于返回简单的纯文本内容,可以指定文档类型和编码形式。通过 Controller 类中的 Content( ) 方法可以返回 ContentResult 对象。如果方法返回的是非 ActionResult 对象,则 ASP.NET Core MVC 会使用 toString( ) 方法将返回的对象直接转换为字符串,并作为 ContentResult 对象返回。

Content( ) 具有的重载方法如下。

(1) ContentResult Content(string content)。

(2) ContentResult Content(string content, string contentType)。

(3) ContentResult Content(string content, string contentType, Encoding contentEncoding)。

方法中参数的含义如下。

(1) content:表示要写入的文本内容。

(2) contentType:表示内容文本的 MIME 类型。

(3) contentEncoding:表示文本内容的编码方式。contentEncoding 参数是一个枚举类型,可选的枚举值包括 UTF7、BigEndianUnicode、Encoding、ASCII、UTF32 等。

【例 6-9】创建名为 example6-9 的 ASP.NET Core MVC 项目,在 Home 控制器中创建方法,测试 ContentResult 类及相关方法。

具体实现步骤如下。

(1)编辑 Home 控制器的代码如下,方法返回一个 ContentResult 对象,其中包含需要返回的文本内容。

```
using Microsoft.AspNetCore.Mvc;

namespace example6_9.Controllers
{
    public class HomeController : Controller
    {
        public IActionResult Index()
        {
            var text = "ContentResult 类及相关方法测试 ";
            return Content(text);
        }
    }
}
```

（2）添加 RedirectedAction.cshtml 视图文件。

（3）运行网站，将会返回包含文本内容的页面，运行结果如图 6-22 所示。

图 6-22　页面运行结果

6.4.6　EmptyResult 类

在 ASP.NET Core MVC 中，EmptyResult 类是一种特殊的结果类型，用于表示一个空的返回结果。它继承自 ActionResult 基类，并且可用于在操作方法中返回一个空结果。当操作方法不需要返回任何数据或视图时，可以使用 EmptyResult 类来表示这种情况。如果操作方法返回 null 值，ASP.NET Core MVC 会自动将其转换为一个 EmptyResult 对象进行返回。

【例 6-10】创建名为 example6-10 的 ASP.NET Core MVC 项目，在 Home 控制器中创建方法，测试 EmptyResult 类及相关方法。

具体实现步骤如下。

（1）编辑 Home 控制器的代码如下，用于返回 EmptyResult 对象。

```
public IActionResult Index()
{
    // 返回一个空的 EmptyResult 对象
    return new EmptyResult();
}
```

（2）运行网站，在浏览器的地址栏中，输入 /Home/Index 进行访问，页面运行结果如图 6-23 所示。代码 return new EmptyResult( ); 也可以简写为 return null; 返回空网页。

图 6-23　页面运行结果

6.4.7　JsonResult 类

JsonResult 类是用于返回 Json 格式结果的一种 ActionResult 类。它本质上仍然是一个文本内容，但将 contentType 设置为 application/x-javascript。在默认情况下，ASP.NET Core MVC 不允许使用 GET 请求返回 Json 格式结果。要解除这个限制，需要在生成 JsonResult 对象时将其 JsonRequestBehavior 属性设置为 JsonRequestBehavior.AllowGet，并与控制器中的方法一起使用 Json( ) 方法。

Json( ) 方法的两种重载方法如下。

（1）JsonResult Json(object data)。

（2）JsonResult Json(object data, object serializerSettings)。

方法中参数的含义如下。

（1）data：表示要序列化为 Json 格式的 JavaScript 对象图。

（2）serializerSettings：表示格式化程序要使用的序列化程序设置。

【例 6-11】创建名为 example6-11 的 ASP.NET Core MVC 项目，在 Home 控制器中创建方法，测试 EmptyResult 类及相关方法。

具体实现步骤如下。

（1）编辑 Home 控制器的代码如下，用于返回 Json 格式的对象。

```
public IActionResult Index()
{
    var data = new { Message = "JsonResult 类及 Json 方法测试" };
    return Json(data);
}
```

（2）运行网站，在浏览器的地址栏中，输入 /Home/Index 进行访问，页面运行结果如图 6-24 所示。

图 6-24　页面运行结果

6.4.8　FileResult 类

FileResult 类用于返回文件，它包括三个子类：VirtualFileResult、FileContentResult 和 FileStreamResult，其区别在于它们向客户端传送文件的形式。VirtualFileResult 类通过主机提供的机制使用虚拟路径将指定的文件写入到响应，FileContentResult 类通过二进制数据的方式传送文件，而 FileStreamResult 类则通过 Stream 流的方式传送文件。这三个类都可以使用 Controller 类的 File( ) 方法进行处理，其重载方法如下。

(1) FileContentResult File(byte[] fileContents, string contentType)：用于发送文件的二进制内容，并指定 MIME 类型。

(2) FileContentResult File(byte[] fileContents, string contentType, string fileDownloadName)：用于发送文件的二进制内容，并指定 MIME 类型和浏览器中显示的文件下载对话框内要使用的文件名。

(3) FileStreamResult File(Stream fileStream, string contentType)：用于发送文件的流，并指定 MIME 类型。

(4) FilePathResult File(string virtualPath, string contentType)：用于发送由虚拟路径指定的文件，并指定 MIME 类型。

(5) FilePathResult File(string virtualPath, string contentType, string fileDownloadName)：用于发送由虚拟路径指定的文件，并指定 MIME 类型和浏览器中显示的文件下载对话框内要使用的文件名。

重载方法中的参数表示意义如下。

(1) fileStream：表示要发送到响应的流。

(2) contentType：表示要发送文件的 MIME 类型。

(3) fileContents：表示要发送到响应的文件内容。

(4) fileDownloadName：表示浏览器中显示的文件下载对话框内要使用的文件名。

【例 6-12】创建名为 example6-12 的 ASP.NET Core MVC 项目，在 Home 控制器中创建方法，测试 FileContentResult 类及相关方法的使用。

具体实现步骤如下。

(1) 编辑 Home 控制器的代码如下，用于返回 File 对象。

```
public IActionResult Index()
{
    // 创建一个字符串作为测试数据
    string testData = "Test the text";
    // 将字符串转换为 byte 数组
    byte[] dataBytes = Encoding.UTF8.GetBytes(testData);
    // 使用 FileContentResult 类返回 byte 数组作为文件内容
    return new FileContentResult(dataBytes, "text/plain");
}
```

(2) 打开 Index.cshtml 视图文件，编辑源文件代码如下。

```
@{
    ViewData["Title"] = "FileContentResult 类测试 ";
}
<h1>@ViewData["Title"]</h1>
<p>测试结果：</p>
<p>@Model</p>
```

(3) 运行网站，在浏览器的地址栏中，输入 /Home/Index 进行访问，页面运行结果如图 6-25 所示。

图 6-25　页面运行结果

【例 6-13】创建名为 example6-13 的 ASP.NET Core MVC 项目，在 Home 控制器中创建方法，测试 FileContentResult 类在页面打开图片相关方法的使用。

具体实现步骤如下。

（1）编辑 Home 控制器的代码如下，用于返回 File 对象。

```
public IActionResult Index()
{
        // 获取 image 目录下 1.jpg 文件路径
        string imagePath = Path.Combine(Directory.GetCurrentDirectory(), "image", "1.jpg");
        // 读取图片文件的 byte 数据
        byte[] imageBytes = System.IO.File.ReadAllBytes("path/to/your/image.jpg");
        // 设置响应的 MIME 类型为 image/jpeg
        return File(imageBytes, "image/jpeg");
}
```

（2）打开 Index.cshtml 视图文件，编辑源文件代码如下。

```
<img src="@Url.Action("Index", "Home")" alt="Image">
```

（3）运行网站，在浏览器的地址栏中，输入 /Home/Index 进行访问，页面运行结果如图 6-26 所示。

图 6-26　页面运行结果

6.5　综合实验六：图像上传模块

1. 主要任务

创建 ASP.NET Core MVC 项目，为图书封面上传模块添加控制器和视图，实现图像上传的基本功能。

2. 实验步骤

（1）打开 Visual Studio 2022，创建 ASP.NET Core MVC 项目，命名为"综合实验六"。
（2）在"综合实验六"项目下的 Models 文件夹中，添加 BookModel 模型，编辑代码如下。

```
using System.ComponentModel.DataAnnotations;
using System.Xml.Linq;

namespace 综合实验六.Models
{
    public class BookModel
    {
        [Display(Name = "图书ISBN")]
        [Required(ErrorMessage = "请输入图书ISBN！")]
        public string BookIsbn { get; set; }
        [Display(Name = "图书名称")]
        [Required(ErrorMessage = "请输入图书名称！")]
        public string BookTitle { get; set; }
        [Display(Name = "图书封面")]
        [Required(ErrorMessage = "请上传图书封面！")]
        public IFormFile BookImage { get; set; }
    }
}
```

（3）在"综合实验六"项目下的 Controllers 文件夹中，添加 BookControllers 控制器，编辑代码如下。

```
using Microsoft.AspNetCore.Mvc;
namespace 综合实验六.Controllers
{
    public class BookController : Controller
    {
        [HttpGet]
        public IActionResult Upload()
        {
            return View();
        }
        [HttpPost]
        public async Task<IActionResult> Upload(IFormFile file)
        {
            if (file != null && file.Length > 0)
            {
                var filePath = Path.Combine(Directory.GetCurrentDirectory(), "wwwroot/images", file.FileName);
                var fileName = Path.GetFileName(file.FileName);
                using (var stream = new FileStream(filePath, FileMode.Create))
                {
                    await file.CopyToAsync(stream);
                }
                // 图片保存成功后的逻辑处理
                return RedirectToAction("UploadSuccess");
```

```
            }
            return View();
        }
        public IActionResult UploadSuccess()
        {
            return View();
        }
    }
}
```

（4）在"综合实验六"项目下的 Views 文件夹中，创建一个名为 Book 的文件夹。在该文件夹下创建两个视图文件 Upload.cshtml 和 UploadSuccess.cshtml。编辑代码如下。

Upload.cshtml 文件的代码：

```
@model 综合实验六.Models.BookModel

@{
    ViewData["Title"] = "View";
}

<h1>Upload</h1>
<h4>BookModel</h4>
<hr />
<div class="row">
    <div class="col-md-4">
        <form asp-action="Upload" asp-controller="Book" method="post" enctype="multipart/form-data">
            <div asp-validation-summary="ModelOnly" class="text-danger"></div>
            <div class="form-group">
                <label asp-for="BookIsbn" class="control-label"></label>
                <input asp-for="BookIsbn" class="form-control" />
                <span asp-validation-for="BookIsbn" class="text-danger"></span>
            </div>
            <div class="form-group">
                <label asp-for="BookTitle" class="control-label"></label>
                <input asp-for="BookTitle" class="form-control" />
                <span asp-validation-for="BookTitle" class="text-danger"></span>
            </div>
            <div class="form-group">
                <label asp-for="BookImage" class="control-label"></label>
                <input type="file" name="file" />
            </div>
            <div class="form-group">
                <input type="submit" value="上传" class="btn btn-primary" />
            </div>
        </form>
    </div>
</div>
```

```
<div>
    <a asp-action="Index">Back to List</a>
</div>

@section Scripts {
    @{await Html.RenderPartialAsync("_ValidationScriptsPartial");}
}
```

UploadSuccess.cshtml 文件的代码:

```
@{
    Layout = null;
}

<!DOCTYPE html>
<html>
<head>
    <meta name="viewport" content="width=device-width" />
    <title>UploadSuccess</title>
</head>
<body>
    <h2>上传成功! </h2>
</body>
</html>
```

（5）运行网站，在浏览器的地址栏中，输入 /Book/Upload 进行访问，页面运行结果如图 6-27 所示。

图 6-27　页面运行结果

6.6　本章小结

本章重点介绍了控制器的功能。首先，对控制器的创建过程进行了详细阐述，并对操作选择器的属性进行了比较，分析它们各自的优缺点和适用的应用场景，并提供了相关的指导。然后，还通过示例对 ActionResult 类的各个子类进行了详细解释，以便更好地理解其用途和特点。通过本章的学习，读者可以全面了解控制器的功能，从而能够在实际的项目开发中灵活运用，将有助于提高开发效率并确保项目成功实施。

6.7 习题

一、选择题

1. 控制器在 ASP.NET Core MVC 中的作用是（　　）。
   A. 充当连接请求和响应的桥梁　　　　B. 执行模型中的业务逻辑
   C. 分离视图和模型之间的交互　　　　D. 保证系统的可读性、严谨性和可维护性

2. 控制器在 ASP.NET Core MVC 中的继承关系是（　　）。
   A. 继承自 Microsoft.AspNetCore.Mvc
   B. 继承自 Microsoft.AspNetCore.Mvc.Controller
   C. 实现了 IController 接口
   D. 继承自 System.Web.Mvc

3. 控制器类的命名规范是（　　）。
   A. 必须以"Controller"开头　　　　B. 必须以"Controll"结尾
   C. 必须以"Controller"结尾　　　　D. 可以任意命名

4. ActionInvoke 默认使用（　　）来查找同名方法。
   A. 反射机制　　　B. 委托机制　　　C. 注解机制　　　D. 虚拟机制

5. 在 ASP.NET Core MVC 中，（　　）属性设置操作方法的别名。
   A. 使用 ActionAlias　　　　B. 使用 ActionMethod
   C. 使用 MethodAlias　　　　D. 使用 ActionName

6. 将 NonAction 属性应用于控制器中的某个方法会导致（　　）结果。
   A. ActionInvoker 将执行该方法　　　　B. ActionInvoker 将不执行该方法
   C. 方法将被隐藏但仍然可以执行　　　　D. 方法将无法被调用

7. NonAction 属性的主要目的是（　　）。
   A. 阻止方法被调用　　　　B. 提高代码的可读性和安全性
   C. 隐藏未完全开发完成的方法　　　　D. 限制对控制器的访问权限

8. 在方法中应用 HttpGet 属性的作用是（　　）。
   A. 只有当客户端浏览器发送 GET 请求时，操作选择器才会选择该方法
   B. 只有当客户端浏览器发送 POST 请求时，操作选择器才会选择该方法
   C. 只有当客户端浏览器发送 PUT 请求时，操作选择器才会选择该方法
   D. 只有当客户端浏览器发送 DELETE 请求时，操作选择器才会选择该方法

9. 在方法中应用 HttpPost 属性的作用是（　　）。
   A. 只有当客户端浏览器发送 GET 请求时，操作选择器才会选择该方法
   B. 只有当客户端浏览器发送 POST 请求时，操作选择器才会选择该方法
   C. 只有当客户端浏览器发送 PUT 请求时，操作选择器才会选择该方法
   D. 只有当客户端浏览器发送 DELETE 请求时，操作选择器才会选择该方法

10. PartialViewResult 类与 ViewResult 类的主要区别是（   ）。

    A. PartialViewResult 类返回分部视图页，而 ViewResult 类返回完整视图页

    B. PartialViewResult 类可以使用母版，而 ViewResult 类不支持母版

    C. PartialViewResult 类相当于一个 Page 页面，而 ViewResult 类相当于一个 UserControl 用户控件

    D. PartialViewResult 类和 ViewResult 类在 ASP.NET Core MVC 中没有区别

11. PartialView( ) 方法与控制器的对应关系是（   ）。

    A. PartialView( ) 方法只能在控制器中使用

    B. PartialView( ) 方法只能在视图中使用

    C. PartialView( ) 方法既可在控制器中使用，也可在视图中使用

    D. PartialView( ) 方法与控制器没有直接的对应关系

二、填空题

1. RedirectToRouteResult 类是 ASP.NET Core MVC 中用于重定向到指定操作的结果类型，可以使用_____方法来实现重定向。

2. FileContentResult 类通过_____方式传送文件；而 FileStreamResult 类则通过_____方式传送文件。

3. 如果选择"包含读/写操作的 MVC 控制器"模板，创建的控制器将包含除了 Index( ) 方法之外，还有_____、_____、_____、_____等方法。

4. 在 ActionVerbs 属性中，HttpGet 属性的作用是_____，只有当客户端浏览器发送 GET 请求时，操作选择器才会选择该方法。

5. 在 ActionVerbs 属性中，HttpPost 属性的作用是_____，只有当客户端浏览器发送 Post 请求时，操作选择器才会选择该方法。

6. 如果方法没有套用任何 ActionVerbs 属性，那么无论客户端浏览器发送什么类型的 HTTP 动词，会_____选择该方法。

7. HttpGet 属性和 HttpPost 属性可以根据具体需求来限定操作方法的_____条件。

三、简答题

1. 简述 HttpGet 属性的概念。

2. 简述 HttpPost 属性的作用。

3. 简述在 ASP.NET Core MVC 中实现页面跳转功能的方法。

4. 简述 RedirectResult 类的作用。

5. 简述 FileResult 类的子类及其区别。

第7章

视图

CHAPTER 7

在 ASP.NET Core MVC 架构中,视图 (view) 是负责处理数据并展示给用户的界面。它承担着将控制器 (controller) 传递过来的数据进行转换,并按照特定的格式呈现给用户的任务。作为用户和系统之间的沟通桥梁,视图不仅用于显示数据,还可以执行必要的逻辑操作,如数据删除、修改等。视图在整个应用程序中扮演着重要的角色,既满足了用户的需求,又提供了灵活的操作功能。

7.1 视图概述

视频讲解

在 ASP.NET Core MVC 中，视图被存储在名为 Views 的文件夹中，以实现规范化的组织和管理。每个控制器中的公共方法都与一个对应的视图相关联。在 Views 文件夹中，会有一个与控制器同名的子文件夹，该子文件夹包含了与控制器中的公共方法相对应的所有视图。例如，Home 控制器中的公共方法所对应的视图将会被存储在名为 Home 的子文件夹中，而 Student 控制器中的公共方法所对应的视图则存储在名为 Student 的子文件夹中。控制器与视图的对应关系如图 7-1 所示。通过这种规范化的存储方式，开发人员可以更清晰地组织视图，并方便快速地定位和管理视图文件。

ASP.NET Core MVC 支持多种类型的视图文件，具体如表 7-1 所示。

图 7-1 控制器与视图的对应关系

表 7-1 视图的文件类型

文件扩展名	说明
.cshtml	用于创建 Razor 视图，主要是 HTML 代码和 C# 代码的混合
.vbhtml	用于创建 Razor 视图，主要是 HTML 代码和 VB.NET 代码的混合
.cs	用于创建 C# 代码文件，可以包含视图中所需的任何逻辑
.vb	用于创建 VB.NET 代码文件，可以包含视图中所需的任何逻辑
.fshtml	用于创建 F# 代码文件，可以包含视图中所需的任何逻辑
.json	用于创建 JSON 配置文件，可供视图中使用
.xml	用于创建 XML 文件，可供视图中使用
.txt	用于创建纯文本文件，可供视图中使用
.css	用于创建样式表文件，可供视图中使用
.js	用于创建 JavaScript 脚本文件，可供视图中使用
.jpg/.jpeg	用于存储图片文件，可供视图中使用
.png	用于存储图片文件，可供视图中使用
.gif	用于存储动画图片文件，可供视图中使用
.svg	用于存储矢量图形文件，可供视图中使用

7.2 向视图中传递数据

在 ASP.NET Core MVC 视图中，数据通常通过控制器的方法传递。为了实现这一目标，可以利用 ASP.NET Core MVC 提供的一些对象，如 ViewData、ViewBag、TempData 和 Model 来传输数据。此外，还可以使用 Web 应用程序开发中常见的 Session 和 Cookies 等对象进行数据传递。根据传递对象的类型不同，数据传递可以分为弱类型传值和强类型传值两大类。

7.2.1 弱类型传值

视频讲解

弱类型传值是指从控制器传递到视图中的数据为 object 类型，需要在视图中进行类型转换以便使用。常用的传递方式包括 ViewData、ViewBag 和 TempData。各类型的定义语法如下。

（1）ViewData 是一个 Dictionary<string, object> 类型的对象，用于传递数据到视图。键值对的格式可以自定义。例如，ViewData["Key"] = value;

```
public ViewDataDictionary ViewData { get; set; }
```

（2）ViewBag 是一个动态类型（dynamic）的属性，用于传递数据到视图。可以根据需要直接给 ViewBag 属性赋值，例如，ViewBag.Key = value;

```
[Dynamic]  public dynamic ViewBag { get; }
```

（3）TempData 是一个字典类型的对象，用于在请求之间临时存储数据。它通常用于重定向期间传递临时数据。使用方式与 ViewData 类似，例如，TempData["Key"] = value;

```
public TempDataDictionary TempData { get; set; }
```

ViewData 和 TempData 分别是 ViewDataDictionary 类型和 TempDataDictionary 类型的实例，它们都实现了 IDictionary 接口，代表字典结构。这两种字典类型具有公有索引器 public object this[string key] { get; set; } 和公有方法 public void Add(string key, object value)。而 ViewBag 是一个动态类型，在网站运行时会自动进行类型转换，无须手动进行转换操作。可以任意添加属性并赋值给 ViewBag，使用起来简单且易于理解。

【例 7-1】新建 ASP.NET Core MVC 项目，使用 ViewDate、ViewBage 和 TempData 分别传递数据，测试三种传递方式调用时的差异和时效性。

具体实现步骤如下。

（1）添加"数据传递测试 .cshtml"视图文件，编辑代码如下。

```
<HTML>
<head>
    <meta name="viewport" content="width=device-width" />
    <title>ViewDataViewBag 数据传递测试 </title>
</head>
<body>
    <div>
        <p>ViewData["num"]（需要进行类型转换）:@((int)ViewData["num"] + 1) </p>
        <p>ViewData["num2"]（需要进行类型转换）:@((int)ViewData["num2"] + 1) </p>
        <p>ViewBag.Num（不需要进行类型转换）:@(ViewBag.Num + 1)</p>
        <p>TempData["num"]（需要进行类型转换）:@((int)TempData["num"] + 1)</p>
        <a href=" 数据时效性测试 ">第二次调用进行数据传递 </a>
    </div>
</body>
</HTML>
```

（2）添加"数据时效性测试 .cshtml"视图文件，编辑代码如下。

```
<HTML>
<head>
    <meta name="viewport" content="width=device-width" />
    <title>TestTempData</title>
</head>
<body>
    <div>
```

```
            <p>TempData["num"](已访问过1次):@TempData["num"] </p>
            <p>TempData["num2"](未访问过):@TempData["num2"] </p>
            <p>ViewData["num"](已访问过1次):@ViewData["num"]  </p>
            <p>ViewBag.Num2(未访问过):@(ViewBag.Num2 + 1)</p>
    </div>
</body>
</HTML>
```

(3) 编辑控制器中的方法代码如下。

```
public ActionResult 数据传递测试()
{
    ViewData["num"] = 100;
    ViewData.Add("num2", 200);
    ViewBag.Num = 100;
    ViewBag.Num2 = 200;
    TempData["num"] = 100;
    TempData["num2"] = 200;
    return View();
}
public ActionResult 数据时效性测试()
{
    return View();
}
```

(4) 运行"数据传递测试.cshtml"页面，运行结果如图 7-2 所示。

图 7-2　数据传递测试结果

(5) 单击"第二次调用进行数据传递"超链接，跳转到"数据时效性测试.cshtml"页面，运行结果如图 7-3 所示。

图 7-3　数据时效性测试结果

根据例 7-1 可以明显看出，ViewData 和 TempData 是字典类型，在前端页面使用时需要进行类型转换。而 ViewBag 是动态类型，在运行时自动进行类型转换，不需要进行任何类型转换。

ViewData 和 ViewBag 仅在当前页面中有效，而 TempData 可以作为临时变量在后台各个方法之间传递值。每次控制器执行请求时，会从 Session 中获取 TempData，并清空 Session。因此，TempData 的数据最多只能经过一次控制器传递，并且每个元素最多只能访问一次，之后将被删除。图 7-3 中的 TempData["num"] 为 null，也说明了 TempData 在访问一次后被清空。如果需要在视图中继续保留访问过的 TempData 对象的值，可以使用 TempData.Keep("key")方法实现。

7.2.2 强类型传值

视频讲解

在 ASP.NET Core MVC 中的强类型传值是一种通过使用原始数据类型直接向视图传递数据的方法。通过强类型传值，可以确保传递给视图的数据类型是正确的，从而减少了潜在的错误和异常情况。

要使用强类型传值，有两种常见的方式。一种方式是直接创建强类型视图，即创建一个与特定数据类型相关联的视图。可以在视图中直接使用该数据类型的属性和方法，从而实现对数据的更精确控制和操作。例如，在创建一个用户注册页面的视图时，可以创建一个与用户数据模型相关联的强类型视图，可以在视图中直接访问和展示用户的姓名、邮箱等属性，而无须手动解析数据。另一种方式是在普通视图的头部添加 @model 语句，并在视图中识别控制器传入的对象类型，通过模型绑定将控制器中的数据传递给视图，并在视图中按需访问和展示数据。

无论是哪种方式，强类型传值都提供了更安全、可靠的数据传递机制。它不仅增加了程序的可读性，还提高了代码的专业性和严谨性，能够更有效地开发和维护 ASP.NET Core MVC 应用程序。

【例 7-2】新建 ASP.NET Core MVC 项目，创建强类型视图，在视图中使用强类型对象 Model 传值。

具体实现步骤如下。

（1）在 Models 文件夹中新建 Student.cs 文件，编辑代码如下。

```
public class Student
{
    public string Name { get; set; }
    public int Age { get; set; }
    public string Gender { get; set; }
    public Student(string name, int age, string gender)
    {
        Name = name;
        Age = age;
        Gender = gender;
    }
}
```

（2）在 Index.cshtml 视图文件头部添加 @model 模型声明，编辑代码如下。

```
@model Student

<h2>学生信息</h2>
<p>姓名：@Model.Name</p>
<p>年龄：@Model.Age</p>
<p>性别：@Model.Gender</p>
```

（3）编辑控制器中的代码如下。

```
public ActionResult Index()
{
    Student student = new Student("张三", 18, "男");
    return View(student);
}
```

（4）运行 Index.cshtml 页面，运行结果如图 7-4 所示。

在 Index.cshtml 视图文件的源代码中，使用了一个强类型对象 Model。这个对象的完整形式是 this.ViewData.Model，与视图数据关联的模型相对应，是 .NET 平台做的一个简单封装。通过 Model.Name，可以简化地访问 this.ViewData.Model 对象的 Name 属性。

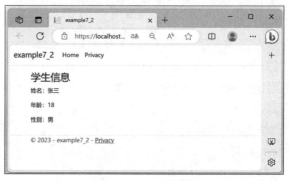

图 7-4　页面运行结果

除了传递单一对象外，还可以通过控制器将集合数据传递给视图，使用 List 集合类或 IEnumerable 接口对象来实现这一目的。

【例 7-3】新建 ASP.NET Core MVC 项目，创建普通视图，使用强类型由控制器向视图中传递对象集合。

具体实现步骤如下。

（1）在 Models 文件夹中新建 Student.cs 文件，编辑代码如下。

```
public class Student
{
    public string Name { get; set; }
    public int Age { get; set; }
    public string Gender { get; set; }

    public Student(string name, int age, string gender)
    {
        Name = name;
        Age = age;
        Gender = gender;
    }
}
```

（2）在控制器中新建方法，命名为 Index，编辑代码如下。

```
public IActionResult Index()
{
    List<Student> list = new List<Student>();
    Student stu;
    //向 list 集合中添加 5 名学生信息
    for (int i = 1; i <= 5; i++)
    {
        string no = "2023000" + i.ToString();
        string name = "学生" + i.ToString();
        int age = 17 + i;
        stu = new Student(no, name, age);
        list.Add(stu);
    }
    return View(list);
}
```

（3）添加普通视图文件 Index.cshtml，编辑代码如下。

```
@using WebApplication5.Models
@model List<Student>
@{
    Layout = null;
}
<!DOCTYPE HTML>
<HTML>
<head>
    <meta name="viewport" content="width=device-width" />
    <title>StuListView1</title>
</head>
<body>
    <div>
        <table>
            <tr>
                <td>学号　</td>
                <td>姓名　</td>
                <td>年龄　</td>
            </tr>
            @foreach (Student stu in Model)
            {
                <tr>
                    <td>@stu.No</td>
                    <td>@stu.Name</td>
                    <td>@stu.Age</td>
                </tr>
            }
        </table>
    </div>
</body>
</HTML>
```

（4）运行 Index.cshtml 页面，结果如图 7-5 所示。

根据例 7-3 可以明显看出，强类型传值在编程中具有一些优点。例如，智能输入提示和编译检查等功能。然而，在控制器中的每个方法只能向视图传递一个强类型数据，如果需要传递多种类型的数据，仍然需要使用弱类型传值来实现。为了解决这个问题，可以考虑使用不同的技术或策略来处理多个数据类型的传递。

图 7-5 页面运行结果

7.3 Razor 视图引擎

视频讲解

与其他视图引擎相比，Razor 视图具有许多优点。首先，它具有更高的可读性，因为服务器端代码与 HTML 代码紧密结合，开发人员可以更容易地理解和维护视图的代码。其次，Razor 视图提供了强大的智能感知功能，可以在编辑器中自动完成代码并提供错误提示，提高了开发效率。此外，Razor 视图还支持对模型数据的强类型处理，使代码更加严谨和安全。

总之，Razor 视图是一种方便、灵活且易于使用的视图引擎，可以帮助开发人员快速构建高质量的 ASP.NET Core MVC Web 应用程序。通过其简洁的语法和丰富的功能，开发人员可以更好地控制和定制 Web 界面的呈现方式。

7.3.1 单行内容输出

输出单行内容，在 Razor 视图中具体方法是在 HTML 中使用 '@' 符号，然后紧接着使用变量、表达式或函数来表示要输出的内容。常见的几种在 Razor 视图中输出单行内容的方法如下。

1. 输出变量

```
<p>@myVariable</p>
```

@ 符号后面跟着一个变量名，将会在页面上输出该变量的值。

2. 输出表达式

```
<p>@(3 + 5)</p>
```

使用括号包围一个表达式，通过 '@' 符号将其输出在页面上。

3. 调用函数并输出结果

```
<p>@DateTime.Now.ToString("yyyy-MM-dd")</p>
```

调用 DateTime.Now.ToString("yyyy-MM-dd") 函数，并将其结果输出在页面上。

需要注意的是，无论是输出变量、表达式还是函数结果，都需要将它们包含在合适的 HTML 标签中，以确保正确地显示在页面上。

【例7-4】新建 ASP.NET Core MVC 项目，创建视图，在 HTML 标签内添加 Razor 语句，显示当前的系统时间。

具体实现步骤如下。

（1）在 Index.cshtml 视图文件内，编辑 Razor 语句如下。

```
<HTML>
<head>
    <title>SingleLine</title>
</head>
<body>
    <div>
        @DateTime.Now
    </div>
</body>
</HTML>
```

（2）运行网站，页面运行结果如图 7-6 所示。

图 7-6　页面运行结果

7.3.2　多行内容输出

当需要在一个视图中输出多行内容时，Razor 视图提供了以下方法。

第一种方法是使用 HTML 的多行格式化语法。通过使用 <text></text> 标签来包裹多行内容，可以编写任意多行的 HTML 代码或文本信息，而不需要每行都以 '@' 符号开头。例如：

```
<text>
    <h1> 标题 </h1>
    <p> 段落一 </p>
    <p> 段落二 </p>
</text>
```

第二种方法是使用 Razor 语法的多行格式化形式 @{ ... } 进行封装，从而实现多行内容的输出，并同时保持 Razor 语法的有效性。例如：

```
@{
    <h1> 标题 </h1>
    <p> 段落一 </p>
    <p> 段落二 </p>
}
```

无论选择哪种方法，Razor 视图都能够正确地解析多行内容，并将其作为视图的一部分进行输出。从而方便地组织和管理复杂的视图结构，提高代码的可读性和可维护性。

【例7-5】新建 ASP.NET Core MVC 项目，在 HTML 标签内添加 Razor 语句，显示学生的姓名、年龄信息。

具体实现步骤如下。

（1）在 Index.cshtml 视图文件内，编辑 Razor 语句如下。

```
<HTML>
<head>
</head>
<body>
    <div>
        @{
        string[] lines = new string[]
        {
            "This is example line 1",
            "This is example line 2",
            "This is example line 3"
        };

        foreach (var line in lines)
        {
            <p>@line</p>
        }
        }
    </div>
</body>
</HTML>
```

（2）运行网站，页面运行结果如图 7-7 所示。

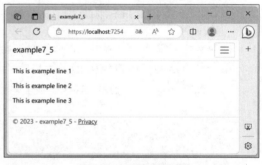

图 7-7　页面运行结果

7.3.3　表达式的输出

Razor 视图输出表达式使用 '@' 符号作为前缀，并将所需的 C# 代码封装于 @(...) 中。这些表达式可以包含变量、方法调用、运算符和其他 C# 代码，用于生成和处理视图中的动态内容。相关示例见例 7-4 和例 7-5。

7.3.4　包含文字的输出

在 Razor 视图中，"@:" 后面跟着的内容会被视为普通文本，并且会在视图渲染时直接输出给用户。这个语法可以用于输出纯文本、HTML 标记之外的内容或者需要特殊处理的字符。常用的 @: 语法输出普通文字的示例如下。

1. 输出纯文本

@: 欢迎访问我们的网站！

"@:" 后面的内容会作为纯文本输出，即用户将看到"欢迎访问我们的网站！"这句话。

2. 输出包含 HTML 标签的文本

@:<p> 这是一个带有 HTML 标签的文本。</p>

此时输出包含 HTML 标签的文本,示例代码将在浏览器上看到包含 <p> 标签的内容。

需要注意的是,@: 语法只能用于输出普通文本,不能嵌入 C# 代码或调用变量。如果需要执行更复杂的逻辑或呈现动态数据,应使用其他 Razor 语法,如 '@' 符号后跟 C# 代码块或表达式。

【例 7-6】新建 ASP.NET Core MVC 项目,创建视图,在 HTML 标签内添加 Razor 语句,Razor 代码块内输出普通文本和包含 HTML 的文本。

具体实现步骤如下。

(1) 在 Index.cshtml 视图文件内,编辑 Razor 语句如下。

```
<HTML>
<head>
    <meta name="viewport" content="width=device-width" />
    <title>Text</title>
</head>
<body>
    <div>
        <div>
            <p>
                @{
                @:普通文本信息. <!-- 输出普通文本 -->
                @: <br><strong> 包含 HTML 的文本信息.</strong>
                <!-- 输出包含 HTML 标签的文本 -->
                }
            </p>
        </div>
    </div>
</body>
</HTML>
```

(2) 运行网站,页面运行结果如图 7-8 所示。

图 7-8 页面运行结果

7.3.5 HTML 编码

为了防止 XSS 跨站点脚本注入攻击,Razor 视图将自动进行 HTML 编码。在 Razor 视图内部将首先对内容进行了编码,然后输出到页面上。如果想输出 HTML 标记的结果,需要设置 Razor 使其不进行编码。

HTML.Raw( ) 方法是 Razor 视图引擎提供的一个功能强大的方法,它允许将一段 HTML 代码作为原始字符串输出到视图中,而不对其进行任何 HTML 编码或转义。这意味着可以直接在视图中插入 HTML 标签、属性、样式等,而不必担心它们会被转义或解析成文本。使用 HTML.Raw( ) 方法非常简单,只需要将需要输出的 HTML 代码作为参数传递给该方法即可。

【例7-7】新建ASP.NET Core MVC项目，在HTML标签内添加Razor语句，使用HTML.Raw( )方法显示HTML标签的内容。

具体实现步骤如下。

（1）在Index.cshtml视图文件内，编辑Razor语句如下。

```
<HTML>
<head>
    <meta name="viewport" content="width=device-width" />
    <title>Encode</title>
</head>
<body>
    <div>
        <p>
            @Html.Raw("<a href='https://www.example.com'>Click here</a>")
        </p>
    </div>
</body>
</HTML>
```

（2）运行网站，页面运行结果如图7-9所示。

HTML.Raw( )方法将包含链接的HTML代码作为原始字符串进行输出，生成的HTML结果会包含一个可点击的链接，而不是将其作为纯文本输出。

图7-9 页面运行结果

7.3.6 服务器端注释

在Razor视图中，可以使用"@*"和"*@"来添加注释。"@*"表示注释的开始，"*@"表示注释的结束。在两个注释标记之间的内容将被视为注释，并且不会被编译到最终的HTML输出中。

语法结构如下。

```
@* 注释内容，不编译不显示 *@
```

服务器端注释在Razor视图中具有的作用如下。

（1）提供可读性：通过添加注释，可以在代码中解释和描述特定部分的功能、目的或用法，使其更易于阅读和理解。

（2）调试和维护：注释可以帮助开发人员在调试和维护过程中定位问题或更改代码时提供上下文和指导。

（3）文档说明：注释还可以作为文档的一部分，提供有关Razor视图中特定代码块的说明和使用方式，方便其他开发人员理解和使用。

需要注意的是，服务器端注释是在服务器端执行的，不会在客户端的浏览器中显示出来。编辑过程中可以单击菜单栏的 按钮，或者按Ctrl+E+C组合键进行选中行的注释；也可以单

击菜单栏的 ![](按钮，或者按 Ctrl+E+U 组合键取消选中行的注释。

7.3.7 转义字符

在 Razor 视图中，'@' 符号具有特殊的含义，它用于标识 Razor 引擎开始解析 C# 代码。因此，如果想要在 Razor 视图中输出 '@' 字符本身，需要使用 Razor 语法中的转义字符来实现。一个常见的转义字符是 "@@"，它表示 '@' 字符本身而不被解释为 Razor 代码。例如，当使用 "@@age" 进行输出时，它将被解释为 "@age"，而不是作为 Razor 代码的一部分。

下面示例代码，将输出相同的结果。

\<p\>@@ABC\</p\>

\<p\>@ABC\</p\>

在第一行代码中，"@@ABC" 将被解释为 "@ABC"，因此输出结果为 \<p\>@ABC\</p\>。

在第二行代码中，"&#**;ABC" 不是有效的转义字符，所以它将被视为普通文本输出。输出结果将保持原样，即 \<p\>&#**;ABC\</p\>。

7.3.8 Razor 语法中的分支结构

分支结构是计算机编程中的一种重要概念，用于根据条件的不同执行不同的代码路径。Razor 视图作为一种流行的服务器端 Web 应用程序开发框架，它允许在 HTML 中集成 C# 代码。

在 Razor 语法中，可以使用 if 语句和 switch 语句来实现分支结构。if 语句用于根据条件执行不同的代码块。它采用一个条件表达式，当表达式的结果为 true 时，执行 if 代码块中的内容；否则，执行 else 代码块中的内容（可选）。

1. if...else 条件结构

if...else条件结构的语法结构如下。

```
@if (condition)
{
// 执行 if代码块
}
else
{
// 执行 else 代码块
}
```

Razor 语法要求以 if 语句开始，首先计算 condition 的值，如果值为 true 将执行 if 代码块，否则执行 else 代码块。

【例 7-8】新建 ASP.NET Core MVC 项目，在 HTML 标签内添加 Razor 语句，使用 if...else 条件结构输出两个整数的最大值。

具体实现步骤如下。

（1）在 Index.cshtml 视图文件内，编辑 Razor 语句如下。

```
<HTML>
```

```
<head>
    <title>Getmax</title>
</head>
<body>
    @{int a = 51, b = 32,max;
    }
    @if (a > b)
    {
    max=a;
    }
    else
    {
    max=b;
    }
    最大值：@max
</body>
</HTML>
```

（2）运行网站，页面运行结果如图7-10所示。

视频讲解

2. switch...case 多分支结构

switch 语句也可用于实现分支结构，通常用于处理多个固定值的情况。它将一个表达式与多个可能的值进行比较，并执行与匹配值相关联的代码块。switch 语句的语法结构如下。

图7-10　页面运行结果

```
@switch(expression)
{
case value1:
        // 执行与 value1 匹配的代码块
        break;
    case value2:
        // 执行与 value2 匹配的代码块
        break;
    ...
    default:
        // 执行默认的代码块（可选）
        break;
}
```

首先计算 expression 的值，如果表达式的值与某个 case 后面的常量值相同，则执行与其匹配的代码块直到 break 语句为止，如果该 case 语句中没有 break 语句，将继续执行后面所有个语句，直到 break 语句为止。若没有某个常量值与表达式的值相同，则执行 default 语句后默认的代码块。default 语句为可选项，如果 switch 语句中表达式的值不与任何 case 后的常量值相同，且没有 default 语句，那么将不作任何处理。

3. 条件运算符

在 Razor 语法中，还可以使用条件运算符（?:）作为一种简洁的分支结构形式。可以在一行代码中根据条件选择执行不同的表达式。

```
@(condition ? expression1 : expression2)
```

【例7-9】新建 ASP.NET Core MVC 项目,在 HTML 标签内添加 Razor 语句,使用 switch...case 多分支结构输出还有几天到周末。

具体实现步骤如下。

(1)在 Index.cshtml 视图文件内,编辑 Razor 语句如下。

```
@{
    string day = DateTime.Now.DayOfWeek.ToString();
    string message = "";
}

<HTML>
<head>
    <meta name="viewport" content="width=device-width" />
    <title>GetWeekEnd</title>
</head>
<body>
    <div>
        当前时间:@DateTime.Now
        <br/>
        @switch (day)
        {
            case "Monday":
                message = "This is the first weekday.";
                break;
            case "Thursday":
                message = "Only one day before weekend.";
                break;
            case "Friday":
                message = "Tomorrow is weekend!";
                break;
            default:
                message = "Today is " + day;
                break;
        }
        @message
    </div>
</body>
```

(2)运行网站,页面运行结果如图 7-11 所示。

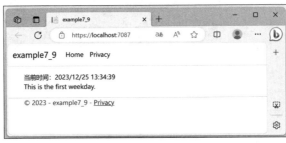

图 7-11 页面运行结果

在 switch 语句中，表达式的值可以是 int、char、string 等数据类型。

7.3.9 Razor 语法中的循环结构

在 Razor 语法中，循环结构被用于重复执行一段代码，直到满足指定的条件。C# 语言中的 for 循环、while 循环、do...while 循环，以及 foreach 迭代循环在 Razor 语法中均可以正常使用。下面将分别讲解 for 循环和 foreach 迭代循环在 Razor 语法中的使用。

1. for 循环

视频讲解

for 循环语法结构如下。

```
@for（表达式1；表达式2；表达式3）
{
语句块；
}
```

for 循环是编程语言中最常用的循环语句，由三个表达式和循环体内的语句块组成。首先执行表达式 1，然后计算表达式 2 是否为真。如果为真，则执行循环体内的语句块，并继续执行表达式 3。随后再次计算表达式 2，如果仍然为真，则继续执行循环体语句块，并再次执行表达式 3。如此循环下去，直到表达式 2 为假，循环结束。

循环体内的语句块可以只有一条语句，也可以包含多条或零条语句。当只有一条语句时，"{}" 可以省略。

【例 7-10】创建 ASP.NET Core MVC 项目，创建视图，在 HTML 标签内添加 Razor 语句，使用 for 循环计算 1 到 100 的和。

具体实现步骤如下。

（1）在 Index.cshtml 视图文件内，编辑 Razor 语句如下。

```
<HTML>
<head>
<title>GetSum</title>
</head>
<body>
<div>
        @{int sum=0; }
        @{ for (int i = 1; i <=100; i++)
            {
                sum += i;
            }
        }
        1+2+...+100=@sum
</div>
</body>
</HTML>
```

（2）运行网站，页面运行结果如图 7-12 所示。

图 7-12　页面运行结果

2. foreach 迭代循环

视频讲解

foreach 迭代循环是 C# 语言中一种常见的循环结构，用于对集合或数组进行迭代访问。其语法结构如下。

```
foreach(var 迭代变量 in 集合或数组 )
{
语句块；
}
```

在上述示例中，迭代变量表示当前迭代的元素，而集合或数组则是要进行迭代的对象。foreach 迭代循环的优点在于简洁直观，无须设置循环条件和遍历规则。然而，需要注意迭代变量是只读的，不支持修改和删除操作。了解并熟练应用 foreach 迭代循环有助于提高代码的可读性和灵活性。

【例 7-11】新建 ASP.NET Core MVC 项目，在 HTML 标签内添加 Razor 语句，使用 foreach 迭代循环分别统计某一成绩表中优秀和不及格的学生人数。

具体实现步骤如下。

（1）在 Index.cshtml 视图文件内，编辑 Razor 语句如下。

```
@{
    int[] scores = { 45, 9, 97, 57, 67, 75, 93, 56, 74, 69, 83, 74, 64, 56 };
}
<HTML>
<head>
    <title>GetScores</title>
</head>
<body>
    <div>
        @{
            int num1 = 0, num2 = 0;
            foreach (int s in scores)
            {
                if (s < 60)
                {
                    num1++;
                }
                if (s >= 90)
                {
                    num2++;
```

```
                    }
                }
            }
            优秀人数：@num2
            <br />
            不及格人数：@num1
        </div>
    </body>
</HTML>
```

（2）运行网站，页面运行结果如图 7-13 所示。

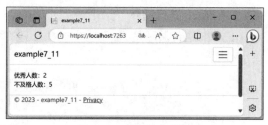

图 7-13　页面运行结果

7.4　HTML Helper 类

HTML Helper 类是 ASP.NET Core MVC 提供的一种能够自动生成 HTML 标签的工具类。

在编辑视图时，经常需要编写大量 HTML 标签，过程相对烦琐。为了降低开发复杂度，MVC 框架引入了类似于 ASP.NET 中控件使用方式的概念，即将 HTML 标签的标准写法封装成了 HTML 辅助方法。通过使用这些 HTML 辅助方法，可以更快速地构建 HTML 标签和内容，从而加快视图的开发速度，并且能够避免不必要的语法错误。此外，还可以使用扩展方法来向 HTML Helper 类中添加自定义方法，用于生成控件。

7.4.1　ActionLink( ) 方法生成超链接

在视图页面开发过程中，超链接是最常用的 HTML 标签之一。为了方便生成超链接并对其文字部分进行 HTML 编码，可以使用 ActionLink( ) 方法。常用的几种重载方法如下。

1. ActionLink(string linkText, string actionName)

ActionLink( ) 方法的基本用法。参数 linkText 表示超链接的显示文字，参数 actionName 表示要跳转到的目标操作（位于当前视图所在的控制器中）。需要注意的是，链接文字不可为空字符串、空白字符串或 null 值，否则会抛出 The Value cannot be null or empty 异常。

2. ActionLink(string linkText, string actionName, string controllerName)

用于跳转到除当前视图所在控制器之外的其他控制器的链接方法。参数 controllerName 表示要跳转到的控制器的路径和名称。

3. ActionLink(string linkText, string actionName, TModel routeValue)

通过路由传递参数进行跳转。参数 routeValue 用于传递表单路由中的参数。例如，@Html.ActionLink(" 链接文字 ", "ActionName", new { name = "li", age = 10 }) 将会向控制器传递两个参数 name="li" 和 age=10。

4. ActionLink(string linkText, string actionName, TModel routeValue, TModel htmlAttributes)

可以向超链接添加额外的 HTML 属性。参数 htmlAttributes 用于传递额外的 HTML 属性。

例如，@Html.ActionLink(" 链接文字 ", "ActionName", new { id = 001 }, new { @class = "black" }) 将会把超链接的 CSS 样式表中使用的 class 属性设置为 black。需要注意的是，在套用的 CSS 样式中，如果属性名称与 C# 语言的关键字相同，需要使用 @class 进行替代。另外，如果输出的 HTML 属性包含 '-' 符号，需要使用 '_' 符号进行替代，如 data-value 属性应写作 data_value。

5. ActionLink(string linkText, string actionName, string controllerName, TModel routeValue, TModel htmlAttributes)

可同时设置超链接显示文字、跳转到指定控制器路径的目标操作、通过路由传递参数，以及添加额外 HTML 属性的方法。

【例 7-12】新建 ASP.NET Core MVC 项目，使用 ActionLink( ) 方法编写超链接，测试 ActionLink( ) 方法。

具体实现步骤如下。

（1）新建 Index.cshtml 视图文件，编辑页面源代码如下。

```
@{
    ViewData["Title"] = "Home Page";
}
<h1>@ViewData["Title"]</h1>
<h3>超链接示例：</h3>
<p>基本用法:@Html.ActionLink("基本超链接", "Index")</p>
<p>跳转到其他控制器的链接:@Html.ActionLink("跳转到其他控制器", "Index", "OtherController")</p>
<p>通过路由传递参数:@Html.ActionLink("传递参数", "ActionName", new { name = "li", age = 10 })</p>
<p>传递额外的HTML属性:@Html.ActionLink("自定义样式", "ActionName", null, new { @class = "black", data_value = "some value" })</p>
<p>同时设置文字、控制器、路由和HTML属性:@Html.ActionLink("完整链接", "ActionName", "OtherController", new { id = 001 }, new { @class = "red", data_value = "another value" })</p>
```

（2）运行 Index.cshtml 页面，运行结果如图 7-14 所示。

图 7-14　页面运行结果

（3）查看网页源文件，对应的 HTML 源代码如下。

```
<h1>Home Page</h1>
<h3>超链接示例：</h3>
```

```
<p>基本用法：<a href="/">&#x57FA;&#x672C;&#x8D85;&#x94FE;&#x63A5;</a></p>
<p>跳转到其他控制器的链接：<a href="/OtherController">&#x8DF3;&#x8F6C;&#x5230;
&#x5176;&#x4ED6;&#x63A7;&#x5236;&#x5668;</a></p>
<p>通过路由传递参数：<a href="/Home/ActionName?name=li&amp;age=10">&#x4F20;
&#x9012;&#x53C2;&#x6570;</a></p>
<p>传 递 额 外 的 HTML 属 性：<a href="/Home/ActionName?class=black&amp;data_
value=some%20value">&#x81EA;&#x5B9A;&#x4E49;&#x6837;&#x5F0F;</a></p>
<p>同时设置文字、控制器、路由和 HTML 属性：<a class="red" data-value="another
value" href="/OtherController/ActionName/1">&#x5B8C;&#x6574;&#x94FE;&#x63A5;</a></p>
```

7.4.2 BeginForm( ) 方法生成表单

视频讲解

Html.BeginForm( ) 方法用于生成表单 <form> 标签，并且通常使用 using 块来自动添加表单的结尾。常用的几种重载方法如下。

1. BeginForm(string actionName, string controllerName)

生成表单的最基本用法。参数 actionName 用于指定表单提交后的目标操作，参数 controllerName 用于指定表单提交后的目标控制器。

2. BeginForm(string actionName, string controllerName, FormMethod method)

指定表单的提交方式。参数 method 用于指定表单的提交方式，可以选择 Post 方式或 Get 方式。如果不指定，默认使用 Post 方式。

3. BeginForm(string actionName,string controllerName,TModel routeValue, FormMethod method)

通过路由传递参数。参数 routeValue 是一个对象，表示通过表单路由传递的值。

【例 7-13】创建 ASP.NET Core MVC 项目，使用 BeginForm( ) 方法生成表单，测试 BeginForm( ) 方法。

具体实现步骤如下。

（1）新建 Index.cshtml 视图文件，编辑页面源代码如下。

```
<HTML>
<head>
    <meta name="viewport" content="width=device-width" />
    <title>BeginForm 测试</title>
</head>
<body>
    @using(Html.BeginForm("BeginForm", "Home"))
    {
    <li>BeginForm 基本用法 </li>
    }
    @using(Html.BeginForm("BeginForm", "Home", new { name = "li", age =
10 },FormMethod.Get))
    {
    <li>BeginForm 通过路由传递参数 </li>
    }
</body>
</HTML>
```

（2）运行 Index.cshtml 页面，运行结果如图 7-15 所示。

图 7-15　页面运行结果

（3）查看网页源文件，对应的主要 HTML 源代码如下。

```
<form action="/Home/BeginForm" method="post">
    <li>BeginForm基本用法 </li>
</form>
<form action="/Home/BeginForm?name=li&amp;age=10" method="get">
    <li>BeginForm 通过路由传递参数 </li>
</form>
```

在实际应用中，可以结合使用 HTML 的 EndForm() 方法来生成一个表单的结尾标签 </form>。

```
@using (Html.BeginForm("BeginForm", "Home"))
{
    <li>BeginForm 重载方法 1</li>
}
```

与下列形式等价。

```
@Html.BeginForm("BeginForm", "Home")
    <li>BeginForm 重载方法 1</li>
@Html.EndForm()
```

在例 7-13 中，如果想要通过 HTML 表单实现文件上传的功能，需要在输出的 <form> 标签中添加 enctype 属性，并将其值设定为 multipart/form-data。具体的代码如下所示。

```
@using(Html.BeginForm("Upload","File",FormMethod.Post,new{enctype=
"multipart/form-data"}))
{
    @Html.TextBox("File1","",new{type="file",size="25"})
    <input type="submit"/>
}
```

HTML 辅助方法中并没有 File( ) 方法，需要用 TextBox( ) 方法来代替，传入第三个参数并将 type 属性修改成 file。

7.4.3　Label( ) 方法生成标注

文本标注信息的展示是在视图页面开发中常用的内容容器，可以使用 Label( ) 方法来生成符合规范的标注，并根据需要设置相关的 HTML 属性。常用的几种重载方法如下。

1. Label(string expression)

参数 expression 表达式表示要显示的属性。

2. Label(string expression, string labelText, TModel htmlAttributes)

参数 labelText 表示要在标注中显示的文本内容，可以是任何希望在标注中显示的文本。参数 htmlAttributes 是一组可选参数，表示要为标注添加的 HTML 属性，如 class、style 等。

【例 7-14】新建 ASP.NET Core MVC 项目，使用 Label( ) 方法生成表单，测试 Label( ) 方法。具体实现步骤如下。

（1）新建 Index.cshtml 视图文件，编辑页面源代码如下。

```
<HTML>
<head>
    <meta name="viewport" content="width=device-width" />
    <title>Label测试</title>
</head>
<body>
    <div>
        @Html.Label(" 普通 Label")
        <br />
        @Html.Label("UserName"," 设置了 HTML 属性的 Label", new { style = "color:red;font-family:Verdana;font-size:x-large;font-style:italic" })
    </div>
</body>
</HTML>
```

（2）运行 Index.cshtml 页面，运行结果如图 7-16 所示。

图 7-16　页面运行结果

（3）查看网页源文件，对应的核心 HTML 源代码如下。

```
<label for="z_Label">&#x666E;&#x901A;Label</label>
        <br />
<label for="UserName" style="color:red;font-family:Verdana;font-size:x-large;font-style:italic">&#x8BBE;&#x7F6E;&#x4E86;HTML&#x5C5E;&#x6027;&#x7684;Label</label>
```

7.4.4　TextBox( ) 方法生成文本框

文本是在视图页面开发时最常用的输入输出标签，用于在网页中显示或输入文本信息。在 ASP.NET Core MVC 中，可以使用 TextBox( ) 方法来生成文本框，并具有一定的参数选项。常用的几种重载方法如下。

1. TextBox(string expression)

基本的使用方法，其中参数 expression 表示当前表单内能够确定唯一文本框的 ID。

2. TextBox(string expression, TModel value)

在此方法中，除了参数 expression 外，还有一个参数 value，用于指定文本框的初始值。

3. TextBox(string expression, TModel value, expression htmlAttributes)

参数 htmlAttributes 用于设置文本框的 HTML 属性。可以使用这个参数来添加一些额外的特性或样式。

【例 7-15】创建 ASP.NET Core MVC 项目，使用 TextBox ( ) 方法生成表单，测试上述 TextBox ( ) 方法。

具体实现步骤如下。

（1）新建 Index.cshtml 视图文件，编辑页面源代码如下。

```
<HTML>
<head>
    <meta name="viewport" content="width=device-width" />
    <title>TextBox测试</title>
</head>
<body>
    <div>
        普通文本框：@Html.TextBox("UserName")<br/>
        指定文本框的初始值：@Html.TextBox("Email", "example@example.com")<br/>
        设置文本框的大小和最大长度：@Html.TextBox("password", null, new { @class = "form-control", maxlength = "20" })<br/>
    </div>
</body>
</HTML>
```

（2）运行 Index.cshtml 页面，运行结果如图 7-17 所示。

图 7-17　页面运行结果

（3）查看网页源文件，对应的核心 HTML 源文件如下。

```
<div>
    普通文本框：<input id="UserName" name="UserName" type="text" value="" /><br />
    指定文本框的初始值：<input id="Email" name="Email" type="text" value="example@example.com" /><br />
    设置文本框的大小和最大长度：<input class="form-control" id="password" maxlength="20" name="password" type="text" value="" /><br />
</div>
```

7.4.5　Password( ) 方法生成密码框

密码框是 Web 应用程序开发中常用的一种加密输入输出标签，通常在视图页面中使用。

在 ASP.NET Core MVC 中，可以使用 Password( ) 方法来生成密码框，并且可以通过指定不同的参数来实现不同的功能。常用的几种重载方法如下。

1. Password(string expression)

参数 expression 表示当前表单内能确定唯一密码框的 ID。通过该方法生成的密码框将不会显示用户所输入的具体内容，而是以星号或其他替代符号来显示。

2. Password(string expression, TModel value)

除了参数 expression 外，还可以通过参数 value 来指定密码框的默认值。通常情况下，可以将该参数设置为空，即表示初始状态下密码框内无任何值。

3. Password(string expression, TModel value, expression htmlAttributes)

除了参数 expression 和 value 外，还可以通过参数 htmlAttributes 来设置密码框的 HTML 属性。通过这个参数，可以对密码框进行定制，例如，设置密码框的尺寸、样式等。

需要注意的是，密码框的输入内容会被浏览器自动加密处理，确保用户输入的密码信息不可见。在实际应用中，为了安全起见，通常还会配合后端服务器进行加密处理，以保护用户的密码信息。

【例 7-16】新建 ASP.NET Core MVC 项目，使用 Password( ) 方法生成表单，测试 Password ( ) 方法。

具体实现步骤如下。

（1）新建 Index.cshtml 视图文件，编辑页面源代码如下。

```
<HTML>
<head>
    <meta name="viewport" content="width=device-width" />
    <title>Password测试</title>
</head>
<body>
    <div>
        普通密码框：@Html.Password("pwd1")<br />
        设置默认值的密码框：@Html.Password("pwd2", "密文显示")<br />
        设置HTML属性的密码框：@Html.Password("pwd3", "密文显示", new { style = "color:red;font-size:x-large;font-style:italic" })<br />
    </div>
</body>
</HTML>
```

（2）运行 Index.cshtml 页面，运行结果如图 7-18 所示。

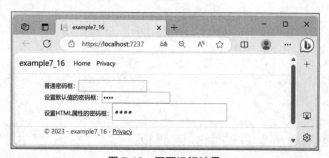

图 7-18　页面运行结果

（3）查看网页源文件，对应的核心 HTML 源文件如下。

```
<div>
        普通密码框:<input id="pwd1" name="pwd1" type="password" /><br />
        设置默认值的密码框:<input id="pwd2" name="pwd2" type="password" va
lue="&#x5BC6;&#x6587;&#x663E;&#x793A;" /><br />
        设置 HTML 属性的密码框:<input id="pwd3" name="pwd3" style="color:red;
font-size:x-large;font-style:italic" type="password" value="&#x5BC6;&#x6587
;&#x663E;&#x793A;" /><br />
</div>
```

7.4.6 TextArea( ) 方法生成多文本区域

多文本区域是一种常用的文本输入输出标签，可以在视图页面上使用。它通常用于用户输入大段文本或显示大量文本内容。通过使用 TextArea( ) 方法，可以生成多文本区域控件。常用的几种重载方法如下。

1. TextArea(string expression)

参数 expression 表示当前表单内能确定唯一多文本区域的 ID。

2. TextArea(string expression, string value)

参数 value 表示多文本区域的值，允许设置多文本区域的初始值。

3. TextArea(string expression,string value,TModel htmlAttributes)

参数 htmlAttributes 表示多文本区域的 HTML 属性，可以为多文本区域添加 HTML 属性。

4. TextArea(string expression,string value,int rows,int columns,TModel HTMLAttributes)

参数 rows 表示多文本区域的行数，参数 columns 表示多文本区域的列数。可以指定多文本区域的行数和列数。

【例 7-17】创建 ASP.NET Core MVC 项目，使用 TextArea( ) 方法生成多文本区域，测试 TextArea( ) 方法。

具体实现步骤如下。

（1）新建 Index.cshtml 视图文件，编辑页面源代码如下。

```
<HTML>
<head>
    <meta name="viewport" content="width=device-width" />
    <title>TextArea 测试 </title>
</head>
<body>
    <div>
        普通多文本区域:@Html.TextBox("txt1")<br />
        设置文本默认值多文本区域:@Html.TextArea("txt2", " 预设文本值 ")<br />
        设置 HTML 属性的多文本区域:@Html.TextArea("txt3", " 设置了 HTML 属性 ",
new { style = "color:red;font-size:x-large;font-style:italic" })<br />
        设置行列属性的多文本区域:@Html.TextArea("txt4", " 设置了行数和列数和 HTML
属性 ",5, 4, new { style = "color:red;font-size:x-large;font-style:
italic" })<br />
    </div>
```

```
        </body>
</HTML>
```

（2）运行 Index.cshtml 页面，运行结果如图 7-19 所示。

图 7-19　页面运行结果

（3）查看网页源文件，对应的核心 HTML 源代码如下。

```
<div>
        普通多文本区域:<input id="txt1" name="txt1" type="text" value="" /><br />
        设置文本默认值多文本区域:<textarea id="txt2" name="txt2">&#x9884;&#x8BBE;&#x6587;&#x672C;&#x503C;</textarea><br />
        设置 HTML 属性的多文本区域:<textarea id="txt3" name="txt3" style= "color:red;font-size:x-large;font-style:italic">&#x8BBE;&#x7F6E;&#x4E86;HTML&#x5C5E;&#x6027;</textarea><br />
        设置行列属性的多文本区域:<textarea cols="4" id="txt4" name="txt4" rows="5" style="color:red;font-size:x-large;font-style:italic">&#x8BBE;&#x7F6E;&#x4E86;&#x884C;&#x6570;&#x548C;&#x5217;&#x6570;&#x548C;HTML&#x5C5E;&#x6027;</textarea><br />
</div>
```

7.4.7　RadioButton( )方法生成单选按钮

单选按钮是一种以文字形式呈现的选项，它允许从多个选项中选择一项，并且互斥地只能选择一项。在实现单选功能时，最常用的方式之一就是使用单选按钮。通过使用 RadioButton( )方法来生成单选按钮，常用的几种重载方法如下。

视频讲解

1. RadioButton(string expression, TModel value)

参数 expression 表示单选按钮所属组的 ID，同一组中的单选按钮应该设定相同的 expression，这样它们就会被视为一组，并且组内最多只能有一项被选中。参数 value 表示单选按钮的值。

2. RadioButton(string expression, TModel value, bool isChecked)

参数 isChecked 用于指定单选按钮的选中状态。true 表示选中，false 表示未选中。默认情况下，单选按钮是未选中的。

3. RadioButton(string expression, TModel value, bool isChecked, TModel htmlAttributes)

参数 htmlAttributes 可以用来指定单选按钮的 HTML 属性，可以设置如 class、style 等其他的属性。

【例 7-18】新建 ASP.NET Core MVC 项目，使用 RadioButton( ) 方法生成单选按钮，测试 RadioButton( ) 方法。

具体实现步骤如下。

（1）新建 Index.cshtml 视图文件，编辑页面源代码如下。

```
<HTML>
<head>
    <meta name="viewport" content="width=device-width" />
    <title>RadioButton测试</title>
</head>
<body>
    <div>
        选择正确答案：
        @Html.RadioButton("answer1", "A") A.地球是圆的
        @Html.RadioButton("answer1", "B") B.地球是方的
        @Html.RadioButton("answer1", "C") C.地球是扁的
        @Html.RadioButton("answer1", "D") D.地球是椭圆的
        <br/>
        性别：@Html.RadioButton("sex1", "M", true)男 @Html.RadioButton("sex1", "F") 女
        <br/>
        理解该用法：
        @Html.RadioButton("like1", "Y", true, new { id = "like_Y" })是
        @Html.RadioButton("like1", "N", new { id = "like_N" })否 <br />
        <br/>
    </div>
</body>
</HTML>
```

（2）运行 Index.cshtml 页面，运行结果如图 7-20 所示。

图 7-20　页面运行结果

（3）查看网页源文件，对应的核心 HTML 源代码如下。

```
<div>
        选择正确答案：
        <input id="answer1" name="answer1" type="radio" value="A" /> A.地球是圆的
```

```
                <input id="answer1" name="answer1" type="radio" value="B" /> B. 地
球是方的
                <input id="answer1" name="answer1" type="radio" value="C" /> C. 地
球是扁的
                <input id="answer1" name="answer1" type="radio" value="D" /> D. 地
球是椭圆的
            <br/>
            性别:<input checked="checked" id="sex1" name="sex1" type="radio"
value="M" />男 <input id="sex1" name="sex1" type="radio" value="F" />女
            <br/>
            理解该用法:
            <input checked="checked" id="like_Y" name="like1" type="radio"
value="Y" />是
            <input id="like_N" name="like1" type="radio" value="N" />否 <br />
            <br/>
</div>
```

7.4.8　CheckBox( ) 方法生成复选框

复选框是一种常用于实现多选功能的方式,可以从一组选项中选择多个选项。通过使用 CheckBox( ) 方法来生成复选框。常用的几种重载方法如下。

1. CheckBox(string expression)

参数 expression 表示复选框的名称或 ID。

2. CheckBox(string expression, bool isChecked)

参数 isChecked 表示是否选中。当 isChecked 为 true 时,复选框将默认为选中状态;当 isChecked 为 false 时,复选框将默认为未选中状态。默认值为 false。

3. CheckBox(string name, bool isChecked, TMoedl htmlAttributes)

参数 htmlAttributes 用于设置复选框的 HTML 属性。

【例 7-19】新建 ASP.NET Core MVC 项目,使用 CheckBox( ) 方法生成复选框,测试 CheckBox( ) 方法。

具体实现步骤如下。

(1) 新建 Index.cshtml 视图文件,编辑页面源代码如下。

```
<HTML>
<head>
    <meta name="viewport" content="width=device-width" />
    <title>CheckBox 测试 </title>
</head>
<body>
    <div>
        选择正确答案:
        @Html.CheckBox("answer_A") A. 三角形三个角
        @Html.CheckBox("answer_B") B. 三角形三条边
        @Html.CheckBox("answer_C") C. 三角形三个顶点
        @Html.CheckBox("answer_D") D. 三角形三个锐角
```

```
            <br/>
        确认：
        @Html.CheckBox("agree1", true, new { id = "like_Y" })是
        <br/>
    </div>
</body>
</HTML>
```

（2）运行 Index.cshtml 页面，运行结果如图 7-21 所示。

图 7-21　页面运行结果

（3）查看网页源文件，对应的 HTML 代码如下。

```
<div>
        选择正确答案：
        <input id="answer_A" name="answer_A" type="checkbox" value="true"
/><input name="answer_A" type="hidden" value="false" /> A. 三角形三个角
        <input id="answer_B" name="answer_B" type="checkbox" value="true"
/><input name="answer_B" type="hidden" value="false" /> B. 三角形三条边
        <input id="answer_C" name="answer_C" type="checkbox" value="true"
/><input name="answer_C" type="hidden" value="false" /> C. 三角形三个顶点
        <input id="answer_D" name="answer_D" type="checkbox" value="true"
/><input name="answer_D" type="hidden" value="false" /> D. 三角形三个锐角
        <br/>
        确认：
        <input checked="checked" id="like_Y" name="agree1" type="checkbox"
value="true" /><input name="agree1" type="hidden" value="false" />是
    </div>
```

7.4.9　DropDownList( ) 方法生成下拉列表

下拉列表是一种常用的用户界面元素，可以将多个选择项放在一个下拉式菜单中，通过下拉的形式进行选择。下拉列表内的选项只能实现单选，可以用来替代一组单选按钮，并且相比单选按钮列表，下拉列表的占用位置更小。

在 ASP.NET Core MVC 中，可以使用 DropDownList( ) 方法来生成下拉列表。常用的几种重载方法如下。

1. DropDownList(string expression, IEnumerable<SelectListItem> selectList)

参数 expression 表示下拉列表的名称或 ID，参数 selectList 表示下拉列表的选项内容，通常是在控制器中构建的集合。通过这种方式生成的下拉列表会自动与模型绑定，方便数据的处理。

2. DropDownList(string name, IEnumerable<SelectListItem> selectList, TModel htmlAttributes)

参数 htmlAttributes 指定下拉列表的 HTML 属性。可以使用这个参数来设置样式、添加自定义的属性等。

3. DropDownList(string name, IEnumerable<SelectListItem> selectList, string optionLabel)

参数 optionLabel 指定初始时下拉列表显示的内容。如果这个内容不在选项中,系统会将其作为一个额外的选项添加到选项中,供用户选择。

【例 7-20】创建 ASP.NET Core MVC 项目,使用 DropDownList( ) 方法生成下拉列表,测试 DropDownList( ) 方法。

具体实现步骤如下。

(1) 在控制器中构建 IEnumerable<SelectListItem> 类型的集合 list,包含一周 7 天。

```
public IActionResult Index()
{
    List<SelectListItem> list = new List<SelectListItem>();
    for (int i = 0; i < 7; i++)
    {
        list.Add(new SelectListItem { Text = ((DayOfWeek)i).ToString(), Value = i.ToString() });
    }
    ViewBag.List = list;
    return View();
}
```

(2) 新建 Index.cshtml 视图文件,编辑页面源代码如下。

```
<HTML>
<head>
    <meta name="viewport" content="width=device-width" />
    <title>DropDownList 测试</title>
</head>
<body>
    <div>
        请选择幸运日:
        @Html.DropDownList("weekDay", ViewBag.List as IEnumerable<SelectListItem>)
        <br />
        请选择开始时间(默认为当日):
        @Html.DropDownList("weekToday", ViewBag.List as IEnumerable<SelectListItem>, DateTime.Now.DayOfWeek.ToString())
    </div>
</body>
</HTML>
```

(3) 运行 Index.cshtml 页面,运行结果如图 7-22 所示。

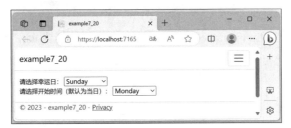

图 7-22　页面运行结果

（4）查看网页源文件，对应的 HTML 代码如下。

```
<div>
        请选择幸运日：
        <select id="weekDay" name="weekDay"><option value="0">Sunday</option>
<option value="1">Monday</option>
<option value="2">Tuesday</option>
<option value="3">Wednesday</option>
<option value="4">Thursday</option>
<option value="5">Friday</option>
<option value="6">Saturday</option>
</select>
        <br />
        请选择开始时间（默认为当日）：
        <select id="weekToday" name="weekToday"><option value="">Tuesday</option>
<option value="0">Sunday</option>
<option value="1">Monday</option>
<option value="2">Tuesday</option>
<option value="3">Wednesday</option>
<option value="4">Thursday</option>
<option value="5">Friday</option>
<option value="6">Saturday</option>
</select>
</div>
```

7.4.10　ListBox( ) 方法生成列表框

列表框是一种扩展的下拉列表，可用于显示全部或部分选择项。可以使用 ListBox( ) 方法来生成列表框，常用的几种重载方法如下。

1. @Html.ListBox(string expression)

参数 expression 表示列表框的 ID。

2. @Html.ListBox(string expression, IEnumerable<SelectListItem> selectList)

参数 selectList 表示列表框的选项内容，通常在控制器中构建。

3. @Html.ListBox(string expression, IEnumerable<SelectListItem> selectList, TModel htmlAttributes)

参数 htmlAttributes 表示列表框的 HTML 属性。

【例 7-21】新建 ASP.NET Core MVC 项目，使用 ListBox( ) 方法生成列表框，测试 ListBox( ) 方法。

具体实现步骤如下。

（1）在控制器中构建 IEnumerable<SelectListItem> 类型的集合 list，包含一周七天。

```
public ActionResult Index()
{
    List<SelectListItem> list = new List<SelectListItem>();
    for (char ch = 'A'; ch <= 'G'; ch++)
    {
        list.Add(new SelectListItem { Text = "Sunday", Value = "0"});
        list.Add(new SelectListItem { Text = "Monday", Value = "1" });
        list.Add(new SelectListItem { Text = "Tuesday", Value = "2" });
        list.Add(new SelectListItem { Text = "Wednesday", Value = "3" });
        list.Add(new SelectListItem { Text = "Thursday", Value = "4" });
        list.Add(new SelectListItem { Text = "Friday", Value = "5" });
        list.Add(new SelectListItem { Text = "Saturday", Value = "6" });
    }
    ViewBag.List = list;
    return View();
}
```

（2）新建 Index.cshtml 页面，编辑页面源代码如下。

```
<HTML>
<head>
    <meta name="viewport" content="width=device-width" />
    <title>ListBox 测试</title>
</head>
<body>
    <div>
        请选择日期：
        @Html.ListBox("Letters", ViewBag.List as IEnumerable<SelectListItem>)
        <br/>
        请选择对应的日期：
        @Html.ListBox("Letters2", ViewBag.List as IEnumerable<SelectListItem>,
new { style= "color:red;font-size:x-large;font-style:italic" })
    </div>
</body>
</HTML>
```

（3）运行 Index.cshtml 页面，运行结果如图 7-23 所示。

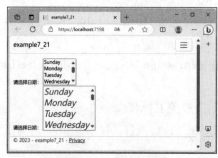

图 7-23　页面运行结果

（4）查看网页源文件，对应的核心 HTML 源代码如下。

```html
<div>
    请选择日期：
    <select id="Letters" multiple="multiple" name="Letters">
        <option value="0">Sunday</option>
        <option value="1">Monday</option>
        <option value="2">Tuesday</option>
        <option value="3">Wednesday</option>
        <option value="4">Thursday</option>
        <option value="5">Friday</option>
        <option value="6">Saturday</option>
    </select>
    <br/>
    请选择日期：
    <select id="Letters2" multiple="multiple" name="Letters2" style="color:red;font-size:x-large;font-style:italic">
        <option value="0">Sunday</option>
        <option value="1">Monday</option>
        <option value="2">Tuesday</option>
        <option value="3">Wednesday</option>
        <option value="4">Thursday</option>
        <option value="5">Friday</option>
        <option value="6">Saturday</option>
    </select>
</div>
```

7.4.11　辅助方法中多 HTML 属性值的使用

在视图页面中，通常会包含许多 HTML 标签。为了确保这些标签的样式和外观一致，可以使用一种辅助方法来传递多个 HTML 属性值。具体而言，可以创建一个 HTMLAttribute 集合，并在需要的多个标签上使用该集合来设置 HTML 属性。从而简化代码并提高可读性。

【例 7-22】新建 ASP.NET Core MVC 项目，在控制器中创建 HTMLAttribute 集合，在视图页面中为多个 HTML 辅助方法生成的控件进行属性设置，实现相同的主题和样式。

具体实现步骤如下。

（1）在控制器中构建 HTMLAttribute 集合，设置相关属性值。

```csharp
public IActionResult Index()
{
    IDictionary<string, object> attr = new Dictionary<string, object>()
    {
        { "size", "32" },
        { "style", "color:red;"}
    };
    ViewData["htmlAttributes"] = attr;
    return View();
}
```

（2）新建 Index.cshtml 视图文件，编辑页面源代码如下。

```
<h1>欢迎来到首页</h1>
@{
    var htmlAttributes = ViewData["htmlAttributes"] as IDictionary<string, object>;
}
@Html.Label("lblName", "姓名：", htmlAttributes)
@Html.TextBox("name", "", htmlAttributes)
<br/>
@Html.Label("lblPwd", "密码：", htmlAttributes)
@Html.Password("password", "", htmlAttributes)
<br/>
@Html.Label("lblTel", "电话：", htmlAttributes)
@Html.TextBox("tel", "", htmlAttributes)
<br/>
```

（3）运行 Index.cshtml 页面，运行结果如图 7-24 所示。

图 7-24　页面运行结果

（4）查看网页源文件，对应的 HTML 代码如下。

```
<label for="lblName" size="32" style="color:red;">&#x59D3;&#x540D;&#xFF1A;</label>
<input id="name" name="name" size="32" style="color:red;" type="text" value="" />
<br/>
<label for="lblPwd" size="32" style="color:red;">&#x5BC6;&#x7801;&#xFF1A;</label>
<input id="password" name="password" size="32" style="color:red;" type="password" value="" />
<br/>
<label for="lblTel" size="32" style="color:red;">&#x7535;&#x8BDD;&#xFF1A;</label>
<input id="tel" name="tel" size="32" style="color:red;" type="text" value="" />
```

7.5　分部视图

在 Razor 视图引擎中，可以使用 .cshtml 文件作为视图来呈现用户需要显示的内容。为了实现多个页面共用特定部分的功能，可以定义一个母版页，其他视图可以继承该母版页以共享相关的内容。分部视图（partial view）是一种独立的视图文件，可在多个视图中引用和重用。

通过使用分部视图，可以将公共部分单独提取出来，并在需要的地方进行引用，从而实现代码的复用并提高开发效率。

7.5.1 分部视图简介

视图和分部视图在定义上没有本质的不同，都是创建 .cshtml 文件作为视图使用。它们的区别在于渲染时如何使用。分部视图通常用于在其他视图中作为局部内容进行渲染或加载。分部视图文件通常以 '_' 符号开头，并放置在 /Views/Shared 文件夹中，如图 7-25 所示。例如，名为 _PartialViewTest 的分部视图，应该位于 /Views/Shared/_PartialViewTest.cshtml 路径下。另外，如果分部视图只在特定控制器返回的视图中引用，也可以将其创建在该控制器对应的视图目录中。对于 Home 控制器，如果有一

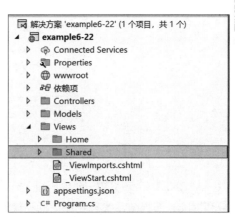

图 7-25　分部视图的文件夹

个名为 _PartialViewTest 的分部视图，它可以位于 /Views/Home/_PartialViewTest.cshtml 路径下。这样可以更好地组织和管理分部视图文件。

7.5.2 创建分部视图

建立分部视图与建立视图的步骤一样，右击项目下的 /Views/Shared 文件夹，在弹出的快捷菜单中选择"添加"→"视图"选项。在"添加已搭建基架的新项"对话框中，如图 7-26 所示，选择"Razor 视图"选项，单击"添加"按钮，在弹出的"添加 Razor 视图"对话框中，选中"创建为分部视图"复选框，如图 7-27 所示。

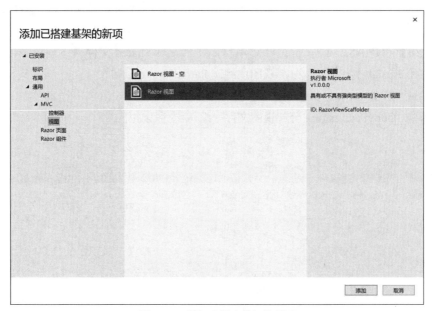

图 7-26　添加已搭建基架的新项

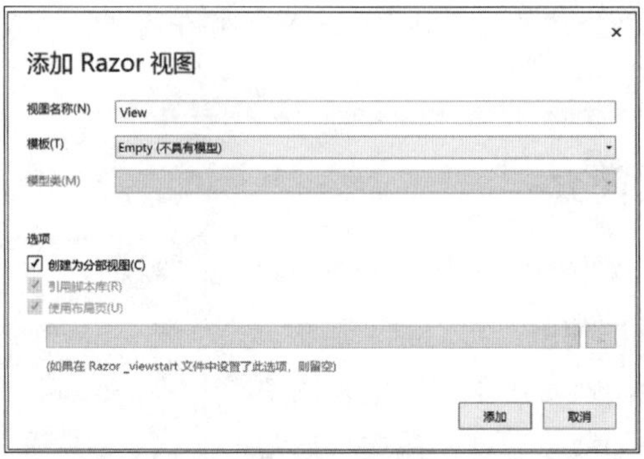

图 7-27 "添加 Razor 视图"对话框

7.5.3　使用 Partial( )方法加载分部视图

ASP.NET Core MVC 的 Partial( )方法是用于加载分部视图的方法。可以方便地在视图中加载和渲染分部视图，实现更加灵活和模块化的视图展示。常用的几种重载方法如下。

1. Partial(string partialViewName)

参数 partialViewName 表示需要加载的分部视图名称。例如，@Html.Partial("_test") 表示加载当前视图所在文件夹下的名为 _test 的分部视图。如果在当前文件夹下找不到该视图，则会在 Shared 文件夹下进行搜索。

2. Partial(string partialViewName, TModel model)

参数 model 表示用于分部视图的模型。例如，@Html.Partial("_ajaxPage", Model) 表示使用当前视图的 Model 来加载名为 _ajaxPage 的分部视图。

3. Partial(string partialViewName, ViewDataDictionary viewDate)

参数 viewData 表示用于分部视图的视图数据字典。例如，@Html.Partial("_ajaxPage", ViewData["Model"]) 表示使用 ViewData 字典中名为 Model 的数据来加载名为 _ajaxPage 的分部视图。

【例 7-23】新建 ASP.NET Core MVC 项目，在 /Views/Shared 文件夹下创建分部视图，视图页面中使用 Partial( ) 方法加载分部视图，测试 Partial( ) 方法。

具体实现步骤如下。

（1）新建 _CopyPage.cshtml 分部视图文件，编辑源代码如下。

```
<HTML>
<head>
    <meta http-equiv="Content-Type" content="text/HTML; charset=utf-8" />
    <meta name="viewport" content="width=device-width" />
    <title>CopyPage</title>
</head>
<body>
    <div>
        <p> 版权所有 &copy; XXXXXX 辽 ICP 备 XXXXXX 号 </p>
        <p> 地址: XXXXXXXXXXXX</p>
        <p> 邮编: XXXXXX</p>
        <p> 电话: XXXX-XXXXXXXX</p>
```

```
        </div>
    </body>
</HTML>
```

（2）在 /Views 文件夹下添加 Index.cshtml 视图文件，编辑源代码如下。

```
@{
    ViewData["Title"] = "Home Page";
}
<div class="text-center">
    <h1 class="display-4">Welcome</h1>
    @Html.Partial("_CopyPage")
</div>
```

（3）运行 Index.cshtml 页面，运行结果如图 7-28 所示。

在上文中，介绍了如何通过分部视图实现数据的传递和共享。分部视图可以在一个页面中被多次载入，并且可以访问原页面的 ViewData、TempData 和 Model 等数据。此外，可以使用 Partial( ) 方法在分部视图中传入不同的模型数据，从而实现分部视图内部与加载该分部视图的页面使用不同的模型数据。同时，也可以将视图页面的一部分数据作为分部视图页面的数据来使用。

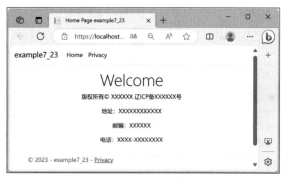

图 7-28　页面运行结果

7.5.4　使用 Action( ) 方法加载分部视图

分部视图除了直接从视图页面加载外，也可以在控制器中通过方法调用，例如，Index( ) 这个方法也可以在控制器中直接返回分部视图 _CopyPage。

```
public ActionResult Index()
{
    return PartialView();
}
```

在视图页面使用 Action( ) 方法可以加载 Index( ) 方法的执行结果。

```
@Html.Action("_CopyPage")
```

分部视图是 ASP.NET Core MVC 中用于重复使用的可视化组件。在控制器中可以通过方法调用来返回和加载分部视图。在视图页面中，可以使用 Action( ) 方法和 Partial( ) 方法来加载分部视图，但它们的加载过程有所区别。使用 Partial( ) 方法加载分部视图是通过 HTML Helper 类直接读取分部视图文件执行显示结果，使用 Action( ) 方法则是通过 HTML Helper 类再一次对 IIS 进行请求，需要重新执行一遍控制器的生命周期。

7.6 综合实验七：视图分页显示

1. 主要任务

在综合实验五中，已为 Student 实体实现了一组网页用于执行基本的 CRUD 操作。在本实验中，将向学生索引页添加分页功能。

2. 实验步骤

（1）打开综合实验五的解决方案，要向学生索引页添加分页功能。创建一个使用 Skip( ) 方法和 Take( ) 方法的 PaginatedList 类来筛选服务器上的数据。

（2）在项目文件夹中，创建 PaginatedList.cs 文件，编辑代码如下。

```
using Microsoft.EntityFrameworkCore;

namespace CourseSelection
{
    public class PaginatedList<T> : List<T>
    {
        public int PageIndex { get; private set; }
        public int TotalPages { get; private set; }

        public PaginatedList(List<T> items, int count, int pageIndex, int pageSize)
        {
            PageIndex = pageIndex;
            TotalPages = (int)Math.Ceiling(count / (double)pageSize);

            this.AddRange(items);
        }

        public bool HasPreviousPage => PageIndex > 1;

        public bool HasNextPage => PageIndex < TotalPages;

        public static async Task<PaginatedList<T>> CreateAsync (IQueryable<T> source, int pageIndex, int pageSize)
        {
            var count = await source.CountAsync();
            var items = await source.Skip((pageIndex - 1) * pageSize).Take(pageSize).ToListAsync();
            return new PaginatedList<T>(items, count, pageIndex, pageSize);
        }
    }
}
```

代码中的 CreateAsync( ) 方法将提取页面大小和页码，并将相应的 Skip( ) 方法和 Take( ) 方法应用于 IQueryable 对象。当在 IQueryable 对象上调用 ToListAsync( ) 方法时，它将返回仅包含请求页的列表。属性 HasPreviousPage 和 HasNextPage 可用于启用或禁用"上一页"和"下一页"按钮。

（3）向 Index( ) 方法中添加分页导航，在 StudentsController.cs 文件中，编辑代码如下。

```
public async Task<IActionResult> Index( string sortOrder, string
currentFilter, string searchString,int? pageNumber)
{
    ViewData["CurrentSort"] = sortOrder;
    ViewData["NameSortParm"] = String.IsNullOrEmpty(sortOrder) ? "name_desc" : "";
    ViewData["DateSortParm"] = sortOrder == "Date" ? "date_desc" : "Date";

    if (searchString != null)
    {
        pageNumber = 1;
    }
    else
    {
        searchString = currentFilter;
    }

    ViewData["CurrentFilter"] = searchString;
    var students = from s in _context.Students
                   select s;
    if (!String.IsNullOrEmpty(searchString))
    {
        students = students.Where(s => s.LastName.Contains(searchString)
                            || s.FirstMidName.Contains(searchString));
    }
    switch (sortOrder)
    {
        case "name_desc":
            students = students.OrderByDescending(s => s.LastName);
            break;
        case "Date":
            students = students.OrderBy(s => s.EnrollmentDate);
            break;
        case "date_desc":
            students = students.OrderByDescending(s => s.EnrollmentDate);
            break;
        default:
            students = students.OrderBy(s => s.LastName);
            break;
    }
    int pageSize = 3;
    return View(await PaginatedList<Student>.CreateAsync(students.AsNoTracking(), pageNumber ?? 1, pageSize));
}
```

（4）添加分页链接，在 Views/Students/Index.cshtml 视图文件中，将现有代码替换为如下代码。

```
@model PaginatedList<CourseSelection.Models.Student>
@{
    ViewData["Title"] = "Index";
```

```html
            }
<h2>Index</h2>
<p>
    <a asp-action="Create">Create New</a>
</p>

<form asp-action="Index" method="get">
    <div class="form-actions no-color">
        <p>
            Find by name: <input type="text" name="SearchString" value="@ViewData["CurrentFilter"]" />
            <input type="submit" value="Search" class="btn btn-default" /> |
            <a asp-action="Index">Back to Full List</a>
        </p>
    </div>
</form>

<table class="table">
    <thead>
        <tr>
            <th>
                <a asp-action="Index" asp-route-sortOrder="@ViewData["NameSortParm"]" asp-route-currentFilter="@ViewData ["CurrentFilter"]">Last Name</a>
            </th>
            <th>
                First Name
            </th>
            <th>
                <a asp-action="Index" asp-route-sortOrder="@ViewData["DateSortParm"]" asp-route-currentFilter="@ViewData["CurrentFilter"]">Enrollment Date</a>
            </th>
            <th></th>
        </tr>
    </thead>
    <tbody>
        @foreach (var item in Model)
        {
            <tr>
                <td>
                    @Html.DisplayFor(modelItem => item.LastName)
                </td>
                <td>
                    @Html.DisplayFor(modelItem => item.FirstMidName)
                </td>
                <td>
                    @Html.DisplayFor(modelItem => item.EnrollmentDate)
                </td>
                <td>
```

```
                    <a asp-action="Edit" asp-route-id="@item.ID">Edit</a> |
                    <a asp-action="Details" asp-route-id="@item.ID">Details</a> |
                    <a asp-action="Delete" asp-route-id="@item.ID">Delete</a>
                </td>
            </tr>
        }
    </tbody>
</table>

@{
    var prevDisabled = !Model.HasPreviousPage ? "disabled" : "";
    var nextDisabled = !Model.HasNextPage ? "disabled" : "";
}

<a asp-action="Index"
   asp-route-sortOrder="@ViewData["CurrentSort"]"
   asp-route-pageNumber="@(Model.PageIndex - 1)"
   asp-route-currentFilter="@ViewData["CurrentFilter"]"
   class="btn btn-default @prevDisabled">
    Previous
</a>
<a asp-action="Index"
   asp-route-sortOrder="@ViewData["CurrentSort"]"
   asp-route-pageNumber="@(Model.PageIndex + 1)"
   asp-route-currentFilter="@ViewData["CurrentFilter"]"
   class="btn btn-default @nextDisabled">
    Next
</a>
```

(5)运行网站并转到"学生"页。单击不同排序顺序的分页链接，分页功能可以正常工作，页面运行结果如图 7-29 所示。

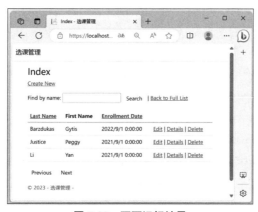

图 7-29　页面运行结果

7.7　本章小结

本章对视图的基本特征和使用进行了详细介绍。首先，对于弱类型传值和强类型传值进行了深入的探讨，解释了它们之间的区别和使用场景。其次，通过与 C# 语言进行对比应用，对 Razor 视图中的各种输出和流程结构进行了详细说明。再次，重点介绍了 HTML Helper 类中的常用辅助方法，帮助开发人员更便捷地生成 HTML 标签。最后，对分部视图的两种加载方法进行了详细讲解，使读者能够灵活地应用于实际项目中。通过本章的学习，将能够全面了解视图的特性和运用，并在实践中做到熟练掌握。

7.8 习题

一、选择题

1. 在 Razor 视图中，（ ）方法可以输出变量的值。
   A. @myVariable
   B. @(3 + 5)
   C. @DateTime.Now.ToString("yyyy-MM-dd")
   D. None of the above

2. 在 Razor 视图中，（ ）方法可以调用函数并输出结果。
   A. @myVariable
   B. @(3 + 5)
   C. @DateTime.Now.ToString("yyyy-MM-dd")
   D. None of the above

3. 为了输出不经过 HTML 编码的 HTML 标记，应该使用（ ）方法。
   A. HTML.Encode( )　　　　　　　　　B. HTML.Escape( )
   C. HTML.Sanitize( )　　　　　　　　D. HTML.Raw( )

4. 要在 Razor 视图中输出 @ 字符本身，应该使用（ ）转义字符。
   A. @@　　　　　B. @　　　　　C. %%　　　　　D. //

5. 下面的代码片段输出的结果是（ ）。
   <p>@@ABC</p>
   <p>&#**;ABC</p>
   A. <p>@ABC</p> <p>&#**;ABC</p>
   B. <p>@@ABC</p> <p>&#**;ABC</p>
   C. <p>@ABC</p> <p>&amp#**;ABC</p>
   D. <p>@@ABC</p> <p>&amp;#**;ABC</p>

6. 在 Razor 语法中，（ ）语句可以正常使用。
   A. if 循环　　　　B. switch 循环　　　　C. for 循环　　　　D. try 循环

7. ActionLink(string linkText, string actionName) 方法的作用是（ ）。
   A. 生成超链接并进行 HTML 编码
   B. 跳转到目标操作
   C. 显示超链接的文字部分
   D. 表示当前视图所在的控制器路径和名称

8. ActionLink(string linkText, string actionName, string controllerName) 方法的作用是（　　）。

　　A. 跳转到除当前视图所在控制器之外的其他控制器

　　B. 跳转到目标操作

　　C. 生成超链接并进行 HTML 编码

　　D. 设置超链接的 CSS 样式表中使用的 class 属性

9. 使用 RadioButton( ) 方法生成单选按钮时，参数 expression 用于表示（　　）。

　　A. 单选按钮的值

　　B. 单选按钮所属组的 ID

　　C. 单选按钮的选中状态

　　D. 单选按钮的 HTML 属性

10. 列表框是一种扩展的下拉列表，（　　）方法可以生成列表框。

　　A. TextBox( )　　　　B. DropDownList( )　　　C. ListBox( )　　　　D. RadioButton( )

11. 在使用 Html.ListBox() 辅助方法时，该参数应该传入（　　）参数进行设置。

　　A. expression　　　　B. selectList　　　　C. TModel　　　　D. htmlAttributes

二、填空题

1. Razor 视图中，使用 @ 符号作为前缀封装的输出表达式可以包含_____、_____、运算符和其他 C# 代码，用于生成和处理视图中的动态内容。

2. 在 Razor 语法中，可以使用_____语句和_____语句来实现分支结构。

3. Password(string expression, TModel value) 方法用于生成密码框，参数 expression 表示当前表单内能确定唯一密码框的_____，参数 value 表示密码框的_____。

4. 为了确保在视图页面中的 HTML 标签的样式和外观一致，可以创建一个_____集合，并在需要的多个标签上使用该集合来设置属性。

三、简答题

1. 简述在 ASP.NET Core MVC 视图中可以用于传递数据的对象。

2. 根据传递对象的类型不同，数据传递可以分为哪两大类？

3. 在 C# 语言中，foreach 迭代循环常用于对什么数据进行迭代访问？

4. 简述 foreach 迭代循环的语法结构。

第8章

路由

CHAPTER 8

在 ASP.NET Core MVC 中,路由是一项核心功能,它负责将接收的 HTTP 请求映射到相应的控制器和动作方法上。常规路由是约定将 URL 模式映射到控制器和操作方法,特性路由则是使用属性路由定义路由模板。通过这两种方式,开发人员可以定义并管理应用程序中的 URL 路由。

8.1 路由的基础

在传统的 ASP.NET Core Web 应用程序中，访问的每个 URL 都与磁盘上的一个文件对应。而在 ASP.NET Core MVC 的 Web 应用程序中，URL 不再对应于服务器上的文件，而是被映射成对控制器中操作方法的调用。实现这种对应关系的系统被称为网址路由（URL routing），简称路由。每个 ASP.NET Core MVC 的 Web 应用程序都至少需要一个路由来说明 URL 和控制器中操作方法的映射关系。

8.1.1 路由的作用

视频讲解

路由负责匹配传入的 HTTP 请求，然后将这些请求发送到应用程序的可执行终结点。终结点是应用程序的可执行请求处理代码单元。终结点在应用程序中进行定义，并在应用程序启动时进行配置。在终结点匹配过程中可以从请求的 URL 中提取值，并为请求处理提供这些值。通过使用应用程序中的终结点信息，路由还能生成映射到终结点的 URL。

从路由作用的角度可以将 ASP.NET Core MVC 执行的生命周期分为中间件管道执行、控制器初始化、操作执行、结果执行四个阶段。

1. 中间件管道执行阶段

请求首先经过一系列中间件组成的管道。每个中间件在请求处理前后可以执行特定的操作，如记录日志、认证、异常处理等。中间件按照在管道中注册的顺序运行。每个中间件都可以选择终止请求传递给下一个中间件或者在自己内部生成响应并结束请求。

2. 控制器初始化阶段

当请求通过中间件管道后，路由会根据请求的 URL 路径确定要调用的控制器和操作方法。控制器被创建并初始化，包括注入依赖项和一些其他初始化工作。

3. 操作执行阶段

一旦控制器实例化完成，路由确定要调用的操作方法，并使用控制器上的 ActionInvoker 来调用该方法。ActionInvoker 负责参数绑定，并调用操作方法执行特定的业务逻辑。

4. 结果执行阶段

操作方法执行后，将生成一个结果对象。结果对象可以是视图、重定向、JSON 数据等。框架根据结果对象的类型来决定如何处理它。例如，结果是视图，框架将渲染相应的视图并生成最终的响应。

组件在各阶段的主要调用关系如图 8-1 所示。

ASP.NET Core MVC 的路由提供了强大的功能和灵活性，开发人员能够构建高效、可扩展和易于维护的 Web 应用程序，具体的优点如下。

（1）灵活且可扩展：路由提供了灵活的配置选项，可以根据 Web 应用程序的需求进行自定义。可以定义自己的路由规则、参数约束等，以满足不同的路由需求。

（2）友好的 URL 结构：良好的 URL 结构对于搜索引擎优化（SEO）和用户体验非常重要。通过使用路由，可以创建易读和意义明确的 URL，使得用户更容易理解和记住。良好的 URL 结构也有助于搜索引擎对网站内容的理解和索引。

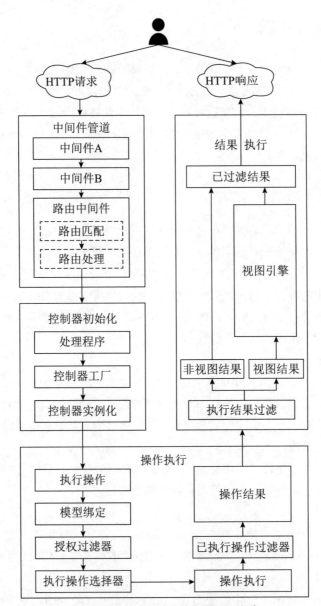

图 8-1 组件在各阶段的主要调用关系

（3）基于约定的路由：ASP.NET Core MVC 支持基于约定的路由，在大多数情况下，不需要显式地在代码中指定路由规则。框架根据默认约定自动从控制器和操作方法的名称生成路由规则。从而简化了开发过程，并提高了代码的可读性和可维护性。

（4）更好的可测试性：路由使得在进行单元测试和集成测试时更容易模拟特定的 URL 路径和参数。可以直接使用 URL 调用控制器的操作方法，而不必模拟整个 HTTP 请求。

8.1.2 ASP.NET Core MVC 路由的分类

ASP.NET Core MVC 提供了两种主要的路由技术：常规路由和特性路由。常规路由基于约定，是 ASP.NET Core MVC 中的默认路由机制。它通常在项目的启动代码中（如 Startup.cs 或

Program.cs 文件）进行配置，允许开发人员按照特定的模式将 URL 映射到控制器和动作方法。特性路由则允许将路由信息直接附加到控制器类或动作方法上，使用特性（Attribute）注解的方式定义。这种方式更加灵活，允许开发人员将路由逻辑与代码逻辑紧密结合。特性路由提供了更多的控制权，允许开发人员以更细粒度的方式定义路由规则。可以根据具体需求和项目结构选择适合的路由方式，或者在同一项目中结合使用两种路由技术，以实现更加灵活和高效的路由管理。

8.2 常规路由

常规路由是一种用于处理 HTTP 请求的路由系统。在 ASP.NET Core MVC 中，路由负责将传入的 HTTP 请求映射到相应的操作方法，以便执行所需的操作。常规路由通过一个名为 Route 的中间件来实现。通过该中间件可以在 Web 应用程序启动时配置路由规则，并将每个请求与适当的操作方法进行匹配。

8.2.1 路由基础知识

视频讲解

路由是一个由 UseRouting 中间件和 UseEndpoints 中间件注册的组合，在 Web 应用程序中用于添加路由配置。UseRouting 中间件负责查看 Web 应用程序中定义的终结点集合，并根据请求选择最佳匹配的路由配置。UseEndpoints 中间件负责添加终结点执行，并执行相应的委托。这个委托可以是一个控制器的操作方法，也可以是自定义的处理逻辑。终结点执行阶段涉及执行已选择的终结点处理逻辑，并返回相应的结果。

```
app.UseRouting();
 //...
app.UseEndpoints(endpoints =>
    {
        endpoints.MapGet("/", async context =>
        {
            await context.Response.WriteAsync("Hello World!");
        });
    });
```

MapGet( ) 方法用于定义终结点，终结点会根据 URL 和 HTTP 方法进行匹配，以选择执行相应的委托来处理请求。在上述代码中，当 MapGet( ) 方法接收到 GET 请求，并且请求的 URL 为根目录时，将执行相应的委托。如果不符合 GET 或根 URL 请求的条件，则会返回 404 错误。

除了 MapGet( ) 方法之外，还有一些类似的方法可以用于定义委托处理请求的方式，如 Map( )、MapDelete( )、MapPut( )、MapPost( )、MapHealthChecks( ) 等方法。这些方法可以根据具体的需求来选择适合的方式来处理请求。

具体而言，MapRazorPages( ) 方法适用于针对 Razor 页面的请求处理，MapController( ) 方法适用于针对控制器的请求处理，MapHub<THub>( ) 方法适用于针对 SignalR 的请求处理，而 MapGrpcService<TService>( ) 方法适用于针对 gRpc 服务的请求处理。通过使用这些方法，可以根据请求的类型和 URL 来定义相应的终结点,并选择合适的委托来执行请求处理逻辑,从而实现灵活可配置的路由功能。

8.2.2 创建自定义路由

在 ASP.NET Core 6.0 之前,进行路由映射只能在 Startup.cs 文件的 UseEndpoints( ) 方法中完成。然而,随着 ASP.NET Core 6.0 和新的 Minimal API 方法的引入,可以在 Program.cs 文件中完成路由映射。使用 lambda 表达式可以轻松地定义简单接口。在 Program.cs 文件中编辑的示例代码如下。

```
using Microsoft.AspNetCore.Builder;
using Microsoft.AspNetCore.Http;
using Microsoft.AspNetCore.Routing;
using Microsoft.Extensions.Hosting;
var builder = WebApplication.CreateBuilder(args);
var app = builder.Build();
app.MapGet("/", async context => {
    await context.Response.WriteAsync("Hello World!");
});
app.Run();
```

通过以上示例,可以在 Program.cs 文件中使用 lambda 表达式来创建一个简单的接口。该接口会在根路径("/")收到 GET 请求时返回 Hello World!。如果请求类型不是 GET 类型或 URL 不是根路径,则会返回 404 错误,表示无路由匹配。

要将特定的 HTTP 方法(如 GET、POST、PUT 和 DELETE)映射到终结点,可以在代码中添加 Microsoft.AspNetCore.Http 命名空间,编辑相关代码如下。

```
using Microsoft.AspNetCore.Builder;
using Microsoft.AspNetCore.Hosting;
using Microsoft.Extensions.DependencyInjection;
using Microsoft.Extensions.Hosting;
using Microsoft.AspNetCore.Http;
var builder = WebApplication.CreateBuilder(args);
var app = builder.Build();
app.MapGet("/mapget", async context => {
    await context.Response.WriteAsync("Map GET");
});
app.MapPost("/mappost", async context => {
        await context.Response.WriteAsync("Map POST");
});
app.Run();
```

假设某几个 HTTP 方法需要具有相同的响应,可以使用 MapMethods( ) 方法将它们映射到一个终结点上,提高代码的可读性和维护性。

```
app.MapMethods("/mapmethods", new[] { "DELETE", "PUT" }, async context =>
{
    await context.Response.WriteAsync("Map Methods");
});
```

在以上示例中，通过调用 MapMethods( ) 方法，将 DELETE 请求和 PUT 请求映射到路径 /mapmethods 上，并指定了处理函数，该函数在收到符合条件的请求时，会返回 Map Methods。其中，第一个参数 /mapmethods 表示要映射的路径。第二个参数 new[] { "DELETE"，"PUT" } 是一个字符串数组，包含了要映射的 HTTP 方法。最后一个参数是一个异步处理函数，被调用时会执行具体的操作并返回响应。

【例 8-1】在 "D:\ASP.NET Core 项目" 目录中创建 chapter8 文件夹，将其作为网站根目录，创建名为 example8-1 的 ASP.NET Core MVC 项目，创建自定义路由，实现在某日志网站中按日期对内容进行访问的功能。

具体实现步骤如下。

（1）在 Program.cs 文件中修改默认路由，将自定义路由添加到默认路由之前。该自定义路由的名称为 Archive，它将处理按日期访问日志的请求。编写代码如下。

```
public class Program
{
    public static void Main(string[] args)
    {
        var builder = WebApplication.CreateBuilder(args);
        builder.Services.AddControllersWithViews();
        var app = builder.Build();
        if (!app.Environment.IsDevelopment())
        {
            app.UseExceptionHandler("/Home/Error");
            app.UseHsts();
        }
        app.UseHttpsRedirection();
        app.UseStaticFiles();
        app.UseRouting();
        app.UseAuthorization();
        app.UseEndpoints(endpoints =>
        {
            endpoints.MapControllerRoute(
               name: "Archive",
               pattern: "Archive/{date}",
               defaults: new { controller = "Archive", action = "Entry", date = "20240101" },
               constraints: new { date = @"\d{8}" }
            );
            // 其他路由配置 ...
        });
        app.Run();
    }
}
```

（2）添加 ArchiveController.cs 控制器文件，编辑代码如下。

```
public class ArchiveController : Controller
{
    public ActionResult Entry(string date)
```

```
        {
            ViewData["date"] = date;
            return View();
        }
    }
```

（3）添加 Entry.cshtml 视图文件，编辑页面代码如下。

```
@{
    ViewBag.Title = "Entry";
}
<h2>访问的日志日期：@ViewData["date"].ToString() </h2>
```

（4）运行网站，在浏览器的地址栏中，输入 /Archive 进行访问。此时，该网址将被 Archive 路由所匹配。默认情况下，该路由会将参数 controller 设为 Archive，参数 action 设为 Entry，参数 date 设为 20240101。页面运行结果 1 如图 8-2 所示。

在浏览器的地址栏中输入 /Archive/20240306。此时，该 VRL 将被 Archive 路由所匹配。页面运行结果 2 如图 8-3 所示。

图 8-2　页面运行结果 1

图 8-3　页面运行结果 2

8.2.3　默认路由

在 ASP.NET Core MVC 应用程序中，所有的请求都是通过路由规则进行映射的。这些路由规则在创建网站时会默认注册在解决方案中，并在 Program.cs 文件中执行方法以进行基本的终结点路由设置。终结点路由的目的是强调终结点和路由，并且将请求落地点与路由寻址方式解耦。常见的方法包括 MapControllerRoute( )、MapDefaultControllerRoute( ) 和 MapControllers( ) 等。这些方法用于配置不同类型的路由规则。

1. MapControllerRoute( ) 方法

MapControllerRoute(IEndpointRouteBuilder endpoints, string name, string pattern, object defaults, object constraints, object dataTokens) 方法用于向 IEndpointRouteBuilder 添加控制器操作的终结点，同时指定该路由的名称、模式、默认值、约束和 dataTokens。参数说明如下。

endpoints：用于配置终结点路由的接口实例。

name：路由的名称，用于标识该路由。

pattern：路由的模式，指定终结点对应的 URL 模式。

defaults：用于设置路由的默认值，当 URL 中未指定对应参数的值时，将使用默认值。

constraints：用于设置路由的约束，限制 URL 参数的取值范围。

dataTokens：用于存储路由的附加数据，可以在后续处理过程中使用。

通过调用该方法，可以根据需求来配置和添加不同的控制器操作的终结点，并为每个终结点指定相应的路由属性。这样可以实现灵活的 URL 路由映射，并且可以方便地传递参数、设置默认值和约束条件。在 ASP.NET Core MVC 项目中默认的路由设置示例如下。

```
var builder = WebApplication.CreateBuilder(args);
builder.Services.AddControllersWithViews();
var app = builder.Build();
app.UseRouting();
app.UseAuthorization();
app.MapControllerRoute(
            name: "default",
            pattern: "{controller=Home}/{action=Index}/{id?}");
app.Run();
```

在特定的 URL 格式 {host}{controller_name}{action_name}{option_id} 下，根据约定路由的规则来确定要调用的控制器和操作方法。如果 URL 没有提供控制器和操作名称，则默认使用 Home 控制器的 Index 操作方法。然而，这种约定路由的写法对于用户来说并不友好，因为它直接暴露了后端开发人员定义的控制器和操作名称。实际上，应该让开发人员去匹配用户想要使用的 URL，而不是让用户的 URL 去匹配控制器和操作名称。

2. MapDefaultControllerRoute( ) 方法

MapDefaultControllerRoute（IEndpointRouteBuilder endpoints）方法可以将控制器操作的终结点添加到 IEndpointRouteBuilder。在方法中，设置了默认路由 {controller=Home}/{action=Index}/{id?}。其中，{controller=Home} 表示如果 URL 中没有指定控制器名称，将默认使用 Home 控制器；{action=Index} 表示如果 URL 中没有指定操作名称，将默认使用 Index 操作方法；{id?} 表示可选的参数 id。通过这个方法，可以确保在 URL 没有提供具体的控制器和操作名称时，系统会按照默认的规则，使用 Home 控制器的 Index 操作方法作为默认的处理方法。

3. MapControllers( ) 方法

MapControllers(IEndpointRouteBuilder endpoints) 方法用于将控制器操作的终结点添加到 IEndpointRouteBuilder，与 MapDefaultControllerRoute( ) 方法不同的是，MapControllers( ) 方法不会指定任何路由，也不使用默认的路由规则，允许用户根据其需求和特定的业务逻辑来定义和配置路由。通常，MapControllers( ) 方法在 Web API 项目中被广泛使用。它提供了更大的灵活性和自定义性，使用户能够根据 API 的设计和需求，灵活地创建和配置路由。

8.2.4　URL 路由声明

视频讲解

在 ASP.NET Core MVC 中，routes.MapRoute( ) 方法用于定义应用程序中的路由通过使用 MapRoute( ) 方法，可以定义 URL 模式和相关的处理逻辑。在 routes.MapRoute(string name,object url,object default) 方法中，第二个参数 url 代表一种类似于统一资源路径的 URL 模式。这个模式由固定的字符串常量和使用大括号（{}）标识的占位符变量组成的字符串构成。例如，{controller}/{action}/{id} 就是一个基本的 URL 模式，它声明了一个 URL 由三个占位符变量和两个字符串常量'/'组成。这种 URL 模式的设计能够实现灵活和可扩展的路由匹配机制。

URL 模式的基本语法结构如下。

{占位符变量 1}字符串常量 1{占位符变量 2}字符串常量 2...{占位符变量 n}字符串常量 n

占位符变量可以是单个字符，也可以是一个字符串，类似于函数中的变量功能。字符串常量是指固定的字符或字符串，例如常见的 '/'。表 8-1 通过示例说明了 URL 模式和实际 URL 之间的匹配规则。

表 8-1 URL 模式和实际 URL 之间的匹配规制

URL 模式	实际 URL	是否可匹配	参数赋值
{controller}/{action}/{id}	/localhost/Home/Index/1	是	controller 变量值：Home action 变量值：Index id 变量值：1
{table}/Details.aspx	/Products/Details.aspx	是	table 变量值：Products
blog/{action}/{entry}	/blog/show/123	是	action 变量值：show entry 变量值：123
{type}/{year}/{month}/{day}	/sales/2024/3/5	是	type 变量值：sales year 变量值：2024 month 变量值：3 day 变量值：5
{locale}/{action}	/US/show	是	locale 变量值：US action 变量值：show
{language}-{country}/{action}	/en-us/show	是	language 变量值：en country 变量值：us action 变量值：show

在实际的 ASP.NET Core MVC 应用程序中，{controller}/{action} 是最常见的 URL 模式。这个模式是基于 ASP.NET Core MVC 约定的规范，并且 {controller} 和 {action} 是必不可少的组成部分。其中，{controller} 代表要执行的控制器名，而 {action} 代表操作方法名。这两个占位符变量可以出现在 URL 字符串的任意位置。然而，如果缺少这两个占位符变量，就可能导致找不到路径的错误。因此，在编写 ASP.NET Core MVC 应用程序时，务必确保正确使用 {controller}/{action} 这个 URL 模式，并且按照约定来命名控制器和操作方法，以确保应用程序的正常运行。

为了确保准确匹配和路由处理的正确性，URL 模式匹配字符串需要遵循一定的原则，这些原则将有助于确保应用程序的 URL 路由功能正常运行。URL 模式匹配字符串中几个需要遵循的原则如下。

（1）字符串常量必须严格匹配：在 URL 模式匹配时，字符串常量必须与 URL 中的字符串完全一致。任何不匹配的字符将导致路由匹配失败。

（2）大小写不敏感：URL 模式匹配不区分大小写。无论 URL 中的字符串是大写还是小写，都会被视为匹配成功。

（3）非占位符变量被视为字符串常量：URL 模式中未包含在大括号内的部分被视为字符串常量，并将用于比对。这些常量可以作为 URL 的一部分。

（4）特殊字符限制：URL 模式字符串不能以 '/' 或 '~' 字符开头。字符串常量中也不能包含 '?' 字符，因为问号通常用于指示查询参数而不是路由。

（5）占位符变量之间使用字符串常量分隔：在 URL 模式中，两个占位符变量之间必须由字符串常量作为分隔符。这是为了避免占位符变量连续出现，从而导致路由无法确定变量分属。

8.2.5 路由属性

MapControllerRoute( ) 方法是用于在控制器上进行路由配置的一种机制。它提供了多个属性，用于明确指定路由的各类行为和特征。这些属性相互作用，共同决定了路由的具体行为和特性。通过合理地配置这些属性，可以实现灵活且高效的路由规则，使应用程序在处理请求时更加智能、准确、可靠，并且对于不同的使用场景和需求也能够灵活应变。

1. 约束属性

约束（constraints）属性语法结构如下。

```
Constraints:new{controller="控制器列表",action="操作方法列表"}
控制器列表=控制器1|控制器2|...
操作方法列表=操作方法1|操作方法2|...
```

只有 URL 中的控制器名包含在控制器列表中，并且操作方法名包含在操作方法列表中，该 URL 才可以被匹配访问。

【例 8-2】在 chapter8 目录中，创建名为 example8-2 的 ASP.NET Core MVC 项目。在路由中添加 constraints 属性，以实现在访问时对 URL 中的控制器名和操作方法名进行比对限制。

具体实现步骤如下。

（1）修改 Program.cs 文件中路由中间件，在名为 Test 的路由中添加 constraints 属性。编写代码如下。

```
using System.Web.Mvc;
namespace example8_2
{
    public class Program
    {
        public static void Main(string[] args)
        {
            var builder = WebApplication.CreateBuilder(args);
            builder.Services.AddControllersWithViews();
            var app = builder.Build();
            if (!app.Environment.IsDevelopment())
            {
                app.UseExceptionHandler("/Home/Error");
                app.UseHsts();
            }
            app.UseHttpsRedirection();
            app.UseStaticFiles();
            app.UseRouting();
            app.UseAuthorization();
```

```
            app.UseEndpoints(endpoints =>
            {
                endpoints.MapControllerRoute(
                name: "Test",
                pattern: "{controller}/{action}/{id}",
                defaults: new { controller = "Home", action = "Index", id = 
   UrlParameter.Optional },
                constraints: new { controller = "User", action = "show|edit" }
                );
                // 其他路由配置 ...
            });
            app.Run();
        }
    }
}
```

（2）添加 UserController.cs 控制器文件，编辑代码如下。

```
public class UserController : Controller
{
    public ActionResult Index()
    {
        return View();
    }
    public ActionResult Show()
    {
        return View();
    }
}
```

（3）添加 Index.cshtml 视图和 Show.cshtml 视图文件，页面内分别添加 IndexView 和 ShowView 字符串。

（4）运行网站，在浏览器的地址栏中，输入 /User/Show 进行访问。此时，会由 Test 路由进行匹配，并根据匹配结果提取出参数 controller 的值为 User，参数 action 的值为 Show。同时，这个匹配过程还满足路由中的 Constraints 属性，页面运行结果 1 如图 8-4 所示。

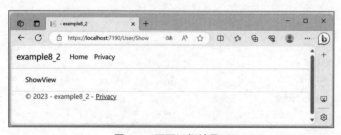

图 8-4　页面运行结果 1

当输入 /User/Index 进行访问时，由 Test 路由进行匹配。在这个路由规则中，参数 controller 的默认值为 Home，参数 action 的默认值为 Index。然而，由于匹配参数不符合路由规则中的 constraints 属性，所以页面运行结果 2 如图 8-5 所示。

图 8-5　页面运行结果 2

在 constraints 属性中，可以通过列举控制器名和操作方法名的方式设置路由约束条件。此外，还可以利用正则表达式来指定路由的约束条件。正则表达式具有强大的功能，可以设置各种复杂的约束条件，以满足特定的路由需求。关于正则表达式的使用方法，在 5.2 节中已经进行了简单介绍，在此不再赘述。

【例 8-3】在 chapter8 目录中，创建名为 example8-3 的 ASP.NET Core MVC 项目，使用正则表达式在路由中添加 constraints 属性，实现在访问时对 URL 中控制器名和操作方法名进行比对限制。

具体实现步骤如下。

（1）修改 Program.cs 文件中路由中间件，在名为 Test 的路由中添加 constraints 属性，编写代码如下。

```
using System.Web.Mvc;

namespace example8_3
{
    public class Program
    {
        public static void Main(string[] args)
        {
            var builder = WebApplication.CreateBuilder(args);
            builder.Services.AddControllersWithViews();
            var app = builder.Build();
            if (!app.Environment.IsDevelopment())
            {
                app.UseExceptionHandler("/Home/Error");
                app.UseHsts();
            }

            app.UseHttpsRedirection();
            app.UseStaticFiles();
            app.UseRouting();
            app.UseAuthorization();
            app.UseEndpoints(endpoints =>
            {
                endpoints.MapControllerRoute(
                name: "Test",
                pattern: "{controller}/{action}/{id}",
```

```
                    defaults: new { controller = "Home", action = "Index", id =
    UrlParameter.Optional },
                    constraints: new { controller = "^H.*", action = "^Index$|
    ^About$", id = @"\d+" }
                );
                // 其他路由配置 ...
            });
            app.Run();
        }
    }
}
```

（2）添加 HotelController.cs 控制器和 SchoolController.cs 控制器文件，编辑代码如下。

```
public class HotelController : Controller
{
    public ActionResult Index()
    {
        return View();
    }
    public ActionResult Index2()
    {
        return View();
    }
}
public class SchoolController : Controller
{
    public ActionResult Index()
    {
        return View();
    }
}
```

（3）为 Hotel 控制器添加 Index.cshtml 视图和 Index2.cshtml 视图文件。在页面内分别添加 Hotel Index View 和 Hotel Index2 View 字符串。同时，为 School 控制器添加 Index.cshtml 视图文件，并在页面内添加 School Index View 字符串。

（4）运行网站，在浏览器的地址栏中，输入 /Hotel/Index/123 进行访问。通过 Test 路由进行匹配，其中参数 controller 的值为 Hotel，符合以字符 'H' 开头的要求；参数 action 的值为 Index；参数 id 的值为 123，满足整数要求，并且符合路由中 constraints 属性。页面运行结果 1 如图 8-6 所示。

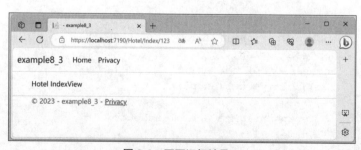

图 8-6　页面运行结果 1

当输入 /Hotel/Index/abc 进行访问时，参数 id 不满足整数的要求。同样的，当输入 /Hotel/Index2/123 进行访问时，参数 action 不符合 Index 或者 About 的要求。此外，当输入 /School/Index/123 进行访问时，参数 controller 不以字符 'H' 开头。由于上述三个 URL 无法与 Test 路由进行匹配，因此会显示资源未找到的错误信息。页面运行结果 2 如图 8-7 所示。

图 8-7 页面运行结果 2

2. 附加数据属性

附加数据（dataTokens）属性是一个可选的字典对象，可以用于存储额外的路由数据，这些数据可能在应用程序中的其他地方被使用。例如，可以将一些关于路由的元数据存储在 dataTokens 属性中。这些元数据可能包括一些权限控制信息、区域信息、语言偏好等。在处理请求时，可以从 dataTokens 属性中获取这些元数据，并根据不同的路由规则进行相应的处理。

dataTokens 属性语法结构如下。

```
dataTokens: new { 属性1 = "值1", 属性2 = "值2", ...}
```

【例 8-4】 在 chapter8 目录中，创建名为 example8-4 的 ASP.NET Core MVC 项目，在路由中添加 dataTokens 属性，在访问时传递路由附加数据。

具体实现步骤如下。

（1）修改 Program.cs 文件中路由中间件，添加 Admin 和 User 两个路由，通过 dataTokens 属性传递不同的 accessRole 值，编写代码如下。

```
using System.Web.Mvc;
namespace example8_4
{
    public class Program
    {
        public static void Main(string[] args)
        {
            var builder = WebApplication.CreateBuilder(args);
            builder.Services.AddControllersWithViews();
            var app = builder.Build();
            if (!app.Environment.IsDevelopment())
            {
                app.UseExceptionHandler("/Home/Error");
                app.UseHsts();
            }
            app.UseHttpsRedirection();
            app.UseStaticFiles();
            app.UseRouting();
            app.UseAuthorization();
            app.UseEndpoints(endpoints =>
            {
```

```
                endpoints.MapControllerRoute(
                    name: "Admin",
                    pattern: "admin/{controller}/{action}/{id}",
                    defaults: new { controller = "Home", action = "Index", id = UrlParameter.Optional },
                    dataTokens: new { accessRole = "Admin" ,sty=""}
                );
                endpoints.MapControllerRoute(
                    name: "User",
                    pattern: "{controller}/{action}/{id?}",
                    defaults: new { controller = "Home", action = "Index" },
                    dataTokens: new { accessRole = "User" }
                );
                // 其他路由配置 ...
            });
            app.Run();
        }
    }
}
```

（2）编辑 HomeController.cs 控制器文件代码如下。

```
public class HomeController : Controller
{
    public IActionResult Index()
    {
        var dataTokens = RouteData.DataTokens;
        // 获取自定义 dataTokens 的值并传递给视图
        ViewBag.CustomData = dataTokens["accessRole"];
        return View();
    }
}
```

（3）编辑 Hotel 控制器的 Index.cshtml 视图文件的代码如下。

```
@{
    ViewData["Title"] = "Home Page";
}
<h1>Access Role: @ViewBag.CustomData</h1>
```

（4）运行网站，在浏览器的地址栏中，输入 /Home/Index 进行访问，由 User 路由匹配，传递 accessRole 值为 User，页面运行结果 1 如图 8-8 所示。输入 Admin/Home/Index 进行访问，由 Admin 路由匹配，传递 accessRole 值为 Admin，页面运行结果 2 如图 8-9 所示。

图 8-8　页面运行结果 1

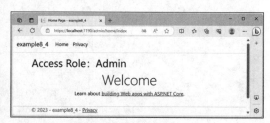

图 8-9　页面运行结果 2

8.3 特性路由

特性路由（attribute routing）是 ASP.NET Core MVC 中的一种新型路由机制，通过在控制器上使用 C# 属性进行定义，可以更加灵活地控制 Web 应用程序的 URL。相比于传统的常规路由（conventional routing），特性路由允许直接在控制器或具体的操作方法上使用属性来指定路由规则。从而更好地管理和组织路由规则，提高了代码的可读性和可维护性。

8.3.1 特性路由的作用

在常规路由中，更加偏重于通用场景的匹配，而特性路由则更适合于专用场景的匹配。考虑一个电子商务网站中的 Products 控制器，其中包含了两个用于显示商品详细信息的 Show( ) 方法，一个按照商品编号 pid 进行显示，另一个按照商品名称 pname 进行显示。在网站设计时，可以使用面向对象的重载方法设计 Show(int pid) 方法和 Show(string pname) 方法来实现需求。然而，在常规路由规则下，在 Program.cs 文件中定义路由时，很难对同一控制器中的两个同名方法进行区分比对。

视频讲解

特性路由允许直接在控制器或具体的操作方法上使用属性来指定路由规则。通过在 Products 控制器中使用特性路由，以明确地指定不同的路由模板和参数类型，例如，[Route("products/{pid:int}")] 和 [Route("products/{pname}")]。这样，特性路由会根据请求的 URL 路径自动选择正确的 Show( ) 方法进行匹配。

此外，常规路由规则也难以有效地区分并处理某些特殊格式的路由。通过使用特性路由，能够更加精确地控制 Web 应用程序中的 URL，并且能够轻松区分和处理不同的路由需求。这种灵活性和可读性使得特性路由成为处理专用场景和特殊格式路由的理想选择。

8.3.2 操作方法的特性路由声明

在完成 ASP.NET Core MVC 应用程序的特性路由注册后，需要在控制器中为使用特性路由的操作方法或控制器声明特性路由。在操作方法的特性路由声明中，特性路由模板字符串的格式与 URL 路由中的约束字符串类似，并且需要遵循一定的规范。操作方法的特性路由基本形式如下。

视频讲解

[Route("特性路由模板字符串")]

特性路由模板字符串由占位符变量和字符串常量组成。基本形式如下。

{占位符变量1}字符串常量1{占位符变量2}字符串常量2...{占位符变量n}字符串常量n

其中占位符变量有 param1|param2=默认值|param3? 等多种形式。param1 形式表示输入的普通变量，它会匹配 URL 中相应位置的片段。param2=默认值形式表示参数 param2 具有默认值，当 URL 中对应位置没有提供值时，将使用默认值作为参数的值。param3? 形式表示参数 param3 是可选参数，如果 URL 中对应位置没有提供值，参数 param3 将被设置为缺省值。

通过使用这种规范化的特性路由模板字符串，可以更精确地定义和匹配 URL，实现更灵活的路由控制。

【例8-5】在chapter8目录中，创建名为example8-5的ASP.NET Core MVC项目，在项目中添加控制器，并为其中的操作方法添加特性路由。在访问这些操作方法时，使用特性路由进行比对。

具体实现步骤如下。

（1）添加OrderController.cs控制器文件，编辑代码如下。

```
public class OrderController : Controller
{
    [Route("Order/SearchProducts/{year}/{month}/{day}")]
    public ActionResult SearchProducts(int year,int month,int day)
    {
        ViewData["date"] = string.Format("{0}年{1}月{2}日", year, month, day);
        return View();
    }
}
```

（2）为Order控制器中的SearchProducts操作方法添加SearchProducts.cshtml视图文件，编辑视图代码如下。

```
@{
    ViewBag.Title = "SearchProducts";
}
<h2>SearchProducts</h2>
<h2>@ViewData["date"]产品信息 </h2>
```

（3）运行网站，在浏览器的地址中，输入/Order/SearchProducts/2024/05/06进行访问，由操作方法的特性路由匹配，执行Order控制器中的SearchProducts操作方法，2024将赋值给year变量，05将赋值给month变量，06将赋值给day变量。页面运行结果如图8-10所示。

图8-10　页面运行结果

在使用特性路由进行匹配时，可以通过设置缺省参数、默认值参数，以及参数类型等限制来增加灵活性和准确性。这些功能的具体使用方法可以参考例8-6。

【例8-6】在chapter8目录中，创建名为example8-6的ASP.NET Core MVC项目，在控制器中为操作方法添加特性路由，并对访问时使用的特性路由的缺省参数、默认值等性质进行配置。

具体实现步骤如下。

（1）添加ProductController.cs控制器文件，编辑代码如下。

```
public class ProductController : Controller
{
    [Route("products/{pid?}")]
    public ActionResult ViewByPid(string pid)
    {
        if (!String.IsNullOrEmpty(pid))
```

```
            {
                ViewData["product"] =string.Format( "按编号{0}查找一件商
品信息",pid);
                return View();
            }
            ViewData["product"] = "未输入编号查找所有商品信息";
            return View();
        }
        [Route("products/type/{tid:int=001}")]
        public ActionResult ViewByType(string tid)
        {
            ViewData["product"] = string.Format("按类型编号{0}查找一类商品
信息", tid);
            return View();
        }
}
```

（2）为 Product 控制器中的 ViewByPid 和 ViewByType 操作方法分别添加 ViewByPid.cshtml 和 ViewByType.cshtml 视图文件。

ViewByPid.cshtml 源代码如下。

```
@{
    ViewBag.Title = "ViewByPid";
}
<h2>ViewByPid</h2>
<h2>@ViewData["product"]</h2>
```

ViewByType.cshtml 源代码如下。

```
@{
    ViewBag.Title = "ViewByType";
}
<h2>ViewByType</h2>
<h2>@ViewData["product"]</h2>
```

（3）运行网站，在浏览器的地址栏中，输入 /products 进行访问，模拟没有参数 pid 的访问，页面运行结果 1 如图 8-11 所示。

（4）输入 /products/p2024050431 进行访问，模拟参数 pid 值为 p2024050431 的有参访问，页面运行结果 2 如图 8-12 所示。

图 8-11　页面运行结果 1

图 8-12　页面运行结果 2

（5）输入 /products/type 进行访问，模拟参数 tid 使用默认值 001 的访问，页面运行结果 3 如图 8-13 所示。

（6）输入 /products/type/002a 进行访问，模拟参数 tid 值为 002a 的有参访问。根据路由限制，参数 tid 应该是一个整数，因此这个请求不满足要求，页面运行结果 4 如图 8-14 所示。

图 8-13　页面运行结果 3

图 8-14　页面运行结果 4

8.3.3　控制器的特性路由声明

1. 声明路由前缀

视频讲解

在 ASP.NET Core MVC 应用程序中，也可以对控制器进行特性路由声明。通过使用控制器的特性路由，可以为整个控制器中的所有方法设置相同的访问路由前缀。控制器特性路由的声明方式与操作方法的特性路由声明方式类似，具体的语法格式如下。

```
[RouTe("特性路由模板字符串")]
```

特性路由模板字符串中定义该控制器中所有方法的路由前缀，具体使用时也可以包含占位符。

【例 8-7】 在 chapter8 目录中，创建名为 example8-7 的 ASP.NET Core MVC 项目，为控制器和操作方法分别添加特性路由，在访问时使用特性路由的缺省参数、默认值等性质。

具体实现步骤如下。

（1）添加 ProductController.cs 控制器文件，编辑代码如下。

```
[Route("factory/[controller]")]
public class ProductController : Controller
{
    [Route]
    public ActionResult Index()
    {
        ViewData["info"] = "商品简介页面";
        return View();
    }
    [Route("{pid}")]
    public ActionResult Show(string pid)
    {
```

```
            ViewData["info"] = string.Format("显示编号为{0}的商品信息", pid);
            return View();
        }
        [Route("{pid}/edit")]
        public ActionResult Edit(string pid)
        {
            ViewData["info"] = string.Format("编辑编号为{0}的商品信息", pid);
            return View();
        }
}
```

（2）为 Product 控制器中的 Index、Show 和 Edit 操作方法添加对应视图，分别在视图添加显示代码如下。

```
<h2>@ViewData["info"]</h2>
```

（3）运行网站，在浏览器的地址中，输入 /product 进行访问，表示正在访问 Index 操作方法，页面运行结果 1 如图 8-15 所示。

（4）输入 /product/p20240101231 进行访问，表示正在访问 Show 操作方法，其中参数 pid 的值为 p20240101231，页面运行结果 2 如图 8-16 所示。

图 8-15　页面运行结果 1

图 8-16　页面运行结果 2

（5）输入 /product/p20240101231/edit 进行访问，表示正在访问 Edit 操作方法，其中参数 pid 的值为 p20240101231，页面运行结果 3 如图 8-17 所示。

图 8-17　页面运行结果 3

2. 授权属性

授权（Authorize）属性是一个路由属性，用于在 ASP.NET Core MVC 中对控制器或控制器中的特定操作方法进行身份验证和授权限制。Authorize 属性可以应用于控制器或操作方法上，提供了一种灵活且方便的方式来进行身份验证和授权限制，以确保只有经过验证和授权的用户才能访问受保护的资源。基本语法结构如下。

1）指定授权策略名称

```
[Authorize(Policy = "PolicyName")]
```

满足授权策略定义的要求，才具有权访问资源。

2）指定角色要求

```
[Authorize(Roles = "Role1, Role2")]
```

通过指定角色要求限制，具有特定角色的用户才能访问资源。

3）指定用户要求

[Authorize(Users = "User1, User2")]

通过指定用户要求限制，只有特定用户才能访问资源。

【例8-8】在 chapter8 目录中，创建一个名为 example8-8 的 ASP.NET Core MVC 项目，在控制器中为操作方法添加 Authorize 属性，确保只有经过授权的用户才能访问敏感或受限资源，增强应用程序的安全性和权限管理。

具体实现步骤如下。

（1）添加 TestController.cs 控制器文件，编辑代码如下。

```
[Authorize]
public class TestController : Controller
{
    // 只有经过身份验证的用户才能访问此操作方法
    public IActionResult SecureAction()
    {
        return View();
    }
    // 所有用户（包括未经身份验证的用户）都能访问此操作方法
    [AllowAnonymous]
    public IActionResult PublicAction()
    {
        return View();
    }
}
```

（2）为 Test 控制器中的 SecureAction 和 PublicAction 操作方法添加对应的视图，并添加简单的显示内容。

SecureAction.cshtml 源代码如下。

```
只有经过身份验证的用户才能访问此视图
```

PublicAction.cshtml 源代码如下。

```
所有用户（包括未经身份验证的用户）都能访问此视图
```

（3）运行网站，在浏览器的地址中，输入 /Test/PublicAction 进行访问，PublicAction 操作方法允许所有用户（包括未经身份验证的用户）访问，页面运行结果1如图8-18所示。

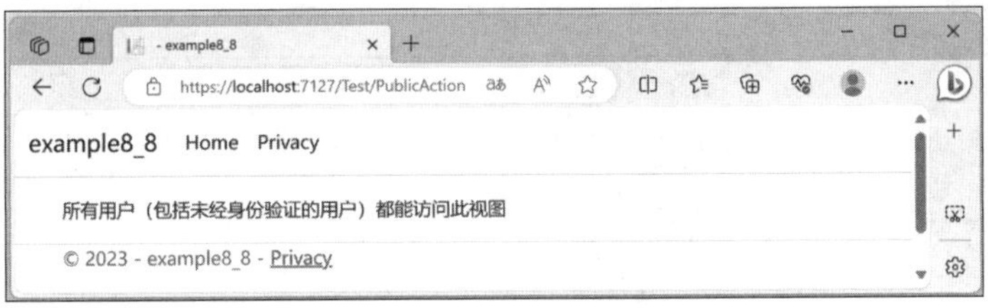

图 8-18 页面运行结果 1

（4）输入 /Test/SecureAction 进行访问，SecureAction 操作方法只允许经过身份验证的用户访问，页面运行结果 2 如图 8-19 所示。

图 8-19 页面运行结果 2

8.4 路由的参数约束

在 ASP.NET Core MVC 中，路由约束是一种旨在限制 URL 匹配模式的方式，用于定义路由。通过使用路由约束，可以对控制器和操作方法的访问路径进行限制，并对 URL 参数进行验证。这种约束机制能够提供更好的 URL 请求控制和验证功能，确保只有满足特定类型的 URL 才能够匹配到相应的控制器和操作方法。通过路由约束能够保障系统的安全性和稳定性，并增强用户体验。

8.4.1 路由的参数约束规则

视频讲解

在声明常规路由和特性路由的参数时，可以添加类型、数值范围等必要的约束条件来对 URL 中的参数进行约束。常见的参数约束包括数据类型约束、正则表达式约束、最大长度和最小长度约束，以及自定义约束等。

以下是参数约束的语法规则。

{ 参数：约束条件 = 默认值 }

在例 8-6 中，已经应用了 int 约束条件，具体细节不再进行讲解。表 8-2 为常用的参数约束条件。

表 8-2 常用的参数约束条件

约束	描述	示例
alpha	匹配大写或小写拉丁字母字符（A~Z，a~z）	{x:alpha}
bool	匹配布尔值	{x:bool}
datetime	匹配 DateTime 值	{x:datetime}

续表

约束	描述	示例
decimal	匹配 decimal 值	{x:decimal}
double	匹配 64 位浮点值	{x:double}
float	匹配 32 位浮点值	{x:float}
guid	匹配 GUID 值	{x:guid}
int	匹配 32 位整数值	{x:int}
length	匹配具有指定长度的字符串	{x:length(6)}、{x:length(1,20)}
long	匹配 64 位整数值	{x:long}
max	匹配具有最大值的整数	{x:max(10)}
maxlength	匹配具有最大长度的字符串	{x:maxlength(10)}
min	匹配具有最小值的整数	{x:min(10)}
minlength	匹配具有最小长度的字符串	{x:minlength(10)}
range	匹配一个范围内的整数值	{x:range(10,50)}
regex	匹配正则表达式	{x:regex(^\d{3}-\d{3}-\d{4}$)}

8.4.2 正则表达式

视频讲解

在 ASP.NET Core MVC 中，可以利用正则表达式作为一种路由参数约束的方式。通过在路由模板中使用正则表达式语法，可以对 URL 中的参数进行更加灵活的匹配和验证。常用的正则表达式如表 8-3 所示。

表 8-3 常用的正则表达式

正则表达式	说明
^[A-Z]+$	匹配由 26 个大写英文字母组成的字符串
^[a-z]+$	匹配由 26 个小写英文字母组成的字符串
^[A-Za-z]+$	匹配由 26 个英文字母组成的字符串
^[A-Za-z0-9]+$	匹配英文和数字组成的字符串
^[\u4e00-\u9fa5]{0,}$	匹配汉字组成的字符串
^[\u4e00-\u9fa5A-Za-z0-9_]+$	匹配中文、英文、数字包括下画线组成的字符串
^([1-9][0-9]*){1,3}$	匹配非零的正整数
^(\-)?\d+(\.\d{1,2})?$	匹配带 1~2 位小数的正数或负数
^\d{4}-\d{1,2}-\d{1,2}	匹配 yyyy-mm-dd 格式的日期
^(0?[1-9]|1[0-2])$	匹配一年的 12 个月
^((0?[1-9])|((1|2)[0-9])|30|31)$	匹配一个月的 31 天
^[a-zA-Z][a-zA-Z0-9_]{4,15}$	匹配以字母开头，字母、数字和下画线组成，长度为 5~16 位的账号
^[a-zA-Z]\w{5,17}$	匹配以字母开头，字母、数字和下画线组成，长度为 6~18 位的密码
^(?=.*\d)(?=.*[a-z])(?=.*[A-Z]).{8,10}$	匹配必须包含大小写字母和数字，无特殊字符，长度为 8~10 位的强密码
^http://([\w-]+\.)+[\w-]+(/[\w-./?%&=]*)?$	匹配 URL 字符串
[1-9][0-9]{4,8}	匹配从 10000 开始至多 9 位数的腾讯 QQ 号
\d+\.\d+\.\d+\.\d+	匹配 IP 地址字符串

例如，在验证传入的 email 参数是否符合邮箱地址的规范时，可以使用正则表达式来实现，只有当满足该条件的请求才会被路由到相应的操作方法。

```
[Route("api/[controller]")]
[ApiController]public class UsersController : ControllerBase
{
    [HttpGet("{email:regex(^\\w+([-+.']\\w+)*@\\w+([-.]\\w+)*\\.\\w+([-.]\\w+)*$)}")]
    public IActionResult GetUserByEmail(string email)
    {
        // 执行根据邮箱获取用户的操作
        return Ok();
    }
}
```

8.5 路由的选择

视频讲解

在 ASP.NET Core MVC 中，常规路由是一种集中配置的方式。通过在配置文件中设置路由规则，可以应用于整个应用程序。常规路由非常灵活，可以轻松添加自定义约束对象。与之不同的是，特性路由只能通过指定路由模板字符串进行约束，并且只能使用 C# 语言中支持的参数类型。然而，在控制器内容保护方面，特性路由具有更好的优势，并且可以根据个性化的 URL 进行灵活操作。

在选择使用常规路由还是特性路由时，需要根据具体场景来确定。如果需要集中配置所有路由而又不希望改变已经存在的应用程序，建议选择常规路由。但如果希望同时编辑路由和操作方法，或者需要对应用程序进行重大修改，建议选择特性路由。在许多情况下，同时使用这两种路由可以实现更强大的功能。两种路由技术的优缺点如表 8-4 所示。

表 8-4 两种路由技术的优缺点

路由技术	典型用途	优　　点	缺　　点
常规路由	控制器和操作方法映射	易于配置和使用； 可以提供一致的 URL 结构； 支持参数绑定	在路由请求时添加额外的间接层； 需要在路由配置中添加大量映射规则； 项目规模增长，管理复杂的路由配置可能变得困难
特性路由	特定控制器和操作方法的自定义路由	允许开发人员更细粒度地控制 URL 结构； 可以通过属性传递路由参数；灵活性高，可以根据需要进行定义	需要在每个控制器或操作方法上添加特性路由属性； 自定义路由会导致代码分散，难以维护

8.6 综合实验八：路由顺序设置

1. 主要任务

创建一个 ASP.NET Core MVC 项目，并通过从 GitHub 中克隆包来获取所需的文件。添加自定义路由实现路由控制，并使用 Order 配置属性来定义路由顺序。

2. 实验步骤

（1）创建空白解决方案，将其命名为"综合实验八"。具体操作步骤为打开 Visual Studio 2022，选择"创建新项目"→"空白解决方案"选项，单击"下一步"按钮，弹出"配置新项目"对话框，如图 8-20 所示。

（2）在浏览器的地址栏中，输入 https://github.com 来访问 GitHub 官网，在 GitHub 首页搜索 Rick-Anderson/RouteInfo，访问 https://

图 8-20 "配置新项目"对话框

github.com/Rick-Anderson/RouteInfo 页面。在该页面上，找到名为 Code 的按钮，并单击其右侧的下拉列表按钮。在下拉列表中，即可获取 https://github.com/Rick-Anderson/RouteInfo.git 的链接，如图 8-21 所示。

图 8-21 在 GitHub 网站中获取链接

（3）在 Visual Studio 2022 的菜单中选择 Git →"克隆仓库"选项。在"克隆存储库"对话框中，输入 Git 存储库的 URL 和路径。如图 8-22 所示。

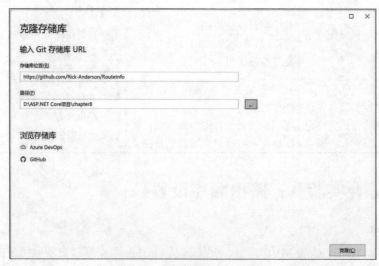

图 8-22 "克隆存储库"对话框

（4）右击"解决方案综合实验八"，添加新的 ASP.NET Core Web 应用（模型 - 视图 - 控制器），命名为 Web，如图 8-23 所示。

图 8-23　新建 ASP.NET Core Web 应用

（5）右击 Web 项目下的"依赖项"，在弹出的快捷菜单中，选择"添加项目引用"选项，在"引用管理器"对话框中勾选引用项目，如图 8-24 所示。

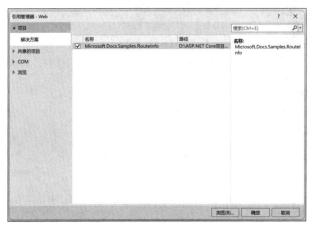

图 8-24　"引用管理器"对话框

（6）在 Web 项目中新增 Home 和 Demo 控制器，分别编辑代码如下。
HomeController.cs 文件的代码：

```
using Microsoft.AspNetCore.Mvc;
using Microsoft.Docs.Samples;
public class HomeController : Controller
{
    [Route("")]
    [Route("Home")]
    [Route("Home/Index")]
    [Route("Home/Index/{id?}")]
    public IActionResult Index(int? id)
    {
        return ControllerContext.MyDisplayRouteInfo(id);
    }
```

```
        [Route("Home/About")]
        [Route("Home/About/{id?}")]
        public IActionResult About(int? id)
        {
            return ControllerContext.MyDisplayRouteInfo(id);
        }
    }
```

DemoController.cs 文件的代码：

```
using Microsoft.AspNetCore.Mvc;
using Microsoft.Docs.Samples;
namespace Web.Controllers
{
    public class DemoController : Controller
    {
        [Route("")]
        [Route("Home")]
        [Route("Home/Index")]
        [Route("Home/Index/{id?}")]
        public IActionResult Index(int? id)
        {
            return ControllerContext.MyDisplayRouteInfo(id);
        }

        [Route("Home/About")]
        [Route("Home/About/{id?}")]
        public IActionResult About(int? id)
        {
            return ControllerContext.MyDisplayRouteInfo(id);
        }
    }
}
```

（7）右击 Web 项目，将其设为启动项目，如图 8-25 所示。

图 8-25 设置启动项目

（8）运行网站，使用 /home 访问网站，请求将引发路由属性不明确的问题异常，如图 8-26 所示。

（9）为 Demo 控制器中 Index 操作方法的路由属性添加 Order 项，解决路由不明确问题，编辑代码如下。

图 8-26　路由属性不明确的问题异常

```
[Route("")]
[Route("Home", Order = 1)]
[Route("Home/DemoIndex")]
[Route("Home/Index/{id?}")]
public IActionResult Index(int? id)
{
    return ControllerContext.MyDisplayRouteInfo(id);
}
```

（10）再次运行网站，并使用 /home 访问网站。在浏览器上显示当前访问的控制器、视图等信息，页面运行结果如图 8-27 所示。如果需要访问 DemeController.Index 视图，请访问 /home/DemoIndex。对于其他可能存在冲突的内容，如

图 8-27　页面运行结果

[Route("")]、[Route("Home/Index/{id?}")]，请根据实际情况进行自主设置。

8.7　本章小结

本章首先介绍了路由的基本作用。其次，通过示例解析常规路由，包括自定义路由和路由匹配控制。再次，详细地介绍了特性路由的作用，并对其在操作方法和控制器中的应用进行了示例讲解。然后，本章还列举了常用的路由参数约束。最后，对常规路由和特性路由进行了比较，分析了它们各自的优缺点。通过本章的学习，将更好地理解如何在 ASP.NET Core MVC 中进行路由设置。

8.8　习题

一、选择题

1. 路由的作用是（　　）。

　　A. 匹配传入的 HTTP 请求并发送到应用的终结点

　　B. 定义应用的可执行终结点

　　C. 配置应用的启动过程

　　D. 生成映射到终结点的 URL

2. ASP.NET Core MVC 的生命周期可以分为（　　）阶段。

　　A. 中间件管道执行、控制器初始化、动作执行、结果执行

B. 控制器初始化、中间件管道执行、动作执行、结果执行
　　C. 动作执行、结果执行、中间件管道执行、控制器初始化
　　D. 结果执行、中间件管道执行、控制器初始化、动作执行
3. ASP.NET Core MVC 中的两种路由技术分别是（　　）。
　　A. 常规路由和特性路由　　　　　　　B. GET 路由和 POST 路由
　　C. 前端路由和后端路由　　　　　　　D. 默认路由和自定义路由
4. 当向 http://localhost:xxxx/Home/Index 发出请求时，该请求会映射到（　　）。
　　A. Home 控制器的 Index 操作方法　　B. Home 控制器的 Login 操作方法
　　C. User 控制器的 Index 操作方法　　D. User 控制器的 Create 操作方法
5. （　　）中间件负责路由配置的选择和匹配。
　　A. UseRouting　　　　　　　　　　　B. UseEndpoints
　　C. UseRouting 和 UseEndpoints　　　　D. 无法确定
6. （　　）中间件负责添加终结点执行，并执行相应的委托。
　　A. UseRouting　　　　　　　　　　　B. UseEndpoints
　　C. UseRouting 和 UseEndpoints　　　　D. 无法确定
7. 在 routes.MapRoute(string name,object url,object default) 方法中，第二个参数 url 表示（　　）。
　　A. 统一资源路径　　B. URL 路由模式　　C. 占位符变量　　D. 字符串常量
8. 在 URL 模式 {controller}/{action}/{id} 中，有（　　）占位符变量。
　　A. 1　　　　　　　　B. 2　　　　　　　　C. 3　　　　　　　　D. 4
9. 在 ASP.NET Core MVC 应用程序中，特性路由需要在（　　）位置进行声明。
　　A. 控制器方法的参数　　　　　　　　B. 控制器的属性路由声明
　　C. 视图文件的特性路由声明　　　　　D. 客户端的 URL 请求中
10. 特性路由模板字符串的格式与下面（　　）字符串类似。
　　　A. URL 路径　　　B. 控制器名称　　　C. 参数默认值　　　D. 类型约束

二、填空题

1. ASP.NET Core MVC 中的两种路由技术分别是_____和_____。
2. 在控制器中，特性路由是通过_____进行定义的。
3. 在 ASP.NET Core MVC 应用程序中，终结点路由的设置方法是_____。
4. 常见的用于配置不同类型的路由规则的方法有_____、_____和_____。
5. 在控制器中，为使用特性路由的操作方法或控制器进行特性路由声明使用的是_____。
6. 特性路由的模板字符串的格式与路由中的约束字符串类似，并且需要遵循相关_____。

三、简答题

1. 简述 ASP.NET Core 中的正则表达式字符 '^' 的意义。
2. 简述正则表达式 "\d" 在路由中的含义。
3. 简述路由中间件的作用。
4. 简述 UseRouting 中间件和 UseEndpoints 中间件的区别。
5. 简述 routes.MapRoute(name,url,default) 方法中的第二个参数 url 的意义。
6. 简述 URL 模式的基本语法结构。
7. 简述如何在 ASP.NET Core MVC 应用程序中声明控制器的路由前缀。
8. 简述控制器的特性路由和操作方法的特性路由的声明方式有何区别。

第 9 章

jQuery

CHAPTER 9

jQuery，全称 JavaScript Query，是由 JavaScript 脚本和查询（query）功能组合而成。作为一个兼容 CSS 和各种浏览器的轻量级辅助 JavaScript 开发类库，jQuery 具备体积小、加载速度快等特点，能够简化跨浏览器 Web 应用程序开发的过程，让它变得简单且无缝。

9.1 jQuery 优势

jQuery 极大地简化了许多 JavaScript 编程任务，为 JavaScript 应用程序开发人员提供了极大的便利性，同时也展现出卓越的文档对象模型（document object model，DOM）查询能力。jQuery 的目标是"写更少，做更多"，其具有的优点如下。

（1）通过各种内建方法，可以便捷地使用 jQuery 来迭代和遍历 DOM 树结构。

（2）提供了高级的、内置的、通用的选择器，可以像使用 CSS 选择器一样简单地选择元素。

（3）提供易于理解的插件架构，使添加自定义方法变得灵活且容易理解。

（4）可以减少导航和用户界面功能的冗余代码，实现选项卡、CSS 样式、弹出式对话框、动画，以及过渡等多种效果。

9.2 JavaScript 语言基础

JavaScript 是一种基于对象和事件驱动的脚本语言，广泛应用于 Web 应用程序开发，具有优秀的安全性能。JavaScript 主要用于为网页添加各种动态功能，以提升用户的浏览体验。

JavaScript 脚本由三个主要部分组成，分别是 ECMAScript、DOM 和浏览器对象模型（browser object model，BOM），如图 9-1 所示。其中，ECMAScript 是 JavaScript 语言的核心规范，定义了语言的基本语法和数据类型，而 DOM 则负责处理网页文档的结构和内容，允许 JavaScript 脚本对网页元素进行操作。同时，BOM 提供了与浏览器交互的接口，使 JavaScript 脚本能够控制浏览器窗口、历史记录等。

图 9-1　JavaScript 脚本的组成

在客户端浏览器中，JavaScript 脚本会被解析执行。解析过程包括词法分析、语法分析和代码执行三个阶段。首先，通过词法分析将代码划分为不同的标记，然后进行语法分析，检查代码是否符合语法规则。最后，按照语义执行代码，实现预期的功能。其工作原理如图 9-2 所示。

图 9-2　JavaScript 脚本工作原理

JavaScript 脚本的主要作用如下。

（1）动态功能增强：JavaScript 脚本可以为网页添加各种动态功能，如表单验证、页面元素交互、动画效果等。通过编写和执行 JavaScript 脚本，可以为用户提供更加流畅和美观的浏览体验。

（2）表单验证：在 Web 应用程序开发中，表单是用户与网站进行交互的重要组件。JavaScript 脚本可以通过实时检查表单输入的有效性，以确保用户提交的数据符合指定的格式和规则。这有助于提高数据的准确性和完整性。

（3）数据交互和异步加载：JavaScript 脚本可以通过 AJAX 技术与服务器进行数据交互，实现无须刷新页面的内容更新。这样可以提高用户体验，并优化数据的加载效率。

（4）网页元素操作：JavaScript 脚本可以通过 DOM 提供的方法和接口，实现对网页上的元素进行动态操作。比如，修改元素的样式、内容或位置等，以及响应用户的交互事件。

（5）Web 应用程序开发：JavaScript 脚本可以与其他技术（如 HTML、CSS、数据库等）结合使用，实现复杂的 Web 应用程序开发。它可以处理用户输入、数据处理和业务逻辑，为用户提供丰富的功能和交互性。

9.2.1　JavaScript 代码书写位置

在 Web 开发中，JavaScript 代码能够嵌入 HTML 文档中，用于增强网页的交互性和动态性。针对不同的代码位置，编写 JavaScript 代码可以分为两种方式：引入外部文件和在 HTML 文档内部编辑。这样的划分有助于实现代码的模块化和组织管理。无论采用哪种方式，都需要遵循规范和良好的编码风格，以确保程序的可读性、可维护性和可扩展性。

1. 内联脚本

JavaScript 代码可以直接写在 HTML 文档的 <script> 标签中。这种方式被称为内联（inline）脚本，它的好处是简单快速，适用于少量的代码。例如，可以在 HTML 文档的 <head> 或 <body> 标签中添加 <script> 标签，并在其中编写 JavaScript 代码。基本使用示例代码如下。

```
<html>
<head>
    <title>JavaScript 书写位置示例</title>
    <script>
        // 在这里编写 JavaScript 代码
        alert("你好，我是一个警告框！");
    </script>
</head>
<body>
    <!-- 网页内容 -->
</body>
</html>
```

2. 外部引用

对于较大的 JavaScript 代码或多个 .js 文件的情况，通常会将 JavaScript 代码从 HTML 文档中分离出来，以便更好地组织和管理代码。可以通过外部引用（external reference）的方式来实现。基本使用示例代码如下。

```html
<html>
<head>
    <title>JavaScript 书写位置示例</title>
    <script src="script.js"></script>
</head>
<body>
    <!-- 网页内容 -->
</body>
</html>
```

在上述代码中，<script> 标签的 "src" 属性指定了一个叫作 script.js 的外部 JavaScript 文件，该文件包含实际的 JavaScript 代码。这种方式使得 JavaScript 代码与 HTML 文档分离，便于维护和共享代码。

内联脚本适合少量代码的情况，而外部引用则适用于大型代码或多个 .js 文件的情况。根据实际需要和代码组织方式，选择适合的书写位置有助于提高代码的可读性和可维护性。

9.2.2　JavaScript 基本语法

1. 变量声明

在 JavaScript 语言中，变量是用于存储数据的容器。在使用变量之前，需要先声明它们。变量声明是告诉 JavaScript 解释器，将要使用一个特定名称的变量，并且可以选择性地将其初始化为一个特定值。

变量声明可以使用三种不同的关键字：var、let 和 const。

（1）使用 var 关键字声明变量。

```
var variableName;
```

使用 var 关键字声明的变量是函数作用域的变量，意味着其作用范围仅限于包含它的函数内部。

（2）使用 let 关键字声明变量。

```
let variableName;
```

使用 let 关键字声明的变量是块级作用域的变量，意味着其作用范围仅限于包含它的代码块（如循环或条件语句）内部。

（3）使用 const 关键字声明常量。

```
const constantName = value;
```

使用 const 关键字声明的常量是不可变的，一旦赋值后就不能再修改。

变量和常量的命名规则。

（1）变量和常量的名称必须以字母（a~z、A~Z）或 '_' 或 '$' 开头。

（2）变量和常量的名称可以包含字母、数字、'_' 或 '$'。

（3）变量和常量的名称是区分大小写的。

基本使用示例代码如下。

```
<script type="text/javascript">
var str="Hello World";        // 局部变量,string 类型
var isLock=true;              // 局部变量,bool 类型
let  i=1;                     // 内部变量,int 类型
const pi=3.14;    // 常量,float 类型
Grade="A"         // 全局变量
</script>
```

在 JavaScript 语言中，变量声明是一项重要的基本语法，它提供了灵活性和控制数据的能力。在使用变量之前，务必进行正确的声明，以确保代码的可读性和稳定性。

2. 选择控制语句

（1）if 条件语句。

if 条件语句基本语法格式如下。

```
if(条件)
{
    JavaScript 代码块 1;
}
else
{
    JavaScript 代码块 2;
}
```

此代码段包含一个 if 条件语句。如果条件的结果为 true，则执行 JavaScript 代码块 1；否则，执行 JavaScript 代码块 2。条件语句的值只有在等于 0、null、""、undefined、NaN 或 false 时结果才为 false；其他情况下结果都为 true。

（2）switch 多分支语句。

switch 多分支语句基本语法格式如下。

```
switch (表达式)
{
   case 常量 1:
       JavaScript 代码块 1;
       break;
   case 常量 2:
      JavaScript 代码块 2;
       break;
   //...
   default:
      JavaScript 代码块 m;
}
```

计算 switch 后面的表达式的值，然后根据该值与各个常量的匹配情况执行相应的 JavaScript 代码块。如果表达式的值等于常量 1，则执行 JavaScript 代码块 1；如果表达式的值等于常量 2，则执行 JavaScript 代码块 2；以此类推。如果所有常量都不满足，则执行 JavaScript 代码块 m。

3. 循环控制语句

（1）for 循环语句。

for 循环语句基本语法格式如下。

```
for(初始化表达式;条件;增量表达式)
{
    JavaScript 代码块;
}
```

for 循环语句由三部分组成：初始化表达式、条件和增量表达式。首先，执行初始表达式；然后判断条件是否满足，如果满足，则执行循环体内的 JavaScript 代码块，接着执行增量表达式；然后重复执行判断条件和增量表达式的步骤，直到条件不再满足，循环终止。

（2）while 循环语句。

while 循环语句基本语法格式如下。

```
while(条件)
{
    JavaScript 代码块;
}
```

while 循环语句首先会判断条件是否满足，如果满足，则执行循环体内的 JavaScript 代码块。每次执行完循环体后，会再次进行条件判断，直到条件不再满足，循环终止。

4. 常用的输入、输出语句

在 JavaScript 语言中的输出一般使用 alert( ) 函数实现，输入通常使用 prompt( )函数实现。

（1）alert(message) 函数。

alert( )函数用于在 JavaScript 代码中显示一个带有指定消息和一个"确认"按钮的警告框。参数 message 是一个可选参数，用于指定要在对话框中显示的纯文本消息。

【例 9-1】新建 HTML 页面，在标签内添加 JavaScript 代码，测试使用 alert( )函数。

具体实现步骤如下。

① 在 HTML 源文件内，添加 JavaScript 代码如下。

```
<HTML>
<head>
    <script>
function myFunction()
{
alert("你好，我是一个警告框！");
}
    </script>
</head>
<body>
    <input type="button" onclick="myFunction()" value="显示警告框" />
</body>
</HTML>
```

② 运行网站，页面运行结果如图 9-3 所示。

图 9-3 页面运行结果

（2）prompt(msg,defaultText) 函数。

prompt( ) 函数用于在 JavaScript 代码中显示一个可以提示用户输入的对话框，并返回用户输入的字符串。参数 msg 是一个可选参数，表示要在对话框中显示的纯文本提示信息。参数 defaultText 也是一个可选参数，表示默认的输入文本。

【例 9-2】新建 HTML 页面，在 HTML 标签内添加 JavaScript 代码，测试使用 prompt( ) 函数。

具体实现步骤如下。

（1）在 HTML 源文件内，添加 JavaScript 代码如下。

```
<HTML>
<head>
</head>
<body>
    <p id="demo">点击按钮查看输入的对话框。</p>
    <button onclick="myFunction()">点我</button>
    <script>
        function myFunction() {
            var x;
            var name = prompt("请输入你的名字 ", "Tom");
            if (name != null && name != "") {
                x = " 你好 " + name + "!";
                document.getElementById("demo").innerHTML = x;
            }
        }
    </script>
</body>
</HTML>
```

（2）运行网站，页面运行结果 1 如图 9-4 所示。

图 9-4 页面运行结果 1

(3) 在对话框的文本框中输入"小明",单击"确定"按钮,页面运行结果 2 如图 9-5 所示。

图 9-5 页面运行结果 2

9.2.3 JavaScript 自定义函数

1. 定义函数

在 JavaScript 语言中,函数类似于 C#语言中的方法,用于执行特定任务的代码语句块。除了系统函数,用户也可以创建自定义函数。

自定义函数的基本语法格式如下。

```
function functionName(parameter1, parameter2, ..., parameterN)
{
    // 函数体
}
```

(1) function 是 JavaScript 语言中定义函数的关键字。

(2) JavaScript 函数不需要声明返回值类型或参数类型。

2. 函数调用

函数调用通常与表单元素的事件一起使用,调用格式如下。

```
eventName = "functionName()";
```

eventName 是触发函数调用的事件名,如按钮点击事件(onclick)或表单提交事件(onsubmit)等。functionName 是要调用的函数名,要确保该函数已在代码中定义。括号中没有参数时,直接使用空括号进行函数调用。

【例 9-3】新建 HTML 页面,在 HTML 标签内创建 JavaScript 自定义函数,测试调用自定义函数。

具体实现步骤如下。

(1) 在 HTML 源文件内,添加 JavaScript 代码如下。

```html
<HTML>
<head>
</head>
<body>
    <input name="btn" type="button" value="请输入显示的次数 "
        onclick="study(prompt('请输入显示欢迎语次数:',''))" />
    <script>
        function study(count) {
```

```
            for (var i = 0; i < count; i++) {
                document.write("<h4>欢迎使用 JavaScript！</h4>");
            }
        }
    </script>
</body>
</HTML>
```

（2）运行网站，页面运行结果 1 如图 9-6 所示。

图 9-6　页面运行结果 1

（3）单击"请输入显示的次数"按钮，在对话框的文本框中输入 5，页面运行结果 2 如图 9-7 所示。

图 9-7　页面运行结果 2

（4）单击"确定"按钮，函数执行效果如图 9-8 所示。

图 9-8　函数执行效果

9.3 jQuery 的使用

jQuery 的主要目标是提供一种更简洁、更直观的方式来操作 HTML 文档、处理事件、执行动画效果，以及进行 AJAX 交互。它通过封装复杂的 JavaScript 代码，提供了易于使用的 API 和方法，使开发人员能够更高效地操作 DOM 元素、处理事件和执行动作。由于其简单易用的特性，jQuery 被广泛应用于各种 Web 项目中。许多大型互联网公司，如谷歌、微软、IBM 等，都使用 jQuery 来简化和优化他们的前端开发工作。

9.3.1 jQuery 的安装

使用 jQuery 时必须在网页中添加 jQuery 库引用，可以通过下载 jQuery 库和从内容分发网络（content delivery network，CDN）中载入两种方法在网页中添加引用。

1. 下载 jQuery 库

从 jQuery 官网（https://jquery.com/）下载 jQuery 库，可以选择下载产品版（production version）或者开发版（development version）。如果对文件大小有所顾虑，建议下载产品版，因为它更小并且加载速度更快。

（1）产品版用于实际的网站中，已被精简和压缩。

（2）开发版用于测试和开发，未压缩的可读代码。

下载完成后，将 jQuery 库保存在项目文件夹中。jQuery 库其实就是一个 JavaScript 文件，可以将其保存名为 jquery.js 的文件，以便于引用和管理。接下来，在 HTML 文件中引入 jQuery 库。可以通过在 <head> 或者 <body> 标签中添加代码来实现引入。

基本引入示例代码如下。

```
<head>
<script src="路径/jquery.js" type="text/javascript"></script>
</head>
```

引入 jQuery 库后，就可以开始使用它了。在 JavaScript 脚本中，可以使用 '$' 符号来访问 jQuery 的方法和功能。例如，使用 $( ) 可以选择特定的元素，使用 click( ) 方法可以给元素添加点击事件监听等。

2. 从 CDN 中载入 jQuery 库

CDN 是一种用于提供高效、可靠的数据传输服务的网络架构。在计算机领域中，CDN 经常被用于提高网页加载速度、减少网络延迟，并提供更好的用户体验。在使用 jQuery 时，为了提高加载速度和稳定性，通常会选择从 CDN 中载入 jQuery 库。CDN 提供了全球分布的高速服务器，以降低用户从原始服务器下载文件的延迟时间。开发人员可以利用这些优势来提供更快的加载速度和更好的用户体验。

访问 https://code.jquery.com/，找到适合项目的 jQuery 版本，复制其 CDN 链接。通常需要在 HTML 文档的 <head> 标签内添加一个 <script> 标签，并指定 jQuery 库的 URL。这样，在浏览器加载 HTML 文档时，将自动从 CDN 服务器下载并执行 jQuery 库。

基本载入示例代码如下。

```
<!DOCTYPE html>
<html>
<head>
        <script src="https://code.jquery.com/jquery-3.5.1.min.js"></
script>
<!-- 百度 CDN: https://cdn.staticfile.org/jquery/3.5.1/jquery.min.js -->
<!-- Google CDN: https://ajax.googleapis.com/ajax/libs/jquery/3.5.1/
jquery.min.js-->
<!-- Microsoft Ajax CDN: https://ajax.aspnetcdn.com/ajax/jQuery/
jquery-3.5.1.min.js-->
</head>
<body>
        <!-- 其他 HTML 内容 -->
</body>
</html>
```

上述代码中的 src 属性指定了 jQuery 库在 CDN 服务器上的位置。只需将该代码嵌入 HTML 文档中，并确保与其他需要使用 jQuery 的代码一起运行即可。

9.3.2 jQuery 基本语法

jQuery 的基本语法通常由选择器和操作方法组成。选择器用于选取 HTML 元素，而操作方法在选定的元素上执行。jQuery 基础语法如下。

```
$(selector).action()
```

代码解释如下。

（1）'$' 符号表示定义 jQuery。

（2）（selector）表示要查询或查找的 HTML 元素。

（3）action( ) 表示 jQuery 对元素的操作。

jQuery 常用的实例如下。

```
$(this).hide()              // 隐藏当前元素
$("p").hide()               // 隐藏所有 <p> 标签元素
$("p.test").hide()          // 隐藏所有 class="test" 的 <p> 标签元素
$("#test").hide()           // 隐藏 id="test" 的元素
```

9.3.3 jQuery 中的方法

jQuery 中的方法是可以执行各种操作和任务的工具，它们可以用于选取元素、操作 DOM、处理事件、添加效果和动画，以及进行 AJAX 通信等。通过使用 jQuery 方法，开发人员可以更快速、高效地开发出功能丰富、交互性强的 Web 应用程序。

在 HTML 文档中 jQuery 的基本语法结构如下。

```
$(document).ready(function()
{
    //jQuery 代码块
});
```

上述结构的简洁写法如下。

```
$(function()
{
    //jQuery代码块
});
```

jQuery 的方法是通过 $( ) 来调用的，括号内可以包含参数，用于传递给方法进行处理。

在 jQuery 中的方法具有以下几种功能。

（1）DOM 操作：jQuery 的方法可用于选取 HTML 元素，并对其进行各种操作。例如，通过选择器来选定元素，然后使用方法进行内容的获取、设置或删除，属性的修改，样式的改变等。

（2）事件处理：jQuery 的方法可以用于绑定、解绑和触发各种事件。通过选择器选定元素，然后使用方法来绑定事件处理程序，以响应用户的操作，如点击、鼠标悬停等事件。

（3）效果和动画：jQuery 提供了许多效果和动画的方法，可以轻松地为网页添加流畅的过渡效果。例如，使用 fadeIn( ) 方法和 fadeOut( ) 方法可以实现渐入渐出的效果，使用 slideDown( ) 方法和 slideUp( ) 方法可以实现滑动效果等。

（4）AJAX 通信：jQuery 还支持进行 AJAX 异步通信，通过使用 $.ajax( ) 方法来发送 HTTP 请求，获取服务器返回的数据，并在页面中进行展示或操作。

（5）自定义方法：除了使用 jQuery 提供的内置方法外，开发人员还可以定义自己的方法，并将其与 jQuery 方法结合使用。这样可以更好地组织和封装代码，实现更高效的开发。

1. jQuery 的 DOM 操作方法

addClass( )：用于给选中的元素添加一个或多个类。

removeClass( )：用于从选中的元素中移除一个或多个类。

toggleClass( )：切换选中元素中的一个或多个类的状态。如果类存在，则移除它；如果类不存在，则添加它。

attr( )：用于获取或设置选中元素的属性。

removeAttr( )：用于移除选中元素的指定属性。

text( )：用于获取或设置选中元素的文本内容。

html( )：用于获取或设置选中元素的 HTML 内容。

val( )：用于获取或设置表单元素的值。

append( )：将指定内容添加到选中元素的末尾。

prepend( )：将指定内容添加到选中元素的开头。

after( )：将指定内容插入选中元素的后面。

before( )：将指定内容插入选中元素的前面。

remove( )：从文档中删除选中元素。

empty( )：清空选中元素的子元素。

2. jQuery 的效果和动画方法

show( )：以渐显效果显示选中元素。

hide( )：以渐隐效果隐藏选中元素。

toggle( ): 切换选中元素的可见性,如果元素可见则隐藏,如果元素隐藏则显示。
fadeIn( ): 以淡入效果显示选中元素。
fadeOut( ): 以淡出效果隐藏选中元素。
slideUp( ): 以滑动效果向上收起选中元素。
slideDown( ): 以滑动效果向下展开选中元素。
slideToggle( ): 切换选中元素的收起或展开状态,以滑动效果实现。
animate( ): 实现自定义的动画效果,可以设置元素的位置、大小、透明度等属性变化。

3. jQuery 的 AJAX 通信方法

$.ajax( ): 发起一个 AJAX 请求,并提供了全面的配置选项,可自定义请求的方式、地址、数据等。

$.get( ): 发起一个 GET 请求,并获取服务器返回的数据。

$.post( ): 发起一个 POST 请求,并将数据发送给服务器。

$.getJSON( ): 发起一个 GET 请求,并期望服务器返回一个 JSON 格式的数据。

$.ajaxSetup( ): 用于设置全局的 AJAX 选项,可以在整个 Web 应用程序中共享设置。

ajaxStart( ): 当第一个 AJAX 请求开始时触发的事件处理函数。

ajaxStop( ): 当最后一个 AJAX 请求完成后触发的事件处理函数。

【例 9-4】新建 HTML 页面,测试调用 jQuery 的滑动效果方法。

具体实现步骤如下。

(1)在 HTML 源文件内,添加 JavaScript 代码如下。

```
<html>
<head>
<script src="https://cdn.staticfile.org/jquery/3.5.1/jquery.min.js"></script>
    <meta name="viewport" content="width=device-width" />
    <title>jQuery 切换滑动方法测试 </title>
    <link rel="stylesheet" href="~/css/style.css">
    <script>
        $(document).ready(function () {
            $("#toggle-button").click(function () {
                $("#content").slideToggle("slow");
            });
        });
    </script>
</head>
<body>
    <h1>jQuery 切换滑动方法测试 </h1>
    <button id="toggle-button">切换滑动 </button>
    <div id="content" style="display: none;">
        <p> 待切换的内容 </p>
    </div>
</body>
</html>
```

(2)运行网站,页面运行结果 1 如图 9-9 所示。

（3）单击"切换滑动"按钮，页面滑动显示"待切换的内容"，页面运行结果 2 如图 9-10 所示。

图 9-9　页面运行结果 1

图 9-10　页面运行结果 2

9.3.4　jQuery 中的事件

事件是指网页在访问者不同操作下的响应，比如，在 HTML 元素上移动鼠标、选中单选按钮、单击元素等。这些都是 jQuery 中常用的事件。在 jQuery 中，事件处理程序指的是当网页中发生某个事件时所调用的方法。大多数 DOM 事件在 jQuery 中都有对应的方法，比如，页面中的单击事件对应了 click( ) 方法。jQuery 中的主要事件如表 9-1 所示。

表 9-1　jQuery 中的主要事件

方　　法	事　　件	所　属　对　象
click( )	单击	鼠标事件
dblclick( )	双击	鼠标事件
mouseenter( )	鼠标移入	鼠标事件
mouseleave( )	鼠标移出	鼠标事件
mousedown( )	鼠标按下	鼠标事件
mouseup( )	鼠标松开	鼠标事件
mousemove( )	鼠标移动	鼠标事件
keydown( )	键盘按下	键盘事件
keyup( )	键盘松开	键盘事件
submit( )	表单提交	表单事件
focus( )	输入框获取焦点	表单事件（输入框）
blur( )	输入框失去焦点	表单事件（输入框）
resize( )	调整浏览器窗口大小	文档 / 窗口事件
scroll( )	滚动指定的元素	文档 / 窗口事件

【例 9-5】新建 HTML 页面，测试单击 <p> 标签元素时触发 jQuery 事件，隐藏当前 <p> 标签元素。

具体实现步骤如下。

（1）在 HTML 源文件内，添加 JavaScript 代码如下。

```
<html>
<head>
    <meta charset="utf-8" />
    <title>jQuery Event</title>
```

```
            <script src="https://ajax.aspnetcdn.com/ajax/jQuery/jquery-3.5.1.min.js">
    </script>
</head>
<body>
    <p>普通段落</p>
    <p id="myParagraph">点击我隐藏</p>
    <script>
        $(document).ready(function() {
            $("#myParagraph").click(function() {
                $(this).hide();
            });
        });
    </script>
</body>
</html>
```

（2）运行网站，页面运行结果 1 如图 9-11 所示。

图 9-11　页面运行结果 1

（3）单击"点击我隐藏"文字，触发事件隐藏该段落，页面运行结果 2 如图 9-12 所示。

图 9-12　页面运行结果 2

9.4　jQuery 选择器

jQuery 选择器是一种功能强大的工具，用于在 HTML 文档中定位和选择元素。它由 jQuery 提供，并旨在简化 JavaScript 代码和 DOM 操作。使用 jQuery 选择器，开发人员可以轻松地通过元素的标签名、类名、ID、属性、子元素、父元素等方式快速定位到所需的元素。这种便利性使得开发人员能够以简洁而高效的方式操作和处理页面上的元素。

9.4.1　jQuery 基本选择器

jQuery 中的选择器语法简洁明了，以 '$' 符号开头，后面跟着括号来识别。常见的基本选择器包括元素选择器、ID 选择器、Class 选择器、通配选择器和组合选择器等。

1. 元素选择器

jQuery 元素选择器用于在网页中选择匹配特定的元素。与原生的 CSS 元素选择器类似，jQuery 元素选择器也使用元素的标签名作为选择条件。它的语法与 CSS 元素选择器相同，只需在选择器里加上元素的标签名即可。例如，要选择所有的段落元素，可以使用 $("p") 来获取匹配的元素集合。此时，可以对获取的元素集合进行各种操作，如修改样式、添加事件处理程序等。

jQuery 元素选择器具有很高的灵活性和可扩展性，使得开发人员能够更加方便地操作和处理 HTML 文档中的元素。同时，通过结合各种选择器的组合，可以实现更复杂的选择操作，提高开发效率。

以下是一些常见的 jQuery 元素选择器示例。

（1）$("p")：该选择器用于选择所有的段落元素。

（2）$("h1")：该选择器用于选择所有的一级标题元素。

（3）$("ul")：该选择器用于选择所有的无序列表元素。

（4）$("li")：该选择器用于选择所有的列表项元素。

【例 9-6】新建 HTML 页面，创建元素选择器，当单击按钮后，隐藏 HTML 页面中所有的 <p> 标签元素。

具体实现步骤如下。

（1）在 HTML 源文件内，添加 JavaScript 代码如下。

```html
<html>
<head>
<script src="https://code.jquery.com/jquery-3.6.0.min.js"></script>
<script>
    $(document).ready(function() {
    // 当用户单击按钮时执行以下代码
    $("#hideButton").click(function() {
        // 使用元素选择器隐藏所有的 <p> 标签元素
        $("p").hide();
    });
    });
    </script>
</head>
<body>
<h2>jQuery 元素选择器 </h2>
    <p> 段落 1</p>
    <p> 段落 2</p>
    <button id="hideButton"> 点击隐藏所有段落元素 </button>
</body>
</html>
```

（2）运行网站，页面运行结果 1 如图 9-13 所示。

（3）单击"点击隐藏所有段落元素"按钮，隐藏所有的 <p> 标签元素，页面运行结果 2 如图 9-14 所示。

图 9-13　页面运行结果 1

图 9-14　页面运行结果 2

2. ID 选择器

在 HTML 中，可以为元素指定唯一的 ID 属性，以便在后续的操作中准确地定位该元素。而 jQuery ID 选择器可以通过元素的 ID 属性来选择特定的元素，从而便于进一步的操作。它的语法非常简单，只需在选择器里加上 '#' 符号，后接元素的 ID 属性即可。以下是一些常见的 jQuery ID 选择器示例。

（1）$("#header")：选择 ID 为 "header" 的元素。

（2）$("#content")：选择 ID 为 "content" 的元素。

（3）$("#menu")：选择 ID 为 "menu" 的元素。

【例 9-7】新建 HTML 页面，创建 jQuery ID 选择器，当用户单击按钮后，隐藏 HTML 页面中 ID 为 "test" 的元素。

具体实现步骤如下。

（1）在 HTML 源文件内，添加 JavaScript 代码如下。

```html
<html>
<head>
    <title>jQuery ID 选择器演示 </title>
    <script src="https://code.jquery.com/jquery-3.6.0.min.js"></script>
    <style>
        #myElement {
            font-family: Arial, sans-serif;
            font-size: 24px;
        }
    </style>
</head>
<body>
    <h1 id="myElement">具有特定 ID 的标题 </h1>
    <p>Web 页面内容 ...</p>

    <button onclick="changeFont()">改变标题字体和字号 </button>

    <script>
        function changeFont() {
            // 使用 jQuery 的 ID 选择器改变字体和字号
            $("#myElement").css({
                "font-family": "Courier New, monospace",
                "font-size": "32px"
            });
        }
```

```
            </script>
    </body>
</html>
```

（2）运行网站，页面运行结果 1 如图 9-15 所示。

（3）单击"改变标题字体和字号"按钮，改变 id="myElement" 的元素样式，页面运行结果 2 如图 9-16 所示。

图 9-15　页面运行结果 1

图 9-16　页面运行结果 2

3. class 选择器

在 HTML 中，可以为多个元素指定相同的 class 属性，以便对它们进行分组或标记。而 jQuery class 选择器可以通过元素的 class 属性来选取特定的元素，以便进一步的操作。使用 jQuery class 选择器的语法也非常简单，只需在选择器前加上 '.' 符号，后接元素的 class 属性即可。

以下是一些常见的 jQuery class 选择器示例。

（1）$(".header")：选择 class 为 "header" 的元素。

（2）$(".content")：选择 class 为 "content" 的元素。

（3）$(".menu")：选择 class 为 "menu" 的元素。

【例 9-8】新建 HTML 页面，创建 jQuery class 选择器，当用户单击特殊段落后，弹出警告框。

具体实现步骤如下。

（1）在 HTML 源文件内，添加 JavaScript 代码如下。

```
<html>
<head>
    <title>jQuery Demo</title>
    <script src="https://code.jquery.com/jquery-3.6.0.min.js"></script>
    <script>
        $(document).ready(function () {
            // 当页面加载完毕时执行以下代码
            $(".myElement").click(function () {
                // 当单击具有 "myElement" 类的元素时执行以下代码
                alert(" 您点击了具有 'myElement' 类的元素！ ");
            });
        });
    </script>
</head>
<body>
    <h1>jQuery Demo</h1>
```

```
        <p class="myElement">点击我！</p>
        <p class="myElement">点击我！</p>
        <p>普通段落</p>
        <p>普通段落</p>
</body>
</html>
```

（2）运行网站，页面运行结果 1 如图 9-17 所示。

（3）单击"点击我！"文字，触发事件，页面运行结果 2 如图 9-18 所示。

图 9-17　页面运行结果 1

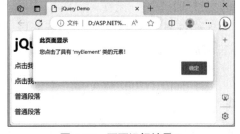
图 9-18　页面运行结果 2

4. 通配选择器

通配选择器是一种特殊的选择器，它使用 '*' 符号匹配任意类型的 HTML 元素。使用 jQuery 通配选择器，可以选择所有的元素，并对它们进行相应的操作。

以下是一些使用 jQuery 通配选择器的示例。

（1）$("*")：这个选择器将选择页面中的所有元素，包括 <html>、<head> 和 <body> 标签内的所有元素。

（2）$("*.header")：这个选择器将选择所有 class 为 header 的元素。

（3）$("*:visible")：这个选择器将选择当前可见的所有元素。

5. 组合选择器

组合选择器是一种强大且灵活的工具，可以通过组合多个选择器来选择目标元素。它允许通过同时满足多个条件来选择特定的元素。

以下是一些常用的组合选择器及其功能。

空格（空格字符）：空格选择器表示选择器之间的包含关系。例如，$("parent descendant") 将选择 parent 元素下的所有 descendant 元素。

'>'（大于号字符）：大于号选择器表示选择器之间的直接父子关系。例如，$("parent > child") 将选择 parent 元素的所有直接 child 元素。

'+'（加号字符）：加号选择器表示选择紧接在前一个元素之后的下一个元素。例如，$("element + sibling") 将选择紧接在 element 元素后面的 sibling 元素。

'~'（波浪号字符）：波浪号选择器表示选择在特定元素之后的所有同级元素。例如，$("element ~ siblings") 将选择在 element 元素后面的所有 siblings 元素。

这些组合选择器可以根据需要进行嵌套和组合使用，以实现更精确的元素选择。例如，$("parent > child.descendant") 将选择父级元素中具有特定 class 属性的子元素。需要注意的是，组合选择器可能增加选择器的复杂性，并且在匹配元素时需要进行更多的 DOM 遍历操作。因此，在使用组合选择器时，应该谨慎考虑，并确保所选范围合理且效率高。

9.4.2 jQuery 过滤选择器

视频讲解

在 jQuery 中，过滤选择器是一种功能强大且灵活的工具。通过合理使用过滤选择器，可以轻松地在 HTML 文档中定位到需要的元素，并对其进行相应的处理。这样，可以提高开发效率，减少不必要的代码重复。

1. 基本过滤选择器

基本过滤选择器是一组简单、易用且功能强大的选择器。它们根据特定的过滤规则，匹配元素并用于筛选和过滤操作。这些选择器以 ':' 符号开头进行书写。以下是几个常用的基本过滤选择器，如表 9-2 所示。

表 9-2 常用的基本过滤选择器

选 择 器	功 能	返 回
:first	选取匹配元素集合中的第一个元素	单个元素
:last	选取匹配元素集合中的最后一个元素	单个元素
:eq(index)	选取匹配元素集合中指定索引位置的元素	单个元素
:gt(index)	选取匹配元素集合中大于指定索引位置的元素	多个元素
:lt(index)	选取匹配元素集合中小于指定索引位置的元素	多个元素
:even	选取匹配元素集合中偶数索引位置的元素	多个元素
:odd	选取匹配元素集合中奇数索引位置的元素	多个元素
:contains(text)	选取包含指定文本内容的元素	多个元素
:empty	选取没有子元素或文本内容的空元素	多个元素
:parent	选取有子元素或文本内容的父元素	多个元素
:has(selector)	选取含有指定选择器所匹配的元素	多个元素
:not(selector)	选取不匹配指定选择器的元素	多个元素
:animated	选取当前正在执行动画的元素	多个元素

基本过滤选择器的简单示例如下。

```
$("div:first")          // 选取 div 元素中的第一个元素
$("div:last")           // 选取 div 元素中的最后一个元素
$("div:not(a)")         // 选取 div 元素中不包含 <a> 标签的元素集
$("div:even")           // 选取 div 元素中偶数索引位置的元素集
$("div:odd")            // 选取 div 元素中奇数索引位置的元素集
$("div:eq(5)")          // 选取 div 元素中索引为 5 的元素
$("div:gt(5)")          // 选取 div 元素中索引值大于 5 的元素集
$("div:lt(5)")          // 选取 div 元素中索引值小于 5 的元素集
$(":header")            // 选取所有标题元素集
$(":animated")          // 选取当前正在执行动画的元素集
$(":focus")             // 选取当前获取焦点的元素集
```

2. 内容过滤选择器

内容过滤选择器是一种根据元素的文字内容或包含的子元素特征来获取元素的工具。它可以通过模糊或绝对匹配来定位元素的文字内容。该选择器用于选择特定的 HTML 元素或元素组，以便对其进行操作或应用特定的样式。内容过滤选择器基本功能如表9-3所示。

表9-3 内容过滤选择器基本功能

选 择 器	功 能	返 回
:contains( )	选择包含指定文本的元素	所有包含指定文本的元素
:empty	选择无子元素或文本内容的元素	所有无子元素或文本内容的元素
:has( )	选择有子元素或文本内容的元素	所有有子元素或文本内容的元素
:parent	选择包含匹配选择器的元素的父元素	所有包含匹配选择器的元素的父元素

内容过滤选择器的简单示例如下。

```
$("div:contains("content")")    //选取div中包含指定content的元素集
$("div:empty")                   //选取div中不包含子元素的元素集
$("div:has(p)")                  //选取div中含有子元素<p>标签的元素集
$("div:parent")                  //选取div中含有子元素或者文本的元素集
```

3. 可见性过滤选择器

可见性过滤选择器是一种在网页开发中用于筛选可见元素的选择器。它可以帮助开发人员排除不可见的元素，只选择在用户界面中实际可见的元素。这样可以更准确地选择目标元素，并避免对隐藏元素进行无意义的操作，提高代码的效率和可读性。可见性过滤选择器基本功能如表9-4所示。

表9-4 可见性过滤选择器基本功能

选 择 器	功 能	返 回
:visible	选择当前可见的元素	所有满足可见条件的元素
:hidden	选择当前隐藏的元素	所有满足隐藏条件的元素
:not(selector)	选择不符合给定选择器的元素	所有不满足给定选择器条件的元素

可见性过滤选择器的简单示例如下。

```
$("div:hidden")            //选取div中所有不可见的元素集
$("div:visible")           //选取div中所有可见的元素集
$("p:not(.selected)")      //选除类名为"selected"的段落元素之外的所有段落元素
```

4. 属性过滤选择器

属性过滤选择器允许根据元素的属性值来选择和操作元素。无论是选择具有特定属性值的元素，还是选择不具有某个属性值的元素，属性过滤选择器都提供了便捷的方法。在jQuery中，使用方括号（[]）语法表示属性过滤选择器。方括号内部可以指定要匹配的属性名和相应的属性值，以实现对元素的精确选择。属性过滤选择器基本功能如表9-5所示。

表9-5 属性过滤选择器

选 择 器	功 能	返 回
[attribute]	选择具有指定属性的元素	具有指定属性的元素
[attribute='value']	选择具有指定属性值的元素	具有指定属性值的元素
[attribute!='value']	选择不具有指定属性值的元素	不具有指定属性值的元素

续表

选择器	功能	返回
[attribute^='value']	选择属性值以指定值开头的元素	属性值以指定值开头的元素
[attribute$='value']	选择属性值以指定值结尾的元素	属性值以指定值结尾的元素
[attribute*='value']	选择属性值包含指定值的元素	属性值包含指定值的元素
[attribute1][attribute2]	同时选择具有两个指定属性的元素	同时具有两个指定属性的元素
[attribute1='value1'] [attribute2='value2']	同时选择具有两个指定属性值的元素	同时具有两个指定属性值的元素
[attribute1] [attribute2='value2']	同时选择一个具有指定属性和另一个具有指定属性值的元素	同时具有指定属性和指定属性值的元素

属性过滤选择器的简单示例如下。

```
$("div[id]")                          // 选取 div 中所有含有 id 属性的元素集
$("input[name='value1']")             // 选取 name 属性值为 "value1" 的 input 元素集
$("input[name!='value1']")            // 选取 name 属性值不为 "value1" 的 input 元素集
$("input[name^='value1']")            // 选取所有 name 以 "value1" 开始的 input 元素集
$("input[name$='value1']")            // 选取所有 name 以 "value1" 结尾的 input 元素集
$("input[name*='value1']")            // 选取所有 name 包含 "value1" 的 input 元素集
$("input[id1][name$='value1']")       // 选取所有含有 id1 属性,并且其的 name 属性是以
                                      //"value1" 结尾的 input 元素集
```

5. 子元素过滤选择器

子元素过滤选择器是一种用于选择指定元素的直接子元素的选择器。它可以根据特定的关系来选择 DOM 树中的元素。子元素过滤选择器使用 '>' 符号来表示父子关系，用于选取符合条件的父元素的直接子元素。通过使用子元素过滤选择器，可以限制选择器的作用范围，只选择符合条件的直接子元素，而不选择更深层次的后代元素。子元素过滤选择器基本功能如表 9-6 所示。

表 9-6 子元素过滤选择器

选择器	功能	返回
:first-child	选择父元素的第一个子元素	符合条件的第一个子元素
:last-child	选择父元素的最后一个子元素	符合条件的最后一个子元素
:only-child	选择父元素中只有一个的子元素	符合条件的唯一子元素
:nth-child(an+b)	根据数学公式选择子元素	符合数学公式的子元素
:even	选择偶数位置的子元素	父元素的直接子元素中，偶数位置的子元素
:odd	选择奇数位置的子元素	父元素的直接子元素中，奇数位置的子元素
:first-of-type	选择父元素下相同类型的第一个元素	父元素的直接子元素中，第一个指定类型的元素
:last-of-type	选择父元素下相同类型的最后一个元素	父元素的直接子元素中，最后一个指定类型元素
:only-of-type	选择父元素下只有一个指定类型的元素	父元素的直接子元素中，唯一指定类型元素
:nth-of-type(an+b)	根据数学公式选择指定类型的元素	符合数学公式的指定类型的元素

子元素过滤选择器的简单示例如下。

```
$("div:first-child")        //选取 div 的第一个子元素
$("div:last-child")         //选取 div 的最后一个子元素
$("div:only-child")         //选取 div 中包含唯一子元素的元素
$("div:nth-child(3))")      //选取 div 中下一级子索引为 3 的元素
```

6. 表单过滤选择器

表单过滤选择器是对所选择的表单元素进行过滤的一种选择器，用于筛选和操作 HTML 表单元素。通过使用表单过滤选择器，可以方便地获取到被选中的下拉框、复选框等元素，并进一步对它们进行操作，比如，读取选项的值或执行相应的逻辑。合理使用表单过滤选择器可以更方便地对表单进行验证、获取值或执行其他操作。表单过滤选择器基本功能如表 9-7 所示。

表 9-7 表单过滤选择器

选择器	功能	返回
:input	选取所有的表单控件元素	\<input>、\<textarea>、\<select>、\<button> 等
:checked	选取所有被选中的复选框或单选按钮元素	\<input type="checkbox">、\<input type="radio">
:disabled	选取所有被禁用的表单元素	\<input>、\<button>、\<select>、\<textarea> 等
:enabled	选取所有可用的表单元素	\<input>、\<button>、\<select>、\<textarea> 等
:selected	选取所有被选中的选项元素	\<option>、\<optgroup>
:text	选取所有文本输入框元素	\<input type="text">
:submit	选取所有提交按钮元素	\<input type="submit">、\<button type="submit">
:reset	选取所有重置按钮元素	\<input type="reset">、\<button type="reset">
:button	选取所有按钮元素	\<button>、\<input type="button">
:image	选取所有图像输入按钮元素	\<input type="image">
:focus	选择当前获取焦点的元素	任意表单元素

表单过滤选择器的简单示例如下。

```
$("input:enabled")              //选取所有可用的 input 元素集
$("input:disabled")             //选取所有不可用的 input 元素集
$("input:checked")              //选取单选框、复选框中所有被选中元素集
$("select option:seleced")      //选取下拉框内所有被选中的元素集
```

9.4.3 jQuery 表单选择器

作为 HTML 中的一种特殊元素，表单在 Web 应用程序开发中扮演着重要的角色。其操作方法具有一些特殊性和多样性，而使用表单选择器可以更加简单、灵活地操作表单。为了获得表单中的特定元素或某种类型的元素，可以在 jQuery 选择器中添加表单选择器。表单选择器基本功能如表 9-8 所示。

表 9-8 表单选择器

选择器	功能	返回
:input	获取所有 <input>、<textarea>、<select> 标签元素	元素集合
:text	获取所有单行文本框元素	元素集合
:password	获取所有密码框元素	元素集合
:radio	获取所有单选按钮元素	元素集合
:checkbox	获取所有复选框元素	元素集合
:submit	获取所有提交按钮元素	元素集合
:image	获取所有图像域元素	元素集合
:reset	获取所有重置按钮元素	元素集合
:button	获取所有按钮元素	元素集合
:file	获取所有文件域元素	元素集合
:hidden	获取隐藏字段元素	元素集合

9.4.4 jQuery 层次选择器

层次选择器通过 DOM 元素之间的层次关系来获取元素，主要涉及父子、后代、相邻和兄弟等关系。层次选择器基本功能如表 9-9 所示。

表 9-9 层次选择器

选择器	功能	返回
ancestor descendant	根据祖先元素匹配所有的后代元素	元素集合
parent>child	根据父元素匹配所有的子元素	元素集合
prev+next	匹配所有紧接在 prev 元素后的相邻元素	元素集合
prev~siblings	匹配 prev 元素后所有的兄弟元素	元素集合

9.5 jQuery 应用实例

在计算机编程中，JavaScript 脚本和 jQuery 是两种常用的技术，它们可以用来实现各种丰富的功能。特别是在 ASP.NET Core MVC 网站设计中，JavaScript 脚本和 jQuery 被广泛应用。可以使用 JavaScript 脚本来增加网站的交互性和动态性，实现页面元素的显示和隐藏、异步数据加载等。而采用 jQuery，则可以更加高效地处理 DOM 操作、事件绑定和 AJAX 请求，同时兼容各种主流浏览器。

本节将介绍几个常见的 JavaScript 脚本和 jQuery 应用实例。这些实例涵盖了网页表单验证、动态效果展示、数据处理和与服务器的交互等方面。通过学习这些实例，可以更好地掌握 JavaScript 脚本和 jQuery 在 ASP.NET Core MVC 网站设计中的应用技巧，为项目开发提供参考和指导。

9.5.1 折叠式菜单

折叠式菜单是一种常用的交互效果，用于网站或应用程序中的导航栏，可以实现更加紧凑和整洁的页面布局。它通过将子菜单隐藏在父菜单中，用户可以单击父菜单来展开或折叠子菜单，从而实现对各个菜单项的访问和导航。折叠式菜单如图 9-19 所示。

图 9-19 折叠式菜单

实例参考代码如下。

```
<HTML>
<head>
    <title>折叠式菜单</title>
</head>
<style type="text/css">
    * {
        padding: 0;
        margin: 0;
        list-style: none;
    }

    .menu-list {
        width: 300px;
        margin: 60px auto;
        border: 2px solid #bbffff;
    }

    .menu-head {
        background-color: #aaaaff;
        text-align: center;
        height: 100px;
        line-height: 100px;
    }

    .menu-body > li {
        height: 60px;
        line-height: 60px;
        text-align: center;
    }
</style>
<script src="https://cdn.staticfile.org/jQuery/1.10.2/jQuery.min.js">
</script>
<script>
```

```html
        $(function () {
            $(".menu-body").hide().eq(0).show();
            $(".menu-head").click(function () {
                $(this).next().toggle();
                // $(this).next().show();
            });
        });
</script>
<body>
    <div class="menu-list">
        <ul>
            <li>
                <h2 class="menu-head">商品管理</h2>
                <ul class="menu-body">
                    <li>商品列表</li>
                    <li>增加商品</li>
                    <li>修改商品</li>
                    <li>删除商品</li>
                </ul>
            </li>
            <li>
                <h2 class="menu-head">公告管理</h2>
                <ul class="menu-body">
                    <li>公告列表</li>
                    <li>增加公告</li>
                    <li>修改公告</li>
                    <li>删除公告</li>
                </ul>
            </li>
            <li>
                <h2 class="menu-head">链接管理</h2>
                <ul class="menu-body">
                    <li>链接列表</li>
                    <li>增加链接</li>
                    <li>修改链接</li>
                    <li>删除链接</li>
                </ul>
            </li>
            <li>
                <h2 class="menu-head">会员管理</h2>
                <ul class="menu-body">
                    <li>会员列表</li>
                    <li>增加会员</li>
                    <li>修改会员</li>
                    <li>删除会员</li>
                </ul>
            </li>
        </ul>
    </div>
</body>
</HTML>
```

9.5.2 表格动态修改

网页表格是网站管理中经常使用的输入、输出的基本容器，表格动态修改是指在网页中通过用户的交互操作，实时修改表格内容的功能，页面展示如图 9-20 所示。

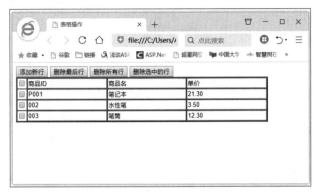

图 9-20 表格动态修改的页面展示

实例参考代码如下。

```html
<html>
<head>
    <title>表格操作</title>
    <script src="http://libs.baidu.com/jQuery/2.0.0/jQuery.min.js"></script>
    <script type="text/javascript">
        $(document).ready(function () {
            // 添加新行
            $("#one").click(function () {
                var $td = $("#trOne").clone();
                $("table").append($td);
                $("table tr:last").find("input").val("");
            });
            // 删除最后行
            $("#two").click(function () {
                $("table tr:not(:first):last").remove();
            });
            // 删除所有行
            $("#three").click(function () {
                $("tr:not(:first)").remove();
            });
            // 删除选中的行
            $("#four").click(function () {
                // 遍历选中的 checkbox
                $("[type='checkbox']:checked").each(function () {
                    // 获取 checkbox 所在行的顺序
                    n = $(this).parents("tr").index();
                    $("table").find("tr:eq(" + n + ")").remove();
                });
            });
            // 设置高亮行
```

```html
            $("tr").mouseover(function () {
                $(this).css("background-color", "red");
            });
            $("tr").mouseout(function () {
                $(this).css("background-color", "white");
            });
        });
    </script>
</head>
<body>
    <input type="button" id="one" value="添加新行 " />
    <input type="button" id="two" value="删除最后行 " />
    <input type="button" id="three" value="删除所有行 " />
    <input type="button" id="four" value="删除选中的行 " /><br />
    <table width="400px" height="50px" border="2px" cellspacing="0" cellpadding="0">
        <tr id="trOne">
            <td><input type="checkbox" name=""></td>
            <td><input type="" name="" value=" 商品 ID"</td>
            <td><input type="" name="" value=" 商品名 "</td>
            <td><input type="" name="" value=" 单价 "</td>
        </tr>
        <tr>
            <td><input type="checkbox" name=""></td>
            <td><input type="" name="" value="P001"</td>
            <td><input type="" name="" value=" 笔记本 "</td>
            <td><input type="" name="" value="21.30"</td>
        </tr>
        <tr>
            <td><input type="checkbox" name=""></td>
            <td><input type="" name="" value="002"</td>
            <td><input type="" name="" value=" 水性笔 "</td>
            <td><input type="" name="" value="3.50"</td>
        </tr>
        <tr>
            <td><input type="checkbox" name=""></td>
            <td><input type="" name="" value="003"</td>
            <td><input type="" name="" value=" 笔筒 "</td>
            <td><input type="" name="" value="12.30"</td>
        </tr>
    </table>
</body>
</html>
```

9.5.3 手风琴效果

手风琴效果是一种常用于网页设计中的交互效果。应用于具有多个相关内容块的网页部分，如导航菜单、产品列表或信息卡片等。通过初始时只展示一个内容块，并允许用户单击并展开其他内容块，手风琴效果可以在保持页面简洁的同时提供更多信息的展示，如图 9-21 所示。

图 9-21　手风琴效果

实例参考代码如下。

```
<html>
<head>
    <title>jQuery 手风琴效果</title>
    <script src="https://libs.baidu.com/jquery/1.11.3/jquery.min.js"></script>
    <style>
 #king {
   width:780px;
   height:90px;
   background-color:cornflowerblue;
   position:relative;
   line-height:90px;
   margin:0 auto;
   margin-top:200px;
}
#king ul li {
   float:left;
   width:70px;
   height:90px;
   list-style:none;
   margin-top:10px;
}
#king ul li:first-child {
   width:224px;
}
#king ul li:first-child .small {
   display:none;
}
#king ul li:first-child .big {
   display:inline;
}
#king ul li .big {
   display:none;
}
#king ul li .small {
   position:absolute;
   width:69px;
   height:69px;
}
.big{
```

```
            width: 200px
    }</style>
</head>
<body>
<div id="king">
    <ul>
        <li>
            <a href="###">
                <img src="1.jpg" alt="" class="small">
                <img src="1.jpg" alt="" class="big">
            </a>
        </li>
        <li>
            <a href="###">
                <img src="2.jpg" alt="" class="small">
                <img src="2.jpg" alt="" class="big">
            </a>
        </li>
        <li>
            <a href="###">
                <img src="3.jpg" alt="" class="small">
                <img src="3.jpg" alt="" class="big">
            </a>
        </li>
        <li>
            <a href="###">
                <img src="4.jpg" alt="" class="small">
                <img src="4.jpg" alt="" class="big">
            </a>
        </li>
        <li>
            <a href="###">
                <img src="5.jpg" alt="" class="small">
                <img src="5.jpg" alt="" class="big">
            </a>
        </li>
        <li>
            <a href="###">
                <img src="6.jpg" alt="" class="small">
                <img src="6.jpg" alt="" class="big">
            </a>
        </li>
        <li>
            <a href="###">
                <img src="7.jpg" alt="" class="small">
                <img src="7.jpg" alt="" class="big">
            </a>
        </li>
    </ul>
</div>
```

```
<script>
$(function() {
    $('#king li').mouseenter(function() {
        $(this).stop().animate({
            "width": 224
        }).find('.big').stop().fadeIn().siblings().stop().fadeOut();

        $(this).siblings().stop().animate({
            "width": 70
        }).find('.big').stop().fadeOut().siblings().stop().fadeIn();
    })
})
</script>
</body>
</html>
```

9.5.4　Tab 选项卡

Tab 选项卡是一种常见的用户界面设计元素，用于在网页中展示多个相关内容或功能，并允许用户通过单击选项卡切换不同的内容。Tab 选项卡如图 9-22 所示。

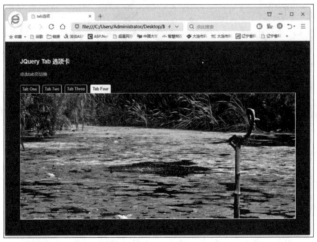

图 9-22　Tab 选项卡

实例 HTML 文件的参考代码如下。

```
<HTML>
<head>
<meta http-equiv="Content-Type" content="text/HTML; charset=utf-8" />
<meta name="description" content="tab 选项卡 " />
<title>tab 选项卡式切换效果 </title>
<!-- JS Includes -->
    <script src="images/jQuery.js" type="text/javascript"></script>
    <script src="images/billy.carousel.jQuery.min.js" type="text/javascript"></script>
    <!-- CSS Includes -->
```

```html
        <link rel="stylesheet" href="images/demonstration.css" type="text/css" media="screen" />
    <title>tab 选项测试</title>
</head>
<body>
    <script type="text/javascript">
        $(document).ready( function() {

            $('#tabber').billy({
                slidePause: 5000,
                indicators: $('ul#tabber_tabs'),
                customIndicators: true,
                autoAnimate: false,
                noAnimation: true
            });

        });

    </script>

    <div id="container">
        <h3>jQuery Tab 选项卡</h3>
        <p>点击 tab 页切换</p>
        <!-- The Tabs 标题 -->
        <ul id="tabber_tabs">
            <li><a href="#0">Tab One</a></li>
            <li><a href="#1">Tab Two</a></li>
            <li><a href="#2">Tab Three</a></li>
            <li><a href="#3">Tab Four</a></li>
        </ul>
        <!-- Tabbed 内容区 -->
        <div id="tabber_clip">
            <ul id="tabber">
                <li><img src="images/desert.jpg" width="900" height="400" alt="Desert"></li>
                <li>
                    <br />
                    面朝大海，春暖花开....
                </li>
                <li><img src="images/wood.jpg" width="900" height="400" alt="Wood"></li>
                <li><img src="images/pond.jpg" width="900" height="400" alt="Pond"></li>
            </ul>
        </div>
    </div>
</body>
</HTML>
```

实例 .CSS 文件的参考代码见代码实现二维码。

代码实现

9.5.5 万花筒

万花筒是一种在网页上呈现的视觉效果，通过利用 CSS 样式和 JavaScript 脚本技术，实现多彩、变换的图形和动画效果。它通常由多个旋转的形状组成，形成一种幻觉或艺术效果。为了增强用户体验，还可以添加交互功能，例如，鼠标指针悬停时形状的改变或单击时形状的切换。通过监听鼠标事件或单击事件，并在事件发生时改变形状的属性，实现与用户的互动。万花筒效果如图 9-23 所示。

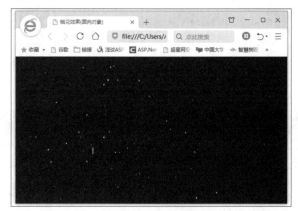

图 9-23　万花筒效果

实例参考代码如下。

```
<HTML>
<head>
<title>烟花效果</title>
<style type="text/css">
  *{padding: 0;margin: 0}
  body{overflow: hidden;width: 100%;height: 100%;background: #000; }
  div{position: absolute;background: #000;color: #fff}
</style>
<script src="https://cdn.staticfile.org/jQuery/1.10.2/jQuery.min.js">
</script>
</head>
<body>
<script type="text/javascript">
 var firWorks = {
  init : function(){
   var _that = this;
    $(document).bind("click",function(e){
     _that.eventLeft = e.pageX;
     _that.eventTop = e.pageY;
     _that.createCylinder();
    });
  },
  createCylinder : function(event){
   var _that = this;
```

```javascript
      this.cHeight = document.documentElement.clientHeight;
      this.cylinder = $("<div/>");
      $("body").append(this.cylinder);
this.cylinder.css({"width":4,"height":15,"background-color":"red","top":this.cHeight,"left":this.eventLeft});
      this.cylinder.animate({top:this.eventTop},600,function(){
        $(this).remove();
        _that.createFlower();
      })
    },
    createFlower : function(){
      var _that = this;
      for(var i = 0 ; i < 30; i++ ){
        $("body").append($("<div class='flower'></div>"));
      };
      $(".flower").css({"width":3,"height":3,"top":this.eventTop,"left":this.eventLeft});
      $(".flower").each(function(index, element) {
        var $this = $(this);
        var yhX = Math.random()*400-200;
        var yhY = Math.random()*600-300;
        _that.changeColor();
$this.css({"background-color":"#"+_that.randomColor,"width":3,"height":3}).animate({"top":_that.eventTop-yhY,"left":_that.eventLeft-yhX},500);
        for(var i=0;i<30;i++){
          if(yhX<0){
          _that.downPw($this,"+");
         }else{
          _that.downPw($this,"-");
         }
        }
      });
    },
    changeColor : function(){
     this.randomColor = "";
     this.randomColor = Math.ceil(Math.random()*16777215).toString(16);
while(this.randomColor.length<6){
     this.randomColor = "0"+this.randomColor;
     }
    },
downPw : function(ele,type){
     ele.animate({"top":"+=30","left":type+"=4"},50,function(){
        setTimeout(function(){ele.remove()},2000);
      })
     }
   };
   firWorks.init();
</script>
</body>
</HTML>
```

9.5.6 网页时钟

网页时钟是一种在网页上显示当前时间的功能。可以呈现多种形式，如数字时钟、模拟时钟或倒计时器等。其中，数字时钟会显示小时数、分钟和秒数，而模拟时钟则会模拟传统时钟的外观，包括时针、分针和秒针的运动。网页时钟如图 9-24 所示。

实例参考代码见代码实现二维码。

图 9-24 网页时钟

代码实现

9.6 本章小结

本章首先详细介绍了 jQuery 的基本作用。其次，通过示例讲解了 JavaScript 语法和函数的定义与调用方法，提供了专业性、严谨性和可读性。再次，全面介绍了 jQuery 方法及其事件，并通过详细的示例讲解了 jQuery 选择器的使用。最后，提供了几种常见的 jQuery 应用实例，以便读者更好地理解和应用所学知识。

9.7 习题

一、选择题

1. 下列关于 JavaScript 语言中变量名称描述不正确的是（　　）。
   A. 可以由大小写字母、数字、下画线或美元符号组成
   B. 可以以字母、下画线和美元符号开头
   C. 可以包含美元符号
   D. 可以包含中文符号
2. 如果 JavaScript 的条件语句结果是 false，则条件语句值可以是（　　）。
   A. null　　　　　　B. ""　　　　　　C. undefined　　　　D. 以上都是
3. 下列方法中不属于 jQuery 鼠标事件的是（　　）。
   A. dblclick( )　　　B. keyup( )　　　C. mouseenter( )　　D. hover( )
4. 下列方法中不属于 jQuery 表单事件的是（　　）。
   A. submit( )　　　　B. keyup( )　　　C. scroll( )　　　　D. hover( )
5. 下列选择器中不属于 jQuery 选择器的是（　　）。
   A. :image　　　　　B. :button　　　　C. :parent　　　　　D. :radio
6. 在 JavaScript 语言中，使用（　　）关键字声明的变量是函数作用域的。
   A. var　　　　　　 B. let　　　　　　C. const　　　　　　D. 无法确定
7. 在 JavaScript 语言中，使用（　　）关键字声明的变量是块级作用域的。
   A. var　　　　　　 B. let　　　　　　C. const　　　　　　D. 无法确定
8. 在 JavaScript 语言中，使用（　　）关键字声明的常量是不可变的。
   A. var　　　　　　 B. let　　　　　　C. const　　　　　　D. 无法确定

9. 使用 const 关键字声明的常量是否可以进行修改。（　　）
   A. 是　　　　　　　　B. 否　　　　　　　　C. 取决于具体情况　　D. 无法确定
10. 在 jQuery 中，通过使用（　　）语法结构可以简洁地表示方法调用。
    A. $(document).ready(function(){...})　　B. $(function(){...})
    C. $.ajax()　　　　　　　　　　　　　　D. jQuery()
11. jQuery 方法可以用于进行（　　）操作和任务。
    A. 选取元素　　　　　　　　　　　　　　B. 操作 DOM
    C. 处理事件　　　　　　　　　　　　　　D. 所有选项都正确
12. 在 jQuery 中，使用（　　）方法来实现渐入渐出的效果。
    A. fadeIn( ) 和 fadeOut( )　　　　　　　B. slideDown( ) 和 slideUp( )
    C. animate( )　　　　　　　　　　　　　D. attr( )
13. 在 jQuery 中，使用（　　）方法来发送 HTTP 请求并获取服务器返回的数据。
    A. $(document).ready(function(){...})　　B. $(function(){...})
    C. $.ajax( )　　　　　　　　　　　　　　D. animate( )
14. 下列选择器可以获取所有的单行文本框元素的是（　　）。
    A. :input　　　　　B. :text　　　　　C. :password　　　　D. :radio
15. 下列选择器可以获取所有紧接在 prev 元素后的相邻元素的是（　　）。
    A. ancestor descendant　　　　　　　　B. parent>child
    C. prev+next　　　　　　　　　　　　　D. prev~siblings
16. 下列选择器可以获取隐藏元素的是（　　）。
    A. :checkbox　　　B. :submit　　　　C. :hidden　　　　　D. :file
17. 下列选择器可以根据父元素匹配所有的子元素的是（　　）。
    A. :input　　　　　B. :password　　　C. parent>child　　　D. :button

二、填空题

1. JavaScript 脚本由＿＿＿、＿＿＿和＿＿＿等三部分组成。
2. JavaScript 语言属于＿＿＿类型的语言，局部变量类型统一定义为＿＿＿类型。
3. 在 JavaScript 语言中的输出功能一般使用＿＿＿函数实现，输入功能通常使用＿＿＿函数实现。
4. ＿＿＿选择器是根据过滤规则进行元素的匹配，书写时都以＿＿＿符号开头。
5. 层次选择器通过 DOM 元素间的层次关系来获取元素，主要的层次关系包括＿＿＿、＿＿＿、＿＿＿和＿＿＿等关系。
6. 查找当前页面内所有的 input 标签对应的选择器是＿＿＿。
7. 查找当前页面内所有样式为 c1 和 ID 为 p3 的标签，则对应的选择器是＿＿＿。
8. 查找当前页面 ID 为 p3 的标签下面的第一个 input 标签对应的选择器是＿＿＿。
9. 在 JavaScript 语言中，使用＿＿＿关键字声明变量，其作用范围限于包含它的函数内部。
10. 使用＿＿＿关键字声明的变量是块级作用域的，其作用范围限于包含它的代码块内部。

11. 使用_____关键字声明的常量是不可变的,一旦赋值后就不能再修改。

三、简答题

1. 简述 jQuery 的优点。

2. 简述 JavaScript 脚本的三个组成部分及主要作用。

3. 简述事件处理程序,以及如何在 jQuery 中定义事件处理程序。

4. 简述基本过滤选择器的概念。

5. 列举几个常用的基本过滤选择器。

第 10 章

Bootstrap框架

CHAPTER 10

　　Bootstrap 是一款简洁、直观且功能强大的前端开发框架，也是目前最流行的前端开发框架之一，它集成了 HTML、CSS 和 JavaScript 技术，提供了布局、网格、表格、按钮、表单、导航、提示、分页等各种组件，可快速帮助开发人员构建网页。

10.1 Bootstrap 框架概述

10.1.1 Bootstrap 框架发展历史

Bootstrap 是一个由 Twitter 工程师 Mark Otto 和 Jacob Thornton 于 2010 年创建的前端开发框架。起初，Bootstrap 框架是为了满足 Twitter 内部项目的需求而开发的。后来，Twitter 决定将其作为开源项目发布，并于 2011 年首次向公众推出。

Bootstrap 框架的 1.0 版本以其简洁、易用的特点迅速赢得了开发人员的喜爱和广泛应用。它提供了一套标准化的 HTML、CSS 和 JavaScript 组件，帮助开发人员能够快速构建具有一致性和高质量的用户界面。随着时间的推移，Bootstrap 不断发展并发布了新版本，引入了更多功能和组件。改进包括更灵活的网格系统、新增的 UI 组件、可定制的主题样式，以及更强大的浏览器兼容性。

10.1.2 Bootstrap 框架的优势

Bootstrap 是一个流行的开源前端框架，具有丰富的文档和活跃的社区支持，具有快速构建响应式和现代化的网站、轻松实现页面布局的自适应和流动性等优势。

响应式布局：Bootstrap 框架具有强大的响应式设计功能，可以自动适应不同设备（如电脑、平板和手机）的屏幕大小和分辨率。这使得开发人员能够轻松地创建适配多个平台的用户界面，提供一致而流畅的用户体验。

快速开发：Bootstrap 框架提供了一套丰富的预定义 CSS 样式和 JavaScript 组件，可以快速构建出具有高度一致性和专业外观的网页。开发人员无须从头开始编写复杂的 CSS 样式和 JavaScript 代码，只需简单地应用 Bootstrap 框架的类和组件即可快速构建页面。

网格系统：Bootstrap 框架的网格系统是其最重要的特性之一。它基于 12 列网格布局，并通过简单的 CSS 样式类让开发人员轻松实现网页布局的灵活性和响应性。这个网格系统使得页面的布局和排版更加易于管理和调整，并且可以根据不同的设备进行自适应调整。

组件丰富：Bootstrap 框架提供了大量的 UI 组件，如导航栏、按钮、表格、表单、模态框等，涵盖了开发中常用的各种元素和交互效果。这些组件不仅具有美观的外观设计，而且都经过优化和测试，确保在各个浏览器和设备上的兼容性和稳定性。

定制化能力：Bootstrap 框架允许开发人员通过自定义变量和样式来定制框架，以满足特定项目的需求。您可以修改框架的颜色、字体、间距等样式属性，并创建自定义的 CSS 样式类，以使 Bootstrap 框架适应不同的设计风格和品牌形象。

10.1.3 Bootstrap 框架浏览器支持

Bootstrap 作为一个流行的开源前端框架，在设计和开发过程中考虑了不同浏览器的兼容性，并且提供了对主流浏览器的广泛支持，包括 Google Chrome、Mozilla Firefox、Microsoft Edge、Safari 等。

10.2 Bootstrap 框架特性

10.2.1 Bootstrap 框架的构成

Bootstrap 框架由 CSS 文件、JavaScript 插件、字体图标和定制工具等多个组件构成。通过使用这些组件，开发人员可以快速构建现代化、响应式的网站和 Web 应用程序，并实现丰富的样式和交互效果。Bootstrap 框架的文件构成如下。

（1）CSS文件：Bootstrap 框架的核心是一组 CSS 文件，其中包含了用于界面设计的样式定义。这些样式可以轻松地应用到 HTML 元素上，使其具有现代化的外观和布局。Bootstrap 框架提供了大量的预定义 CSS 样式类，用于创建网格布局、按钮、表单控件、导航条等常见元素，并支持响应式设计，以适应不同屏幕尺寸。

（2）JavaScript 插件：除了 CSS 文件，Bootstrap 框架还提供了一系列 JavaScript 插件，用于增强网页的交互性和功能性。这些插件包括轮播图、模态框、下拉菜单、滚动监听等，可以通过简单的 HTML 标签和属性来调用和定制。这些插件使开发人员能够以简便的方式实现常见的交互效果，同时也提供了一致的跨浏览器支持。

（3）字体图标：Bootstrap 框架还包含了一套矢量化的字体图标集合，被称为 Glyphicons。这些图标可以在网页中以文本的形式使用，通过添加相应的 CSS 样式类来引用。Glyphicons 提供了丰富的图标选项，涵盖了常见的操作符号、指示符和社交媒体图标等，可以用于增强页面的可视化效果和用户体验。

（4）定制工具和样板文件：为了方便开发人员的定制需求，Bootstrap 框架提供了一个定制工具（customizer），允许用户选择和排除特定的样式和组件，生成定制化的框架文件。此外，Bootstrap 框架还提供了一系列样板文件（templates），包括基础模板、导航模板、表单模板等，可以作为快速起点，加速开发过程。

10.2.2 Bootstrap 框架典型网站

Bootstrap 框架开发的典型网站可以在官方示例网站中查看。网站中展示了使用 Bootstrap 框架开发的各种精美的示例网页，例如，个人博客、电子商务平台、社交媒体页面和企业网站等不同类型的示例网页。这些网页利用了 Bootstrap 框架的网格系统、CSS 样式类和 JavaScript 插件等特性，配合具有吸引力和创意的网页设计和布局，实现了响应式、现代化的用户界面。

1. 百度

百度的页面采用统一的布局方式，保持了页面结构和导航的简洁与清晰，使用户能够快速找到所需的信息。良好的交互设计和视觉图形等，可以让用户在使用过程中能够感受到便捷和舒适。百度 Bootstrap 框架网站如图 10-1 所示。

图 10-1　百度 Bootstrap 架构网站

2. 星巴克

星巴克的页面设计注重用户体验和品牌形象的塑造，从清新、精致的设计风格和响应式布局等细节方面的考虑，为用户提供了一个舒适愉悦的浏览环境。星巴克 Bootstrap 框架网站如图 10-2 所示。

图 10-2　星巴克 Bootstrap 框架网站

3. 任天堂

任天堂的页面设计独特且易于使用，以公司经典的红白色彩为主，呈现出独特的任天堂风格。其首页设计简洁明了，左侧是导航栏，包括商店、新闻、社区等板块，中间是主要内容展示区，底部是网站信息，包括版权声明、隐私政策等。整体设计美观大方，符合用户使用习惯，增强了用户体验。任天堂 Bootstrap 框架网站如图 10-3 所示。

图 10-3　任天堂 Bootstrap 框架网站

10.2.3 Bootstrap 框架插件

为了增强 Bootstrap 框架的功能，社区贡献者开发了一系列扩展插件，并且持续进行维护。这些扩展插件为开发人员提供了一些在原生 Bootstrap 框架中所缺乏的常见交互特性。通过集成这些插件，开发人员能够更好地满足用户需求，提升他们所构建的网站或 Web 应用程序的用户体验。这些扩展插件具有可定制化和灵活性的特点，与 Bootstrap 框架的设计风格完美融合。

（1）Bootswatch：提供了一系列精美的主题样式表，可以覆盖默认的 Bootstrap 样式，快速定制您的网站外观。

下载地址：https://bootswatch.com/

主要增强作用：通过主题样式表，改变网站的外观和风格，使其独特且具有吸引力。

（2）Animate.css：提供了一组动画效果，可以通过简单的 CSS 样式类将动画应用到元素上，让网站更加生动和吸引人。

下载地址：https://animate.style/

主要增强作用：为元素添加动画效果，提高用户对页面元素的注意力和交互体验。

（3）Jasny Bootstrap：扩展了 Bootstrap 框架的功能，添加了一些额外的组件和工具，如文件上传、侧边栏导航等。

下载地址：http://jasny.github.io/bootstrap/

主要增强作用：提供额外的组件和工具，提高网站的功能性和交互性。

（4）Bootstrap-datepicker：一个日期选择器插件，使日期的选择更加方便和易用。

下载地址：https://github.com/uxsolutions/bootstrap-datepicker

主要增强作用：提供易用的日期选择功能，改善网站中涉及日期的交互。

10.2.4 Bootstrap 开发工具

1. CodePen

CodePen（https://codepen.io/）是一个广受欢迎的在线代码编辑器和社区平台，方便开发人员创建、分享和发现前端代码片段。在 CodePen 上，可以轻松地找到各种与 Bootstrap 相关的模板和示例代码，无论是基本网页布局还是包含复杂交互功能的组件，都能得到满足。CodePen 在线代码编辑器如图 10-4 所示。

图 10-4　CodePen 在线代码编辑器

2. LayoutIt

LayoutIt（https://www.layoutit.com/）是一个在线编辑工具，能够便捷地创建基于 Bootstrap

框架的网页布局。该工具提供了可视化界面，使用户可以通过简单地拖曳和放置组件来构建页面布局，并自动生成相应的 HTML 和 CSS 代码。通过 LayoutIt，用户可以简化 Bootstrap 框架的使用过程，轻松地创建出美观且响应式的网页。LayoutIt 在线代码编辑器如图 10-5 所示。

图 10-5　LayoutIt 在线代码编辑器

10.3　Bootstrap 框架应用

10.3.1　Bootstrap 框架版本

视频讲解

　　Bootstrap 框架的每个版本都具有独特的特性和变化。在选择使用 Bootstrap 框架时，建议根据具体需求和项目要求，选择最适合的版本。

　　Bootstrap 3 作为 Bootstrap 框架的第三个主要版本，引入了许多重要的变化和新功能。其中之一是更灵活的栅格系统，使开发人员能够轻松地创建自适应和响应式的布局。此外，Bootstrap 3 还提供了自适应图片和媒体查询等特性，有助于优化网页在不同设备上的显示效果。这个版本以其可扩展性和易用性而受到广泛欢迎。

　　Bootstrap 4 是基于 Bootstrap 3 进行了重大更新和改进的版本。它带来了一些新特性，例如，更现代化的外观和组件风格，增强的栅格系统和弹性盒子布局。此外，Bootstrap 4 修复了一些旧版本中存在的问题，并改进了可访问性和移动设备支持。这个版本的框架为开发人员提供了更多定制化的选项，使他们能够根据具体需求进行灵活设计。

　　Bootstrap 5 是当前最新版本。在 Bootstrap 4 的基础上，它带来了一些重大变化。其中最显著的是将 jQuery 从核心代码中移除，使得 Bootstrap 框架更加轻量级和模块化。借助于新的组件和样式，Bootstrap 5 提供了更多的灵活性，使开发人员能够更好地定制和设计网页界面。总体而言，Bootstrap 5 继续致力于支持响应式和移动设备优先的设计理念，并通过简化核心代码来提高性能和加载速度。

10.3.2　下载 Bootstrap 框架

1. Bootstrap CDN

　　Bootstrap CDN 是一个提供了 Bootstrap 框架文件的网络内容分发服务。通过使用 CDN，不需要自己托管Bootstrap框架文件，这意味着可以节省带宽和存储空间。

使用Bootstrap CDN，只需将相应的链接添加到HTML文件中，就可以引入所需的Bootstrap框架文件（如CSS文件和JavaScript文件）。通过在页面的<head>标签内添加CDN链接，可以引入Bootstrap框架的CSS文件，而通过在页面的<body>标签内添加CDN链接，可以引入Bootstrap框架的JavaScript文件。

通过在搜索引擎中搜索Bootstrap CDN，或者在CDN加速（https://www.staticfile.org/）中找到常用的Bootstrap框架的CDN服务，如图10-6所示。

图10-6　Bootstrap框架的CDN服务

2. 从官网下载Bootstrap 5

访问Bootstrap框架官网（https://getbootstrap.com/），进入官网主页后，出现顶部导航栏。将鼠标指针悬停在Getting Started按钮上，从下拉菜单中选择Download选项，进入下载页面。页面列出了各个Bootstrap框架版本可供选择，当前最新版本为v5.3.2，如图10-7所示。

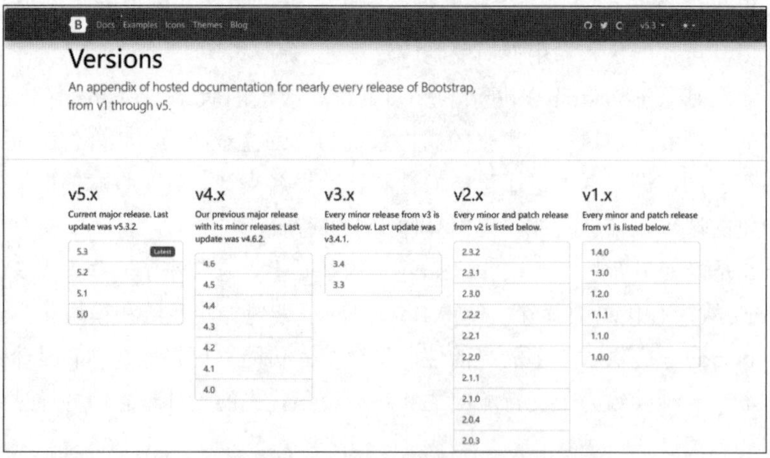

图10-7　Bootstrap框架版本页面

选择适合的版本后，显示下载选项，包括编译后的CSS文件和JavaScript文件、源码及文档等。根据需求选择相应下载选项，推荐选择Compiled CSS and JS选项，以获取已编译好的CSS文件和JavaScript文件，页面如图10-8所示。

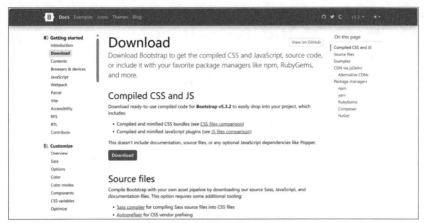

图 10-8　Bootstrap 框架下载页面

下载完成后，找到 Bootstrap 框架压缩文件并解压缩，得到包含 Bootstrap 框架文件的文件夹，其中包括 CSS 文件和 JavaScript 文件等。至此，成功下载并安装了 Bootstrap 框架。接下来，将文件连接到 HTML 文件中，利用 Bootstrap 框架提供的组件和样式来美化网页。

10.3.3　Bootstrap 框架结构

打开 Bootstrap 文件夹，将会看到 Bootstrap 框架的各种 CSS 文件和 JavaScript 文件，结构如图 10-9 所示。

在 Bootstrap 框架中经过编译后的文件可以方便地应用于几乎所有的网页项目中。文件中包含了预编译的 CSS 文件和 JavaScript 文件（以 bootstrap.* 命名）、编译且压缩处理的 CSS 文件和 JavaScript 文件（以 bootstrap.min.* 命名），以及可以在某些浏览器的开发人员工具中使用的源码映射（以 bootstrap.*.map 命名）文件。通过使用这些文件，开发人员可以快速、高效地构建网页项目。

```
bootstrap/
├── css/
│   ├── bootstrap-grid.css
│   ├── bootstrap-grid.css.map
│   ├── bootstrap-grid.min.css
│   ├── bootstrap-grid.min.css.map
│   ├── bootstrap-grid.rtl.css
│   ├── bootstrap-grid.rtl.css.map
│   ├── bootstrap-grid.rtl.min.css
│   ├── bootstrap-grid.rtl.min.css.map
│   ├── bootstrap-reboot.css
│   ├── bootstrap-reboot.css.map
│   ├── bootstrap-reboot.min.css
│   ├── bootstrap-reboot.min.css.map
│   ├── bootstrap-reboot.rtl.css
│   ├── bootstrap-reboot.rtl.css.map
│   ├── bootstrap-reboot.rtl.min.css
│   ├── bootstrap-reboot.rtl.min.css.map
│   ├── bootstrap-utilities.css
│   ├── bootstrap-utilities.css.map
│   ├── bootstrap-utilities.min.css
│   ├── bootstrap-utilities.min.css.map
│   ├── bootstrap-utilities.rtl.css
│   ├── bootstrap-utilities.rtl.css.map
│   ├── bootstrap-utilities.rtl.min.css
│   ├── bootstrap-utilities.rtl.min.css.map
│   ├── bootstrap.css
│   ├── bootstrap.css.map
│   ├── bootstrap.min.css
│   ├── bootstrap.min.css.map
│   ├── bootstrap.rtl.css
│   ├── bootstrap.rtl.css.map
│   ├── bootstrap.rtl.min.css
│   └── bootstrap.rtl.min.css.map
└── js/
    ├── bootstrap.bundle.js
    ├── bootstrap.bundle.js.map
    ├── bootstrap.bundle.min.js
    ├── bootstrap.bundle.min.js.map
    ├── bootstrap.esm.js
    ├── bootstrap.esm.js.map
    ├── bootstrap.esm.min.js
    ├── bootstrap.esm.min.js.map
    ├── bootstrap.js
    ├── bootstrap.js.map
    ├── bootstrap.min.js
    └── bootstrap.min.js.map
```

图 10-9　Bootstrap 结构

10.3.4　Bootstrap 框架的使用

1. 引入 CDN 链接

通过引入 CDN 链接，无须手动下载和管理 Bootstrap 框架。只需要在 HTML 文件中，通过 <link> 标签引入 Bootstrap 框架的 CSS 文件，通过 <script> 标签引入 Bootstrap 框架的 JavaScript 文件，就可以在 HTML 文件中使用 Bootstrap 框架提供的各种组件和 CSS 样式类。

引入 CDN 链接的部分代码如下。

```
<link rel="stylesheet" href="https://cdn.staticfile.org/bootstrap/5.3.2/
css/bootstrap-reboot.css">
```

```
<script src="https://cdn.staticfile.org/bootstrap/5.3.2/js/bootstrap.esm.
min.js"></script>
```

2. 载入本地文件

下载并解压 Bootstrap 框架文件后，将其中的 bootstrap.min.css 和 bootstrap.min.js 文件复制到项目目录中，即可使用本地 Bootstrap 框架。为在 HTML 文件中引入这些文件，应在 <head> 标签内使用 <link> 标签引用 Bootstrap 的 CSS 文件，并在页面的 <body> 标签中使用 <script> 标签引用 Bootstrap 框架的 JavaScript 文件。

载入本地文件的代码如下。

```
<html>
<head>
    <meta charset="UTF-8">
    <title>Local Bootstrap Example</title>
    <link rel="stylesheet" href="path/bootstrap.min.css">
</head>
<body>
      <script src="path/bootstrap.min.js"></script>
</body>
</html>
```

确保将 path/bootstrap.min.css 和 path/bootstrap.min.js 替换为实际文件路径，就可以开始使用 Bootstrap 框架提供的组件和 CSS 样式类。

10.3.5　Bootstrap 框架基本应用

【例 10-1】创建一个新的 HTML 页面，并在 HTML 标签内引入 Bootstrap CDN 链接，实现导航栏功能。

具体实现步骤如下。

（1）创建 HTML 文件，并在文件中添加代码如下。

```
<html>
<head>
    <title>Bootstrap CDN 示例</title>
    <!-- 引入 Bootstrap 样式表 -->
     <link rel="stylesheet" href="https://cdn.jsdelivr.net/npm/
bootstrap@5.3.0/dist/css/bootstrap.min.css">
</head>
<body>
    <!-- 在这里编写 HTML 内容 -->
    <!-- 引入 Bootstrap 的 JavaScript 库 -->
     <script src="https://cdn.jsdelivr.net/npm/bootstrap@5.3.0/dist/js/
bootstrap.bundle.min.js">

    </script>
</body>
</html>
```

（2）添加自定义内容，在 HTML 文件的 <body> 标签内添加自定义内容如下。

```html
<html>
<head>
    <title>Bootstrap CDN 示例</title>
     <link rel="stylesheet" href="https://cdn.staticfile.org/bootstrap/5.3.2/css/bootstrap.min.css">
</head>
<body>
    <nav class="navbar navbar-expand-lg navbar-dark bg-dark">
        <div class="container">
            <a class="navbar-brand" href="#">My Website</a>
              <button class="navbar-toggler" type="button" data-bs-toggle="collapse" data-bs-target="#navbarNav" aria-controls="navbarNav" aria-expanded="false" aria-label="Toggle navigation">
                <span class="navbar-toggler-icon"></span>
            </button>
            <div class="collapse navbar-collapse" id="navbarNav">
                <ul class="navbar-nav">
                    <li class="nav-item">
                        <a class="nav-link" href="#">Home</a>
                    </li>
                    <li class="nav-item">
                        <a class="nav-link" href="#">About</a>
                    </li>
                    <li class="nav-item">
                        <a class="nav-link" href="#">Services</a>
                    </li>
                    <li class="nav-item">
                        <a class="nav-link" href="#">Contact</a>
                    </li>
                </ul>
            </div>
        </div>
    </nav>
<script src="https://cdn.staticfile.org/bootstrap/5.3.2/js/bootstrap.bundle.min.js">
</script>
</body>
</html>
```

（3）保存 HTML 文件，并在浏览器中打开该文件，预览结果。上述代码创建了一个简单的导航栏，具有四个链接（Home、About、Services 和 Contact）。导航栏使用了 Bootstrap 框架提供的 CSS 样式类（如 navbar、navbar-expand-lg、navbar-dark、bg-dark 等），使其具有响应式布局和黑色背景。运行效果如图 10-10 所示。

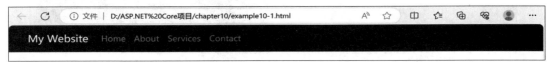

图 10-10　使用 Bootstrap 框架的导航栏效果

【例10-2】创建一个新的 HTML 页面，使用 Bootstrap 本地框架（版本为5.3.2）来实现页面整体风格更换功能。

具体实现步骤如下。

(1) 创建 HTML 文件，将从 Bootstrap 官网下载的 Bootstrap 框架中的 CSS 文件和 JavaScript 文件引入 HTML 文件中，部分代码如下。

```html
<!-- 引入Bootstrap CSS -->
<link rel="stylesheet" href="bootstrap.min.css">
<!-- 引入Bootstrap JavaScript -->
<script src="bootstrap.min.js"></script>
```

(2) 创建适当的 HTML 结构和内容，实现一个基本的按钮和可以切换页面风格的功能，代码如下。

```html
<html>
<head>
    <title>Change Page Style with Bootstrap</title>
    <!-- 引入Bootstrap CSS -->
    <link rel="stylesheet" href="bootstrap-5.3.2-dist/css/bootstrap.min.css">
</head>
<body>
    <h1>Change Page Style</h1>
    <!-- 切换按钮 -->
     <button id="changeStyleButton" class="btn btn-primary">切换风格</button>
    <!-- 引入Bootstrap JavaScript -->
    <script src="bootstrap-5.3.2-dist/js/bootstrap.min.js"></script>
    <script>
        // 按钮点击事件处理函数
        document.getElementById('changeStyleButton').addEventListener('click', function () {
            // 切换页面风格
            document.body.classList.toggle('bg-dark');
            document.body.classList.toggle('text-white');
        });
    </script>
</body>
</html>
```

(3) JavaScript 代码中根据需要，通过自定义 CSS 样式类来实现切换不同风格样式的功能，运行效果如图10-11、图10-12所示。

图 10-11 页面初始风格效果

图 10-12 页面切换风格效果

10.4 Bootstrap 框架布局

Bootstrap 5 提供了强大的布局系统和组件,用于快速构建响应式的网页布局。

10.4.1 基本网格布局

基本网格布局(basic grid layout)可以根据不同设备的屏幕尺寸自动调整布局,从而实现页面的适应性。通过使用容器(container)、行(row)和列(col)的组合,开发人员能够快速搭建起网页的基本结构,并且可以通过添加不同的 CSS 样式类来实现各种布局需求。

(1)容器:是布局的最外层元素,用于包裹网页的内容。通过使用 container 类,可以创建一个固定宽度且水平居中的容器。容器可以是响应式的,根据不同的屏幕尺寸自动调整宽度。

```
<div class="container">
    <h1>Container Example</h1>
    <p> 具有固定宽度并水平居中的容器 </p>
</div>
```

在上面的示例中,使用了 <div> 标签元素来创建一个容器,并为其添加了 .container 类。容器内部可以添加任何其他的 HTML 元素,如标题 (<h1> 标签) 和段落 (<p> 标签)。容器内各元素就具有了固定的宽度和水平居中的特性。

(2)行:是一种用于创建网格布局的基本组件,用于包含列元素,并且默认是使用弹性盒子(flexbox)布局的。通过在容器内使用 .row 类,可以创建一个水平排列的行。行会自动适应容器的宽度,并且具有内在的上下边距。

基本使用示例代码如下。

```
<div class="container">
    <div class="row">
        <div class="col">
            <!-- 第一个列 -->
            内容 1
        </div>
        <div class="col">
            <!-- 第二个列 -->
            内容 2
        </div>
        <div class="col">
            <!-- 第三个列 -->
            内容 3
        </div>
    </div>
</div>
```

在上述示例中,包含了一个具有三个列的行。每个列都带有 .col 类,这表示它们应该自动平均分配水平空间。默认情况下,列的宽度将根据父级容器的宽度平均划分,如图 10-13 所示。

内容1	内容2	内容3

图 10-13 具有三个列的行

（3）列：是网页布局的基本单元，用于创建网格布局的关键组件，在行中使用 .col 类进行定义。每个行可以包含 12 列，通过将 .col 类与数字（如 .col-6 或 .col-md-4）组合，可以创建不同宽度的列。列会根据行的宽度自动调整大小，并且具有内在的左右边距。

基本使用示例代码如下。

```
<div class="container">
    <div class="row">
        <div class="col">
            <!-- 具有默认宽度的列 -->
            内容 1
        </div>
        <div class="col">
            <!-- 具有默认宽度的列 -->
            内容 2
        </div>
        <div class="col">
            <!-- 具有默认宽度的列 -->
            内容 3
        </div>
    </div>
    <div class="row">
        <div class="col-6">
            <!-- 占据 6 个等分的列 -->
            内容 4
        </div>
        <div class="col-3">
            <!-- 占据 3 个等分的列 -->
            内容 5
        </div>
        <div class="col-3">
            <!-- 占据 3 个等分的列 -->
            内容 6
        </div>
    </div>
</div>
```

在上述示例中，有两个行。第一个行包含了三个具有默认宽度的列，它们会自动平均分配父级容器的宽度。而第二个行中的列使用了 .col-6、.col-3 的样式类来指定它们占据的等分数。这样可以实现不同宽度比例的列，并且总和不超过 12 个等分，如图 10-14 所示。

内容1	内容2	内容3
内容4	内容5	内容6

图 10-14 不同宽度比例的列

10.4.2 导航栏布局

导航栏（navbar）是一种常用的界面元素，用于在页面的顶部或底部创建一个易于导航的菜单栏。导航栏布局提供了简洁、响应式和易于定制的方式来设计和实现导航栏。导航栏布局主要分为品牌标志、导航链接、下拉菜单、折叠按钮、折叠内容等几个部分。

导航链接（navigation links）是网页设计中的重要组成部分，提供了在网站的不同部分或页面之间进行导航的方式。导航链接的目的是引导用户看到特定内容，提高用户体验，并便于快速访问重要信息。导航链接可以通过 <a> 标签和相关的 CSS 样式类来定义的，可以添加导航链接容器（.navbar-nav）、链接的样式（.nav-link）、链接状态（.active）等属性创建不同样式和功能的导航链接。

基本使用示例代码如下。

```html
<div class="container">
    <h2> 导航 </h2>
    <p> 左对齐导航（默认）:</p>
    <ul class="nav">
        <li class="nav-item">
            <a class="nav-link" href="#">Link</a>
        </li>
        <li class="nav-item">
            <a class="nav-link" href="#">Link</a>
        </li>
        <li class="nav-item">
            <a class="nav-link" href="#">Link</a>
        </li>
        <li class="nav-item">
            <a class="nav-link disabled" href="#">Disabled</a>
        </li>
    </ul>
    <p class="text-center"> 居中对齐导航 :</p>
    <ul class="nav justify-content-center">
        <li class="nav-item">
            <a class="nav-link" href="#">Link</a>
        </li>
        <li class="nav-item">
            <a class="nav-link" href="#">Link</a>
        </li>
        <li class="nav-item">
            <a class="nav-link" href="#">Link</a>
        </li>
        <li class="nav-item">
            <a class="nav-link disabled" href="#">Disabled</a>
        </li>
    </ul>
    <p class="text-right"> 右对齐导航 :</p>
    <ul class="nav justify-content-end">
        <li class="nav-item">
            <a class="nav-link" href="#">Link</a>
        </li>
        <li class="nav-item">
            <a class="nav-link" href="#">Link</a>
        </li>
        <li class="nav-item">
```

```
            <a class="nav-link" href="#">Link</a>
        </li>
        <li class="nav-item">
            <a class="nav-link disabled" href="#">Disabled</a>
        </li>
    </ul>
</div>
```

在示例中,导航默认左对齐,可以使用 .justify-content-center 类设置导航居中显示,.justify-content-end 类设置导航右对齐。导航栏对齐方式如图 10-15 所示。

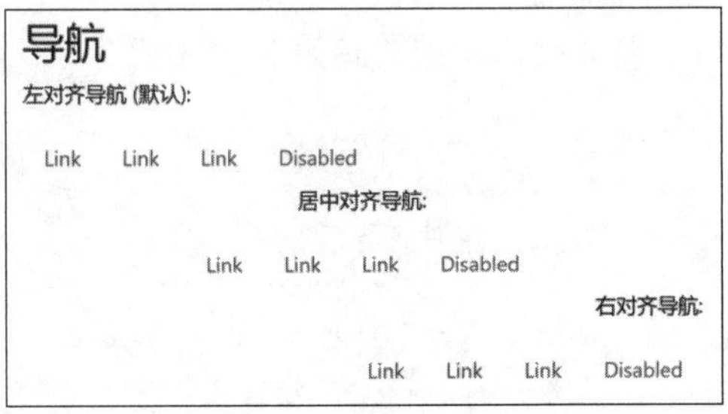

图 10-15 导航栏对齐方式

10.4.3 卡片布局

卡片布局(card layout)是一种强大且实用的页面布局方式,通过使用卡片组件来展示内容。卡片布局提供了一种简洁、易用的方式来组织和呈现信息,同时保持页面的美观和易读性。按作用分类,可以将卡片布局分为首图卡片布局(image card layout)、卡片组布局(card group layout)、卡片列布局(card columns layout)等多种。

【例 10-3】创建一个新的 HTML 页面,使用 Bootstrap 本地框架(版本为 5.3.2)来实现卡片布局导航栏功能。

具体实现步骤如下。

(1)创建一个 HTML 文件,从 Bootstrap 官网下载的 Bootstrap 框架中的 CSS 文件和 JavaScript 文件引入 HTML 文件中,编辑代码如下。

```
<!-- 引入 Bootstrap CSS -->
<link rel="stylesheet" href="bootstrap.min.css">
<!-- 引入 Bootstrap JavaScript -->
<script src="bootstrap.min.js"></script>
```

(2)创建一个名为 image 的文件夹,并将三张图片分别命名为 1.jpg、2.jpg 和 3.jpg,保存到该文件夹中。

(3)在 <body> 标签内部,创建一个导航栏容器和一个卡片容器。导航栏容器用于放置导航栏,卡片容器用于放置卡片。编辑代码如下。

```
<div class="navbar navbar-expand-lg navbar-dark bg-dark">
    <a class="navbar-brand" href="#">Logo</a>
    <button class="navbar-toggler" type="button" data-bs-toggle="collapse"
data-bs-target="#navbarNav" aria-controls="navbarNav" aria-expanded="false"
aria-label="Toggle navigation">
        <span class="navbar-toggler-icon"></span>
    </button>
    <div class="collapse navbar-collapse" id="navbarNav">
        <ul class="navbar-nav">
            <li class="nav-item">
```

```html
            <a class="nav-link" href="#">Home</a>
        </li>
        <li class="nav-item">
            <a class="nav-link" href="#">About</a>
        </li>
        <li class="nav-item">
            <a class="nav-link" href="#">Services</a>
        </li>
        <li class="nav-item">
            <a class="nav-link" href="#">Contact</a>
        </li>
    </ul>
  </div>
</div>
```

（4）使用 Bootstrap 5 提供的卡片组件来创建卡片。编辑代码如下。

```html
<div class="container mt-5">
    <div class="row">
        <div class="col-md-4">
            <div class="card">
                <img src="path/to/image.jpg" class="card-img-top" alt="Card Image">
                <div class="card-body">
                    <h5 class="card-title">Card Title</h5>
                    <p class="card-text">Some quick example text to build on the card title and make up the bulk of the card's content.</p>
                    <a href="#" class="btn btn-primary">Read More</a>
                </div>
            </div>
        </div>
        <div class="col-md-4">
            <div class="card">
                <img src="path/to/image.jpg" class="card-img-top" alt="Card Image">
                <div class="card-body">
                    <h5 class="card-title">Card Title</h5>
                    <p class="card-text">Some quick example text to build on the card title and make up the bulk of the card's content.</p>
                    <a href="#" class="btn btn-primary">Read More</a>
                </div>
            </div>
        </div>
        <div class="col-md-4">
            <div class="card">
                <img src="path/to/image.jpg" class="card-img-top" alt="Card Image">
                <div class="card-body">
                    <h5 class="card-title">Card Title</h5>
                    <p class="card-text">Some quick example text to build on the card title and make up the bulk of the card's content.</p>
```

```
                <a href="#" class="btn btn-primary">Read More</a>
            </div>
        </div>
    </div>
</div>
```

(5)在 HTML 文件的 <body> 标签内部引入 Bootstrap 5 的 JavaScript 文件,编辑代码如下。

```
<script src="path/to/bootstrap.min.js"></script>
```

(6)使用浏览器打开页面,可以将卡片布局与导航栏组合在一起显示,如图 10-16 所示。

图 10-16 卡片布局导航栏

10.4.4 表单布局

表单布局(form layout)是一种用于创建和排列表单元素的样式和结构的工具。它可以帮助开发人员轻松地设计和构建具有一致外观和响应式特性的表单。通过使用表单组件(form)和表单控件(form control)来创建表单,可以实现输入框、下拉列表框、单选框、复选框等表单元素。表单布局使得创建和管理表单变得更加简单、高效和灵活。表 10-1 展示了 Bootstrap 5 中常用的表单布局 CSS 样式类。

表 10-1 常用的表单布局 CSS 样式类

CSS 样式类名	说 明
.form-control	应用于输入框、文本区域和下拉列表框,设置基本样式
.form-check	用于创建复选框和单选按钮
.form-switch	用于创建开关(switch)按钮
.form-range	用于创建滑块(range)输入
.form-select	用于创建自定义的下拉列表框
.form-floating	用于创建浮动标签样式的输入框
.form-inline	用于水平排列表单控件,适用于紧凑布局
.row-cols-*	在水平方向上分割表单控件的列数
.input-group	创建输入框组合,如添加图标或按钮
.input-group-text	用于添加文本或图标到输入框组合中的附加元素
.was-validated	标记已验证的表单,用于自定义验证后的样式效果
.form-check-input	用于复选框和单选按钮的实际输入元素

续表

CSS 样式类名	说明
.form-check-label	用于复选框和单选按钮的标签
.form-check-inline	在行内排列复选框和单选按钮
.form-range-thumb	用于自定义滑块控件的滑块样式
.form-range-track	用于自定义滑块控件的轨道样式
.form-control-sm	设置输入框、文本区域和下拉列表框的小尺寸样式
.form-control-lg	设置输入框、文本区域和下拉列表框的大尺寸样式
.form-check-input-lg	设置复选框和单选按钮的大尺寸样式
.form-check-input-sm	设置复选框和单选按钮的小尺寸样式
.form-select-lg	设置下拉列表框的大尺寸样式
.form-select-sm	设置下拉列表框的小尺寸样式

【例 10-4】创建新的 HTML 页面，使用 Bootstrap 框架提供的一些 CSS 样式类来创建表单布局。

具体实现步骤如下。

（1）创建 HTML 文件，并在文件中添加代码如下。

```html
<html>
<head>
    <meta charset="UTF-8">
    <meta name="viewport" content="width=device-width, initial-scale=1.0">
    <link rel="stylesheet" href="https://cdn.staticfile.org/bootstrap/5.3.2/css/bootstrap.min.css">
    <title>Bootstrap 5 Form Layout</title>
</head>
<body>
    <div class="container">
        <h1>Bootstrap 5 Form Layout</h1>
        <form>
            <div class="mb-3">
                <label for="name" class="form-label">Name</label>
                <input type="text" class="form-control" id="name" placeholder="Enter your name">
            </div>
            <div class="mb-3">
                <label for="email" class="form-label">Email address</label>
                <input type="email" class="form-control" id="email" placeholder="Enter your email">
            </div>
            <div class="mb-3">
                <label for="password" class="form-label">Password</label>
                <input type="password" class="form-control" id="password" placeholder="Enter your password">
            </div>
            <div class="mb-3">
                <label for="message" class="form-label">Message</label>
```

```html
                <textarea class="form-control" id="message" rows="3"
placeholder="Enter your message"></textarea>
            </div>
            <button type="submit" class="btn btn-primary">Submit</button>
        </form>
    </div>
    <script src="https://cdn.staticfile.org/bootstrap/5.3.2/js/bootstrap.bundle.min.js">
    </script>
</body>
</html>
```

（2）保存 HTML 文件，使用浏览器打开页面，运行效果如图 10-17 所示。.container 类将表单内容包装在一个响应式容器中。.mb-3 类用于在每个表单项之间添加一些底部边距，使其看起来更清晰。

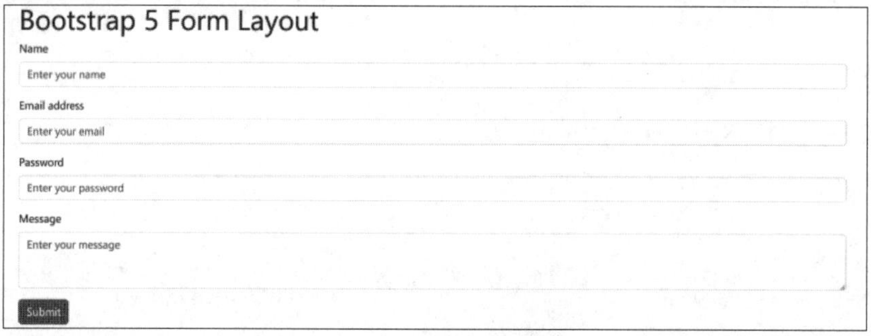

图 10-17　表单布局效果

10.4.5　栅格布局

Bootstrap 5 引入了新的栅格系统，栅格布局（grid layout）提供了一种简单而强大的工具，可以通过 .row-cols-* 类来定义自动填充的等宽网格，以及通过 .col-auto 类来创建自适应宽度的列。无论是在不同设备上展示内容，还是快速实现各种复杂布局，栅格布局都能够提供便捷的解决方案。主要包括容器、行、列、偏移（offset）和嵌套网格（nested grids）等基本的网格布局。

（1）偏移：可以用来将列向右移动一定的等分。可以用于创建更灵活的布局，使列与其他元素对齐或在网格中留出空白区域。通过使用偏移，可以更精确地控制列的位置和布局。

基本使用示例代码如下：

```html
<div class="container-fluid">
    <div class="container-fluid">
        <div class="row">
            <div class="col-md-4 bg-success">.col-md-4</div>
            <div class="col-md-4 offset-md-4 bg-warning">.col-md-4 .offset-md-4</div>
        </div>
        <div class="row">
            <div class="col-md-3 offset-md-3 bg-success">.col-md-3 .offset-md-3</div>
```

```
            <div class="col-md-3 offset-md-3 bg-warning">.col-md-3 .offset-md-3</div>
        </div>
        <div class="row">
            <div class="col-md-6 offset-md-3 bg-success">.col-md-6 .offset-md-3</div>
        </div>
    </div>
</div>
```

在上述示例中，.offset-md-4 类把 .col-md-4 类往右移了四列格，效果如图 10-18 所示。

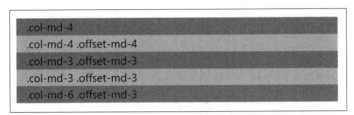

图 10-18 偏移效果

（2）嵌套网格：是一种灵活且强大的布局技术，允许在列内部创建更复杂的网格结构。通过嵌套网格，可以细化和组织内容，实现更精确的布局。

基本使用示例代码如下。

```
<div class="container">
    <div class="row">
        <div class="col-md-6">
            <h2> 内容 </h2>
            <p> 内容的一部分 </p>
        </div>
        <div class="col-md-6">
            <h2> 侧边栏 </h2>
            <p> 一个位于主要内容旁边的侧边栏 </p>
        </div>
    </div>
    <div class="row">
        <div class="col-md-8">
            <h2> 嵌套网格 </h2>
            <div class="row">
                <div class="col-md-6">
                    <p> 嵌套网格中的第一个列 </p>
                </div>
                <div class="col-md-6">
                    <p> 嵌套网格中的第二个列 </p>
                </div>
            </div>
        </div>
        <div class="col-md-4">
            <h2> 内容 2</h2>
            <p> 位于嵌套网格旁边的其他内容 </p>
        </div>
```

```
        </div>
    </div>
```

在这个示例中，使用了 Bootstrap 框架的容器、行和列来创建基本的网格布局。在第一个行中，将整行分为两个等宽的列，分别用于主要内容和侧边栏。在第二个行中，将整行分为一个占据 8 列宽度的列和一个占据 4 列宽度的列。在占据 8 列宽度的列中，再次创建了一个嵌套的行，将其分为两个等宽的列，效果如图 10-19 所示。

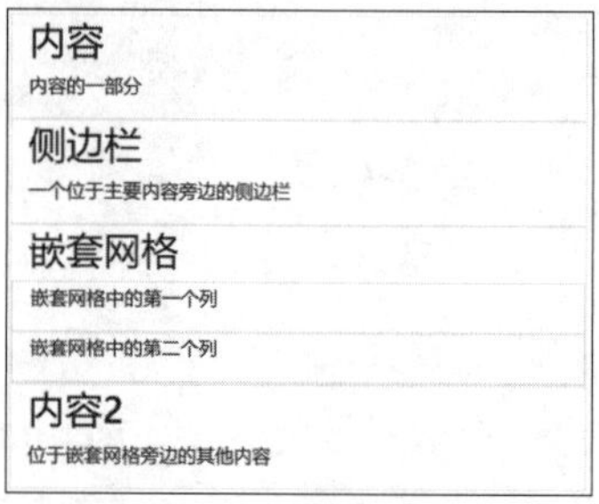

图 10-19 嵌套网格效果

10.4.6 布局工具类

布局工具类提供了简单而灵活的方法来创建网页布局，帮助开发人员高效实现各种布局需求，确保网页在不同设备上呈现统一而优雅的外观。布局工具类主要包括容器类、行列类、偏移类、水平对齐类、垂直对齐类和响应式显示类。

（1）容器类（container class）：用于创建居中且固定宽度的容器。使用 .container 类来定义一个标准的容器，或使用 .container-fluid 类创建一个占满整个屏幕宽度的容器。通过使用容器类，可以确保网页内容在不同屏幕尺寸下保持一致的外观，并实现整体的居中对齐。

（2）行列类（row and column classes）：将网格系统应用到网页布局中。通过将内容划分为行和列的组合，可以轻松地创建多列布局。可以通过 .col-{breakpoint}-{number} 类来定义，其中 {breakpoint} 表示断点（如 xs、sm、md、lg、xl、xxl），{number} 表示占据的列数。根据需要，可以调整不同列在不同断点下的宽度，以实现自适应的布局效果。

（3）偏移类（offset classes）：允许在网格系统中对列进行偏移。通过 .offset-{breakpoint}-{number} 类来定义偏移量，其中 {breakpoint} 表示断点，{number} 表示偏移的列数，可以在布局中创建空白间隔或调整元素的位置，使其符合设计要求。

（4）水平对齐类（horizontal alignment classes）：用于控制元素在父容器中的水平对齐方式。可以使用 .justify-content-{value} 类来定义元素在父容器中的水平对齐方式，{value} 常见的取值有 start、end、center、between、around 等。通过使用这些类，可以将元素左对齐、右对齐、居中对齐或平均分布在容器中。

（5）垂直对齐类（vertical alignment classes）：用于控制元素在父容器中的垂直对齐方式。可以使用 .align-items-{value} 类来定义元素在父容器中的垂直对齐方式，{value} 常见的取值有 start、end、center、baseline、stretch 等。通过使用这些类，可以将元素顶部对齐、底部对齐、居中对齐或基线对齐。

（6）响应式显示类（responsive display classes）：允许根据不同的断点隐藏或显示元素。可以使用 .d-{breakpoint}-{value} 类来定义元素在特定断点上的显示方式，{value} 常见的取值有 none、block、inline、inline-block 等。通过使用这些类，可以根据设备的屏幕尺寸决定元素的可见性，从而实现更好的响应式设计。

10.4.7 应用实例

在很多电子商务网站上，定价表扮演着非常重要的角色。采用 Bootstrap 框架来实现定价表功能，并添加具有悬停卡翻转功能的样式设计，创建一个界面美观、交互友好的定价表。

【例 10-5】创建新的 HTML 页面，使用 Bootstrap 框架提供的 CSS 样式类来创建具有悬停卡翻转功能的定价表。

具体实现步骤如下。

（1）在 HTML 文件中引入 Bootstrap 框架，确保能够正常使用 Bootstrap 框架的 CSS 样式类和特性。

（2）使用 HTML 标签创建定价表的结构，包括表格、表头和表体等部分。

（3）使用 Bootstrap 框架提供的卡片组件来设计定价表中的每个价格项，添加悬停卡翻转功能。

（4）编写自定义的 CSS 样式来调整表格和卡片的样式，以使其更符合项目的整体设计风格，编辑完整的 HTML 代码见代码实现二维码。

代码实现

（5）页面初始运行显示的定价表，如图 10-20 所示。当鼠标移动到翻转盒子容器上时进行悬停卡翻转效果，如图 10-21 所示。

图 10-20　定价表初始显示

图 10-21　定价表翻转显示

10.5　本章小结

本章系统地介绍了 Bootstrap 框架的基础知识，包括其特点、使用方法、布局技巧，以及实际应用示例。其中，提供了对导航栏布局、卡片布局、表单布局和栅格布局等样式的定义和示例进行了详细讲解。此外，还深入解析了 Bootstrap 框架的布局工具类，并通过实例演示了相关用法。

10.6 习题

一、选择题

1. Bootstrap 框架是由（　　）两位工程师共同创建的。
   A. Mark Otto 和 Jacob Thornton　　　　B. Mark Zuckerberg 和 Larry Page
   C. Jack Dorsey 和 Evan Williams　　　　D. Steve Jobs 和 Bill Gates
2. Bootstrap 框架最初是为了满足（　　）公司的内部项目需求而开发的。
   A. Twitter　　　　B. Facebook　　　　C. Google　　　　D. Microsoft
3. Bootstrap 是一个（　　）类型的框架。
   A. 开源后端　　　　B. 开源前端　　　　C. 专有后端　　　　D. 专有前端
4. Bootstrap 框架的优势之一是（　　）。
   A. 快速构建响应式和现代化的网站　　　　B. 提供丰富的文档和活跃的社区支持
   C. 实现页面布局的自适应和流动性　　　　D. 所有选项都是正确的
5. Bootstrap 框架主要用于构建（　　）。
   A. 历史悠久、传统的网站　　　　B. 现代化、响应式的网站和 Web 应用程序
   C. 移动端应用程序　　　　D. 游戏开发
6. Bootstrap 框架的主要版本中，（　　）版本引入了更灵活的栅格系统和自适应图片特性。
   A. Bootstrap 3　　　　B. Bootstrap 4　　　　C. Bootstrap 5　　　　D. 无法确定
7. Bootstrap 5 相较于之前版本的最显著变化是（　　）。
   A. 移除了 jQuery　　　　B. 强调响应式设计
   C. 提供更多的组件和样式　　　　D. 增加了移动设备支持
8. 基本网格布局中的容器的作用是（　　）。
   A. 包裹网页的内容　　　　B. 固定宽度且水平居中
   C. 实现页面的适应性　　　　D. 无法确定
9. 基本网格布局可以根据不同设备的屏幕尺寸自动调整布局，通过（　　）实现页面的适应性。
   A. 容器　　　　B. 行　　　　C. 列　　　　D. 添加不同的列类
10. 表单布局的作用是（　　）。
    A. 创建和排列表单元素的样式和结构
    B. 实现输入框、下拉选择框等表单元素
    C. 帮助开发人员轻松设计和构建具有一致外观和响应式特性的表单
    D. 打印和导出表单数据
11. 表单布局使用（　　）来创建表单元素。
    A. 表单组件和表单控件　　　　B. 输入框和按钮
    C. 行和列　　　　D. 表格和列表

二、填空题

1. 卡片布局是一种强大且实用的页面布局方式，通过使用_____来展示内容。
2. 按作用分类，可以将卡片布局分为_____、卡片组布局、卡片列布局等多种。

3. 为在 HTML 文件中引入本地的 CSS 文件，应在 <head> 标签内使用_____标签。

4. 在页面的 <body> 标签中使用_____标签引用 Bootstrap 框架的 JavaScript 文件。

5. 为了增强 Bootstrap 框架的功能，社区贡献者开发了一系列_____插件，并且进行维护。

6. 扩展插件具有可定制化和_____的特点，与 Bootstrap 框架的设计风格完美融合。

7. Bootstrap 框架的核心是一组_____文件，其中包含了用于界面设计的样式定义。

8. Bootstrap 框架还包含了一套矢量化的字体图标集合，被称为_____。

三、简答题

1. 简述 Bootstrap 框架的优势和功能。

2. 简述 Bootstrap 框架的主要特点和用途。

3. 简述通过引入 CDN 链接可以实现的功能。

第 11 章

学生档案管理系统

CHAPTER 11

本章主要介绍学生档案管理系统。通过 DDD 模型将系统按照业务逻辑进行划分,以降低各领域之间的耦合度,使系统更加清晰和易于扩展。通过 ASP.NET Core MVC 框架构建 Web 应用程序,实现用户界面与业务逻辑的分离。ASP.NET Core 可以帮助开发者构建出清晰、可维护的学生管理系统,从而提高开发效率并降低系统复杂度。

11.1 系统业务流程

学生档案管理系统包含学生基本档案管理、奖学金档案管理、借阅档案预约管理、奖学金申请管理、借阅记录管理等功能，提供了档案管理员、教师及学生三种使用权限，可满足检索、借阅档案的需求。

11.1.1 管理员权限业务流程

视频讲解

管理员通过账号、密码和验证码登录系统，如有错误给出相应提示。通过验证后进入管理员首页，可以进行个人信息管理、教师信息管理、基本档案管理、奖学金档案管理、借阅记录管理，以及借档预约管理等操作。管理员业务流程图如图 11-1 所示，管理员用例图如图 11-2 所示。

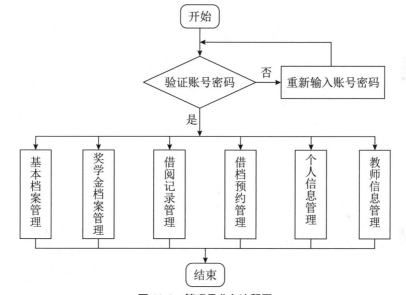

图 11-1　管理员业务流程图

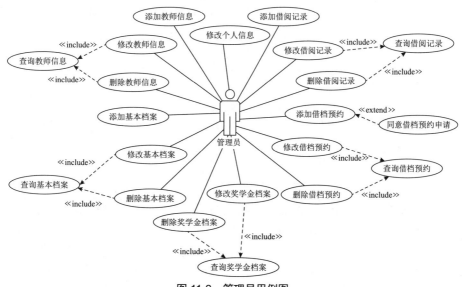

图 11-2　管理员用例图

11.1.2 教师权限业务流程

教师通过教工号、密码和验证码登录系统，如有错误给出相应提示。通过验证后进入教师首页，可进行个人信息管理、学生档案查看、奖学金申请审核，以及借档预约等操作。教师业务流程图如图 11-3 所示，教师用例图如图 11-4 所示。

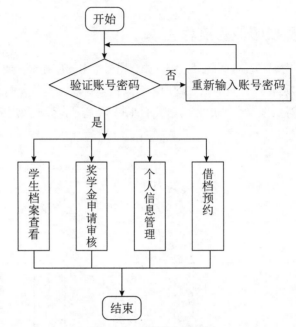

图 11-3 教师业务流程图

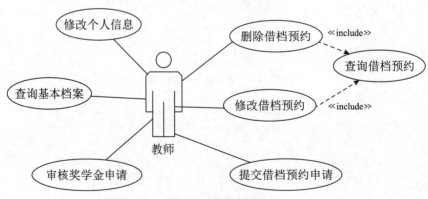

图 11-4 教师用例图

11.1.3 学生权限业务流程

学生通过学号、密码和验证码登录系统，如有错误给出相应提示。通过验证后进入学生首页，可进行个人信息管理、个人档案查看、奖学金申请，以及借档预约等操作。学生业务流程图如图 11-5 所示，学生用例图如图 11-6 所示。

第 11 章 学生档案管理系统 | 307

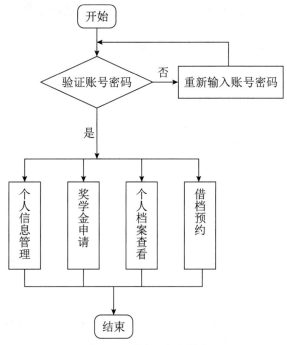

图 11-5 学生业务流程图

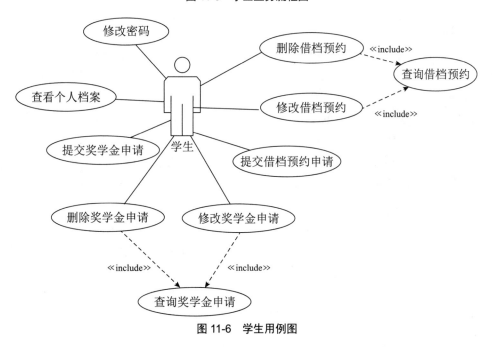

图 11-6 学生用例图

11.2 领域驱动设计

领域驱动设计（domain-driven design，DDD）是一种软件开发方法论，旨在以业务领域为核心，将软件系统划分为不同的领域，并通过领域模型和统一语言的定义来实现系统的设计与开发。领域驱动设计强调对业务领域的深入理解和建模，以解决复杂业务问题并实现高质量的软件设计。

领域驱动设计的核心概念包括领域模型、聚合、实体、值对象、限界上下文等。其中，领域模型是系统对业务领域的抽象表示，聚合是一组相互关联的对象，实体是具有唯一标识的对象，值对象是没有标识且不可变的对象，限界上下文是领域模型的边界和作用域。

在领域驱动设计中，开发团队与业务专家之间通过统一语言进行沟通，以确保对业务需求的准确理解和共识。同时，领域驱动设计鼓励使用迭代和增量的方式进行开发，以逐步完善领域模型和系统设计，并持续迭代地满足业务需求和变化。

11.2.1　领域驱动设计结构划分

视频讲解

领域驱动设计通过将软件系统划分为不同的层级结构来实现对业务领域的深入理解和建模。在领域驱动设计中，通常包括用户界面层（UI Layer）、应用层（application layer）、领域层（domain layer）、基础设施层（infrastructure layer）等重要的层级。

1. 用户界面层

用户界面层是与用户直接交互的部分，负责接收用户输入，并向用户展示数据和信息。在领域驱动设计中，用户界面层应该将用户的操作转换为领域模型可以理解的领域事件，并将领域模型返回的数据呈现给用户。

2. 应用层

应用层是连接用户界面层和领域层的桥梁，负责协调领域对象的交互，并处理用户请求。在领域驱动设计中，应用层承担着将用户请求转换为领域事件的责任，并将领域事件传递给领域层进行处理。

3. 领域层

领域层是整个软件系统的核心，包含了业务领域的核心逻辑和数据模型。在领域驱动设计中，领域层主要包括领域模型、实体、值对象、聚合等业务相关的概念和模型。领域层的设计应该基于对业务领域的深入理解，以确保系统能够准确地反映业务需求和规则。

4. 基础设施层

基础设施层提供了支持整个系统运行的基础设施和通用功能，如数据库访问、消息传递、日志记录等。在领域驱动设计中，基础设施层应该与领域层解耦，以确保领域层的独立性和可移植性。

各层级结构相互配合，共同构成了一个完整的领域驱动设计的软件系统。通过对各层之间的职责和关系进行清晰分离和定义，领域驱动设计能够更好地实现系统的可维护性、扩展性和适应性，从而更好地满足复杂业务需求。领域驱动设计的框架结构如图11-7所示。

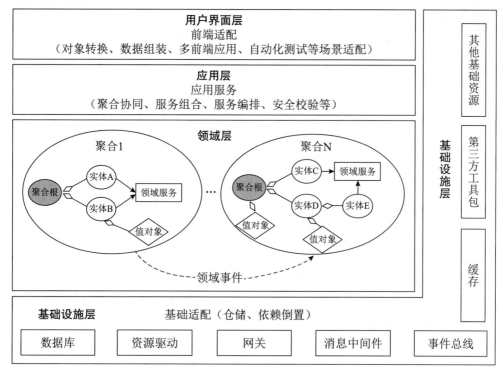

图 11-7 领域驱动设计的框架结构

11.2.2 领域驱动设计的价值

领域驱动设计旨在促进软件系统与业务领域的紧密结合，以解决复杂业务场景下的软件设计与开发问题。领域驱动设计的核心理念包括将业务领域作为软件设计的重心，并通过通用语言、领域模型、限界上下文等概念来推动软件设计与实现的高度可理解性和灵活性，能够带来以下几方面的价值。

（1）提升业务理解：领域模型和数据模型分离，业务复杂度和技术复杂度分离。领域驱动设计聚焦于领域模型，将技术实现细节从模型中剥离出来，能够更好地降低业务和技术的耦合度。

（2）改善软件架构：领域驱动设计强调将业务领域的知识直接映射到软件设计之中，从而更好地满足业务需求，提高系统的扩展性和灵活性。

（3）促进团队协作：通过对需求的识别及分类，划分出领域、子域和限界上下文，进而指导团队成员分工协作，从而做到将复杂的问题分而治之地解决。

（4）增强技术可行性：领域驱动设计能够帮助开发团队更好地理解业务需求，从而提升技术人员对系统功能和数据流的把握，减少需求误解和技术风险。

11.2.3 领域驱动设计和 MVC 比较

领域驱动设计和模型 - 视图 - 控制器（MVC）是两种不同的软件开发模式和设计思想，在软件架构和设计中具有不同的关注点和目标。它们之间的联系和区别如下。

1. 目标和设计思想

领域驱动设计和 MVC 都是软件开发中的设计模式和思想，旨在提高软件系统的可维护性、可扩展性和可理解性。

2. 关注点和特点

领域驱动设计侧重于领域模型的设计和开发，将业务逻辑和业务概念抽象为领域对象，并强调领域专家与开发团队的协作。而 MVC 关注整体架构的设计，通过将应用程序分为模型、视图和控制器，实现了各个组件的分离和解耦。

3. 结合使用

领域驱动设计的领域模型可以作为 MVC 模式中的模型部分，从而将领域模型与应用程序整体架构相结合，为复杂业务系统的开发提供了良好的架构和开发模式。

总的来说，领域驱动设计侧重于领域模型的设计和开发，而 MVC 关注整体架构的设计和各个组件的分离。在实际应用中，可以结合使用领域驱动设计的领域模型和 MVC 的架构模式来开发复杂业务系统，以提高软件系统的可维护性和可扩展性。

11.3 网站建立

在"D:\ASP.NET Core 项目"目录中创建 chapter11 子目录，将其作为解决方案根目录，打开 Visual Studio2022，创建"空白解决方案"，命名为 StudentFileManagement，添加 FileManage、Infrastructure、SM.Domain、SM.EF.MSSQL、SM.Servicces、SM.ViewModel 项目。

添加类库及网站后，学生档案管理系统解决方案如图 11-8 所示。

图 11-8 学生档案管理系统解决方案

项目中 MVC 与领域驱动设计架构对应关系如下。

（1）Model 对应于 SM.Domain，用于存放数据的实体模型。

（2）View 和 Contoller 对应于 FileManage，作为 Web 主项目，承担了 MVC 中视图页面的控制器功能。分别实现了以控制器为路由，绑定用户所请求页面视图，以控制器为 API 接口，实现页面逻辑处理上的调用。

（3）其他辅助类库，拆分为多个类库实现，可以更好地解耦。

EF.MSSQL：实现了整个项目对数据库的交互，单独类库可实现更优的解耦，随时替换数据库。

Services：业务逻辑处理，其主要目的是实现整个项目的业务逻辑，可实现依赖倒置，根据业务需求可以随时替换逻辑层的逻辑实现，而无须改动上层代码。

ViewModel：视图模型，将视图和逻辑交互所用的数据模型，在逻辑层转换为对应的格式，实现与数据库交互。主要分为 DOT：实现数据库概念中的视图作用，隐藏针对用户非公开的数据字段，返回包含多个类型字段的组合数据实体；Param：用以接收接口传入的参数将其作为一个实体进行接收。

Infrastructure：项目的一些基础模块，存放底层帮助类和通用工具，以及数据源，例如，底层模块中的日志、缓存、工具包和第三方组件等。

11.4 系统概要设计

将逻辑模型各个处理模块进行分解，确定系统的层次结构关系，得到含义明确、功能单一的模块系统。模块的划分如图 11-9 所示。

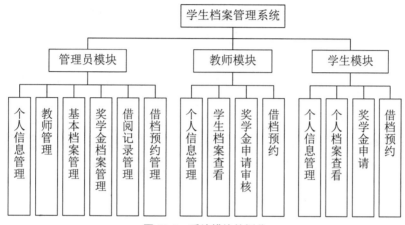

图 11-9 系统模块的划分

11.4.1 概念设计

将需求分析的结果抽象化，形成概念模型，系统包含管理员信息属性、教师信息属性、学生基本档案属性、奖学金申请属性、借档预约属性、借阅记录属性等主要属性。其中管理员信息属性如图 11-10 所示。

教师信息属性如图 11-11 所示。

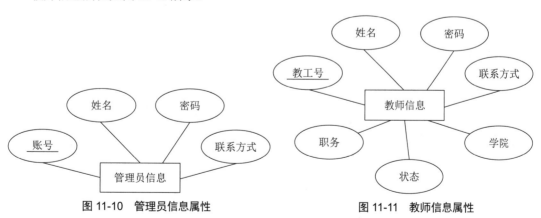

图 11-10 管理员信息属性　　图 11-11 教师信息属性

学生基本档案属性如图 11-12 所示。

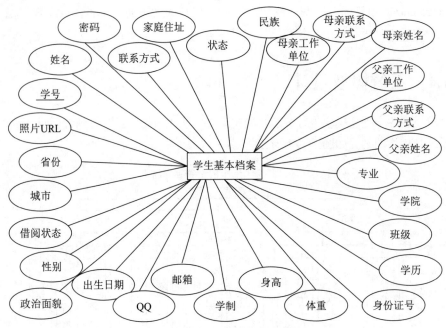

图 11-12　学生基本档案属性

奖学金申请属性如图 11-13 所示。

图 11-13　奖学金申请属性

借档预约属性如图 11-14 所示。

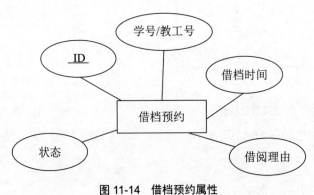

图 11-14　借档预约属性

借阅记录属性如图 11-15 所示。

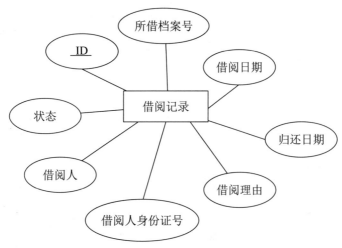

图 11-15　借阅记录属性

11.4.2　逻辑设计

将概念设计得出的概念模型转化成数据模型，抽象体现对象之间的逻辑关系。主要属性图关系模型转换的关系模式如下。

管理员信息表（<u>账号</u>，姓名，密码，联系方式）

教师信息表（<u>教工号</u>，姓名，密码，联系方式，学院，职务，状态）

学生基本档案表（<u>学号</u>，姓名，密码，联系方式，家庭住址，状态，民族，母亲姓名，母亲联系方式，母亲工作单位，父亲姓名，父亲联系方式，父亲工作单位，学院，专业，班级，学历，身份证号，身高，体重，学制，邮箱，QQ，政治面貌，性别，借阅状态，省份，城市，照片 URL）

奖学金申请表（<u>ID</u>，获奖学生学号，奖学金名称，获奖日期，绩点，专业排名，申请理由，状态）

借档预约表（<u>ID</u>，学号 / 教工号，借档时间，借阅理由，状态）

借阅记录表（<u>ID</u>，所借档案号，借阅日期，归还日期，借阅理由，借阅人身份证号，借阅人，状态）

视频讲解

11.4.3　物理设计

为逻辑模型选定符合要求的物理结构，解决数据库的存储问题，包括存储结构、存取方法等信息。管理员信息表如表 11-1 所示。

视频讲解

表 11-1　管理员信息表

字段名	说明	类型	可否为空	主键	外键
adminid	管理员账号	int	否	是	否
adminname	管理员姓名	varchar	否	否	否
password	密码	varchar	否	否	否
tel	联系方式	varchar	是	否	否

学生基本档案表如表 11-2 所示。

表 11-2 学生基本档案表

字段名	说 明	类 型	可否为空	主 键	外 键
studentid	学号	int	否	是	否
studentname	学生姓名	varchar	否	否	否
tel	联系方式	varchar	否	否	否
address	家庭住址	varchar	否	否	否
password	密码	varchar	否	否	否
nation	民族	varchar	否	否	否
sex	性别	char	否	否	否
politics	政治面貌	varchar	否	否	否
QQ	QQ	varchar	否	否	否
email	邮箱	varchar	否	否	否
height	身高	char	否	否	否
weight	体重	char	否	否	否
ID	身份证号	varchar	否	否	否
father	父亲姓名	varchar	否	否	否
ftel	父亲联系方式	varchar	否	否	否
fjob	父亲工作单位	varchar	否	否	否
mother	母亲姓名	varchar	否	否	否
mtel	母亲联系方式	varchar	否	否	否
mjob	母亲工作单位	varchar	否	否	否
degree	学历	varchar	否	否	否
schoolid	学院 ID	int	否	否	是
majorid	专业 ID	int	否	否	是
classid	班级 ID	int	否	否	是
system	学制	char	否	否	否
authorizedid	状态 ID	int	否	否	是
photourl	照片 url	text	是	否	否
provinceid	省份 ID	int	否	否	是
cityid	城市 ID	int	否	否	是
lend	借阅状态	varchar	否	否	否

教师信息表如表 11-3 所示。

表 11-3 教师信息表

字段名	说 明	类 型	可否为空	主 键	外 键
teacherid	教工号	int	否	是	否
teachername	教师姓名	varchar	否	否	否
password	密码	varchar	否	否	否
tel	联系方式	varchar	否	否	否
authorizedid	状态 ID	int	否	否	是

续表

字段名	说 明	类 型	可否为空	主 键	外 键
job	职务	varchar	否	否	否
schoolid	学院 ID	int	否	否	是

奖学金表如表 11-4 所示。

表 11-4 奖学金表

字段名	说 明	类 型	可否为空	主 键	外 键
scholarshipid	奖学金 ID	int	否	是	否
scholarshipname	奖学金名称	varchar	否	否	否
money	金额	varchar	否	否	否

奖学金申请表如表 11-5 所示。

表 11-5 奖学金申请表

字段名	说 明	类 型	可否为空	主 键	外 键
sapplicationid	奖学金申请 ID	int	否	是	否
studentid	学号	int	否	否	是
scholarshipid	奖学金 ID	int	否	否	是
date	获奖日期	varchar	否	否	否
reason	申请理由	text	否	否	否
rank	专业排名	varchar	否	否	否
score	绩点	varchar	否	否	否
authorizedid	状态 ID	int	否	否	是

学生借档预约表如表 11-6 所示。

表 11-6 学生借档预约表

字段名	说 明	类 型	可否为空	主 键	外 键
sappoid	学生借档预约 ID	int	否	是	否
studentid	借档时间	int	否	否	是
date	学号	varchar	否	否	否
reason	预约理由	text	否	否	否
authorizedid	状态 ID	int	否	否	是

🔑 11.5 类库代码实现

11.5.1 数据的实体模型 SM.Domain

Domain 表示领域模型中的数据实体，用于存储和操作数据的结构化对象。通过定义 Model，可以明确数据的属性和行为，从而更好地组织和管理系统中的数据。在软件设计中，规范化 Model 的目的是确保数据的一致性、完整性和可靠性，同时提高代码的可读性和可维护性。

(1) 管理员表对应 AdminInfos 类,编辑 AdminInfos.cs 文件的代码如下。

```csharp
public class AdminInfos
{
    // id
    public int AdminId { get; set; }
    // 管理员名称
    public string AdminName { get; set; }
    // 密码
    public string Password { get; set; }
    // 手机号
    public string Tel { get; set; }
    // 修改密码
    public void EditPwd(string password)
    {
        this.Password = password;
    }
}
```

(2) 状态表对应 Authorizeds 类,编辑 Authorizeds.cs 文件的代码如下。

```csharp
public class Authorizeds
{
    // id
    public int AuthorizedId { get; set; }
    // 状态值
    public string Authorizedname { get; set; }
}
```

(3) 城市表对应 Cities 类,编辑 Cities.cs 文件的代码如下。

```csharp
public class Cities
{
    // 城市 Id
    public int CityId { get; set; }
    // 城市名称
    public string CityName { get; set; }
    // 省份
    public int ProvinceId { get; set; }
}
```

(4) 班级表对应 Classes 类,编辑 Classes.cs 文件的代码如下。

```csharp
public class Classes
{
    // 班级 Id
    public int ClassId { get; set; }
    // 班级名称
    public string ClassName { get; set; }
    // 学院
    public int SchoolId { get; set; }
    // 专业
    public int MajorId { get; set; }
}
```

（5）借阅记录表对应 LendInfo 类，编辑 LendInfo.cs 文件的代码如下。

```
public class LendInfo
{
    public LendInfo()
    {

    }
     public LendInfo(int studentId, string startDate, string endDate,
string lendMan, string reason,string id)
    {
        StudentId = studentId;
        StartDate = startDate;
        EndDate = endDate;
        LendMan = lendMan;
        Reason = reason;
        Authorizedid = 7;
        Id = id;
    }
    // 借阅 Id
    public int LendId { get; set; }
    // 学生 Id
    public int StudentId { get; set; }
    // 开始时间
    public string StartDate { get; set; }
    // 结束时间
    public string EndDate { get; set; }
    // 借阅人
    public string LendMan { get; set; }
    // 借阅理由
    public string Reason { get; set; }
    // 状态 Id
    public int Authorizedid { get; set; }
    // 身份证号
    public string Id { get; set; }
    // 更新
     public void update(int studentId, string startDate, string endDate,
string lendMan, string reason,string id)
    {
        StudentId = studentId;
        StartDate = startDate;
        EndDate = endDate;
        LendMan = lendMan;
        Reason = reason;
        Id = id;
    }
}
```

（6）专业表对应 Major 类，编辑 Major.cs 文件的代码如下。

```
public class Major
{
```

```csharp
    // 专业Id
    public int MajorId { get; set; }
    // 专业名称
    public string MajorName { get; set; }
    // 学院Id
    public int SchoolId { get; set; }
}
```

(7) 省份表对应 Provinces 类，编辑 Provinces.cs 文件的代码如下。

```csharp
public class Provinces
{
    // 省份Id
    public int ProvinceId { get; set; }
    // 省份名称
    public string ProvinceName { get; set; }
}
```

(8) 奖学金申请表对应 SapplicationInfo 类，编辑 SapplicationInfo.cs 文件的代码如下。

```csharp
public class SapplicationInfo
{
    // 奖学金申请表
    public SapplicationInfo()
    {
        AuthorizedId =9;
    }
    // 奖学金申请表
     public SapplicationInfo(int scholarshipId, string date, string reason, string rank, string score,int studentId):this()
    {
        ScholarshipId = scholarshipId;
        Date = date;
        Reason = reason;
        Rank = rank;
        Score = score;
        StudentId = studentId;
    }
    // 奖学金申请ID
    public int SApplicationId { get; set; }
    // 奖学金ID
    public int ScholarshipId { get; set; }
    // 获奖日期
    public string Date { get; set; }
    // 申请理由
    public string Reason { get; set; }
    // 专业排名
    public string Rank { get; set; }
    // 绩点
    public string Score { get; set; }
    // 状态ID
    public int AuthorizedId { get; set; }
```

```csharp
    // 学号
    public int StudentId { get; set; }
    // 修改
     public void Edit(int scholarshipId, string date, string reason,
string rank, string score,int studentId)
    {
        ScholarshipId = scholarshipId;
        Date = date;
        Reason = reason;
        Rank = rank;
        Score = score;
        StudentId = studentId;
    }
}
```

（9）档案申请借阅记录表对应 SappoInfos 类，编辑 SappoInfos.cs 文件的代码如下。

```csharp
public class SappoInfos
{
    // 档案申请借阅记录
    public SappoInfos()
    {
        AuthorizedId =11;
    }
    // 档案申请借阅记录
    public SappoInfos(int studentId, string date, string reason):this()
    {
        StudentId = studentId;
        Date = date;
        Reason = reason;
    }
    // 记录 Id
    public int Sappoid { get; set; }
    // 学生 Id
    public int StudentId { get; set; }
    // 时间
    public string Date { get; set; }
    // 申请理由
    public string Reason { get; set; }
    // 状态
    public int AuthorizedId { get; set; }
    // 档案申请借阅记录
    public void Edit(string date, string reason)
    {
        Date = date;
        Reason = reason;
    }
}
```

（10）奖学金表对应 Scholarships 类，编辑 Scholarships.cs 文件的代码如下。

```csharp
public class Scholarships
```

```csharp
{
    // 奖学金 Id
    public int ScholarshipId { get; set; }
    // 奖学金名称
    public string ScholarshipName { get; set; }
    // 金额
    public string Money { get; set; }
}
```

(11) 学院表对应 Schools 类,编辑 Schools.cs 文件的代码如下。

```csharp
public class Schools
{
    // 学院 Id
    public int SchoolId { get; set; }
    // 学院名称
    public string SchoolName { get; set; }
}
```

代码实现

(12) 学生基本档案表对应 StudentInfos 类,编辑 StudentInfos.cs 文件的代码见代码实现二维码。

(13) 教师申请借阅档案记录表对应 TappoInfos 类,编辑 TappoInfos.cs 文件的代码如下。

```csharp
public class TappoInfos
{
    public TappoInfos()
    {
        AuthorizedId =11;
    }
    public TappoInfos(int teacherId, string date, string reason):this()
    {
        TeacherId = teacherId;
        Date = date;
        Reason = reason;
    }
    // 记录 Id
    public int Tappoid { get; set; }
    // 老师 Id
    public int TeacherId { get; set; }
    // 时间
    public string Date { get; set; }
    // 申请理由
    public string Reason { get; set; }
    // 状态
    public int AuthorizedId { get; set; }
    // 修改
    public void Edit(string date,string reason)
    {
        Date = date;
        Reason = reason;
    }
}
```

（14）教师信息表对应 TeacherInfos 类，编辑 TeacherInfos.cs 文件的代码如下。

```
public class TeacherInfos
{
    // 教师信息
    public TeacherInfos()
    {
        AuthorizedId = 7;
        Password ="123456";
    }
    // 教师信息
     public TeacherInfos(int teacherId,string teacherName, string tel,
string job, int schoolId):this()
    {
        TeacherId = teacherId;
        TeacherName = teacherName;
        Tel = tel;
        Job = job;
        SchoolId = schoolId;
    }
    // 教师 Id
    public int TeacherId { get; set; }
    // 教师名字
    public string TeacherName { get; set; }
    // 手机号
    public string Tel { get; set; }
    // 状态 Id
    public int AuthorizedId { get; set; }
    // 职务
    public string Job { get; set; }
    // 学院 Id
    public int SchoolId { get; set; }
    // 密码
    public string Password { get; set; }
    // 修改
    public void EditPwd(string newPwd)
    {
        this.Password= newPwd;
    }
    // 修改
     public void Update(string teacherName, string tel,string job, int
schoolId)
    {
        TeacherName = teacherName;
        Tel = tel;
        Job = job;
        SchoolId = schoolId;
    }
}
```

11.5.2 视图模型 ViewModel

类库 ViewModel 是一种用于视图和逻辑交互的数据模型。它在逻辑层将数据模型转换为对应的格式,从而实现与数据库的交互。按系统功能将其存放在 Admin、Home、Student、Teacher 等子目录中,主要类的代码设计如下。

(1) Admin/Dto/AdminInfoDto.cs 文件的代码如下。

```
public class AdminInfoDto
{
    public int AdminId { get; set; }
    public string AdminName { get; set; }
    public string Password { get; set; }
    public string Tel { get; set; }
}
```

(2) Admin/Dto/AuthorizeDto.cs 文件的代码如下。

```
public class AuthorizeDto
{
    [JsonPropertyName("authorized_id")]
    public int AuthorizedId { get; set; }
    [JsonPropertyName("authorized_name")]
    public string Authorizedname { get; set; }
}
```

(3) Admin/Dto/CityDto.cs 文件的代码如下。

```
public class CityDto
{
    [JsonPropertyName("city_id")]
    public int CityId { get; set; }
    [JsonPropertyName("city_name")]
    public string CityName { get; set; }
    [JsonPropertyName("province_id")]
    public int ProvinceId { get; set; }
}
```

(4) Admin/Dto/LendInfoDto.cs 文件的代码如下。

```
public class LendInfoDto
{
    [JsonPropertyName("lend_id")]
    public int LendId { get; set; }
    [JsonPropertyName("student_id")]
    public int StudentId { get; set; }
    [JsonPropertyName("student_name")]
    public string StudentName { get; set; }
    [JsonPropertyName("start_date")]
    public string StartDate { get; set; }
    [JsonPropertyName("end_date")]
    public string EndDate { get; set; }
```

```
    [JsonPropertyName("lend_man")]
    public string LendMan { get; set; }
    [JsonPropertyName("reason")]
    public string Reason { get; set; }
    [JsonPropertyName("authorized_id")]
    public int Authorizedid { get; set; }
    [JsonPropertyName("authorized_name")]
    public string AuthorizedName { get; set; }
    [JsonPropertyName("id")]
    public string Id { get; set; }
}
```

（5）Admin/Dto/ProvinceDto.cs 文件的代码如下。

```
public class ProvinceDto
{
    [JsonPropertyName("province_id")]
    public int ProvinceId { get; set; }
    [JsonPropertyName("province_name")]
    public string ProvinceName { get; set; }
}
```

（6）Admin/Param/StudentInfoParam.cs 文件的代码如下。

```
public class StudentInfoParam
{
    [JsonPropertyName("student_id")]
    public int StudentId { get; set; }
    [JsonPropertyName("student_name")]
    public string StudentName { get; set; }
    [JsonPropertyName("birthday")]
    public string Birthday { get; set; }
    [JsonPropertyName("photo_url")]
    public string PhotoUrl { get; set; }
    [JsonPropertyName("sex")]
    public string Sex { get; set; }
    [JsonPropertyName("height")]
    public string Height { get; set; }
    [JsonPropertyName("nation")]
    public string Nation { get; set; }
    [JsonPropertyName("weight")]
    public string Weight { get; set; }
    [JsonPropertyName("politics")]
    public string Politics { get; set; }
    [JsonPropertyName("id")]
    public string Id { get; set; }
    [JsonPropertyName("province_id")]
    public int ProvinceId { get; set; }
    [JsonPropertyName("city_id")]
    public int CityId { get; set; }
    [JsonPropertyName("address")]
    public string Address { get; set; }
```

```csharp
        [JsonPropertyName("tel")]
        public string Tel { get; set; }
        [JsonPropertyName("qq")]
        public string QQ { get; set; }
        [JsonPropertyName("email")]
        public string Email { get; set; }
        [JsonPropertyName("father")]
        public string Father { get; set; }
        [JsonPropertyName("father_job")]
        public string FatherJob { get; set; }
        [JsonPropertyName("father_tel")]
        public string FatherTel { get; set; }
        [JsonPropertyName("mother")]
        public string Mother { get; set; }
        [JsonPropertyName("mother_job")]
        public string MotherJob { get; set; }
        [JsonPropertyName("mother_tel")]
        public string MotherTel { get; set; }
        [JsonPropertyName("degree")]
        public string Degree { get; set; }
        [JsonPropertyName("school_id")]
        public int SchoolId { get; set; }
        [JsonPropertyName("system")]
        public string System { get; set; }
        [JsonPropertyName("major_id")]
        public int MajorId { get; set; }
        [JsonPropertyName("class_id")]
        public int ClassId { get; set; }
        [JsonPropertyName("authorized_id")]
        public int AuthorizedId { get; set; }
}
```

（7）Admin/Home/VerificationDto.cs 文件的代码如下。

```csharp
public class VerificationDto
{
    public VerificationDto(string guid, string code)
    {
        Guid = guid;
        Code = code;
    }
    [JsonPropertyName("guid")]
    public string Guid { get; private set; }
    [JsonPropertyName("code")]
    public string Code { get;private set; }
}
```

（8）Admin/Student/SapplicationInfoDto.cs 文件的代码如下。

```csharp
public class SapplicationInfoDto
{
    public int SApplicationId { get; set; }
```

```
    public int ScholarshipId { get; set; }
    public string ScholarshipName { get; set; }
    public string Money { get; set; }
    public string Date { get; set; }
    public string Reason { get; set; }
    public string Rank { get; set; }
    public string Score { get; set; }
    public int AuthorizedId { get; set; }
    public string AuthorizedName { get; set; }
    public int StudentId { get; set; }
    public string StudentName { get; set; }
    public string Tel { get; set; }
    public string? SchoolName { get; set; }
}
```

（9）Admin/Student/ScholarshipsDto.cs 文件的代码如下。

```
public class ScholarshipsDto
{
    public int ScholarshipId { get; set; }
    public string ScholarshipName { get; set; }
    public string Money { get; set; }
}
```

（10）Admin/Student/StudentInfoDto.cs 文件的代码如下。

```
public class StudentInfoDto
{
    [JsonPropertyName("student_name")]
    public string StudentName { get; set; }
    [JsonPropertyName("tel")]
    public string Tel { get; set; }
    [JsonPropertyName("address")]
    public string Address { get; set; }
    [JsonPropertyName("nation")]
    public string Nation { get; set; }
    [JsonPropertyName("sex")]
    public string Sex { get; set; }
    [JsonPropertyName("politics")]
    public string Politics { get; set; }
    [JsonPropertyName("birthday")]
    public string Birthday { get; set; }
    [JsonPropertyName("qq")]
    public string? QQ { get; set; }
    [JsonPropertyName("email")]
    public string? Email { get; set; }
    [JsonPropertyName("height")]
    public string? Height { get; set; }
    [JsonPropertyName("weight")]
    public string? Weight { get; set; }
    [JsonPropertyName("id")]
    public string? ID { get; set; }
```

```csharp
        [JsonPropertyName("father")]
        public string? Father { get; set; }
        [JsonPropertyName("father_tel")]
        public string? FatherTel { get; set; }
        [JsonPropertyName("father_job")]
        public string? FatherJob { get; set; }
        [JsonPropertyName("mother")]
        public string? Mother { get; set; }
        [JsonPropertyName("mother_tel")]
        public string? MotherTel { get; set; }
        [JsonPropertyName("mother_job")]
        public string? MotherJob { get; set; }
        [JsonPropertyName("degree")]
        public string Degree { get; set; }
        [JsonPropertyName("system")]
        public string System { get; set; }
        [JsonPropertyName("photo_url")]
        public string? PhotoUrl { get; set; }
        [JsonPropertyName("school_id")]
        public int SchoolId { get; set; }
        [JsonPropertyName("school_name")]
        public string SchoolName { get; set; }
        [JsonPropertyName("major_id")]
        public int MajorId { get; set; }
        [JsonPropertyName("major_name")]
        public string MajorName { get; set; }
        [JsonPropertyName("class_id")]
        public int ClassId { get; set; }
        [JsonPropertyName("class_name")]
        public string ClassName { get; set; }
        [JsonPropertyName("authorized_id")]
        public int AuthorizedId { get; set; }
        [JsonPropertyName("authorized_name")]
        public string AuthorizedName { get; set; }
        [JsonPropertyName("province_id")]
        public int ProvinceId { get; set; }
        [JsonPropertyName("province_name")]
        public string ProvinceName { get; set; }
        [JsonPropertyName("city_id")]
        public int CityId { get; set; }
        [JsonPropertyName("city_name")]
        public string CityName { get; set; }
        [JsonPropertyName("student_id")]
        public int StudentId { get; set; }
        [JsonPropertyName("password")]
        public string Password { get; set; }
        [JsonPropertyName("lend")]
        public string Lend { get; set; }
    }
```

（11）Admin/Teacher/ClassDto.cs 文件的代码如下。

```
public class ClassDto
{
    public int ClassId { get; set; }
    public string ClassName { get; set; }
    public int SchoolId { get; set; }
    public int MajorId { get; set; }
}
```

（12）Admin/Teacher/MajorDto.cs 文件的代码如下。

```
public class MajorDto
{
    public int MajorId { get; set; }
    public string MajorName { get; set; }
    public int SchoolId { get; set; }
}
```

（13）Admin/Teacher/SchoolsDto.cs 文件的代码如下。

```
public class SchoolsDto
{
    public int SchoolId { get; set; }
    public string SchoolName { get; set; }
}
```

（14）Admin/Teacher/TeacherInfoDto.cs 文件的代码如下。

```
public class TeacherInfoDto
{
    public int TeacherId { get; set; }
    public string TeacherName { get; set; }
    public string Tel { get; set; }
    public int AuthorizedId { get; set; }
    public string Job { get; set; }
    public int SchoolId { get; set; }
    public string SchoolName { get; set; }
    public string Password { get; set; }
}
```

（15）Admin/AppoInfoListDto.cs 文件的代码如下。

```
public class AppoInfoListDto
{
    public int? AId { get; set; }
    public string? AName { get; set; }
    public int Sappoid { get; set; }
    public string Date { get; set; }
    public string Reason { get; set; }
    public int AuthorizedId { get; set; }
    public string AuthorizedName{ get; set; }
}
```

11.5.3 基础模块 Infrastructure

Infrastructure 是项目中存放底层帮助类、通用工具，以及数据源的一些基础模块，例如，日志、缓存、工具包，以及第三方组件等。

（1）Configuration/Model/AppConfig.cs 文件的代码如下。

```csharp
public class AppConfig
{
    // 文件地址
    public string FilesPath { get; set; }
    // 主机地址
    public string Host { get; set; }
    // 密钥
    public string AesKey { get; set; }
}
```

（2）Configuration/Model/DbConfig.cs 文件的代码如下。

```csharp
public class DbConfig
{
    // 连接字符串
    public string DbConn { get; set; }
    // 数据库版本
    public string DbVersion { get; set; }
    // 是否开启调试
    public bool EnableTrace { get; set; }
}
```

（3）APIResult/Common/ApiErrResult.cs 文件的代码如下。

```csharp
// 异常响应信息
public class ApiErrResult<T>
{
    // 异常响应信息
    public ApiErrResult()
    {
        CurrentTime = DateTime.Now;
    }
    // 异常响应信息
    public ApiErrResult(T code, string msg, object extend = null)
    {
        Msg = msg;
        Code = code;
        Extend = extend;
        CurrentTime = DateTime.Now;
    }
    public ApiErrResult(T code, string msg, object extend, bool isReturnCurrentTime)
    {
        Msg = msg;
```

```csharp
            Code = code;
            Extend = extend;
            if (isReturnCurrentTime)
                CurrentTime = DateTime.Now;
            else
                CurrentTime = null;
        }
        // 错误信息
        [JsonPropertyName("msg")]
        public virtual string Msg { get; set; }
        // 错误码
        [JsonPropertyName("code")]
        public virtual T Code { get; set; }
        // 扩展信息
        [JsonPropertyName("extend")]
        public virtual object Extend { get; set; }
        // 当前时间
        [JsonPropertyName("current_time")]
        public virtual DateTime? CurrentTime { get; set; }
}
```

（4）APIResult/Common/ApiResult.cs.cs 文件的代码如下。

```csharp
// 正常响应信息
public abstract class ApiResult<T>
{
    public ApiResult()
    {
        CurrentTime = DateTime.Now;
    }
    public ApiResult(T code, object data)
    {
        Code = code;
        Data = data;
        CurrentTime = DateTime.Now;
    }
    public ApiResult(T code, object data, bool isReturnCurrentTime)
    {
        Code = code;
        Data = data;
        if (isReturnCurrentTime)
            CurrentTime = DateTime.Now;
        else
            CurrentTime = null;
    }
    // 响应码
    [JsonPropertyName("code")]
    public virtual T Code { get; set; }
    // 响应信息
    [JsonPropertyName("response")]
    public virtual object Data { get; set; }
```

```csharp
    // 当前时间
    [JsonPropertyName("current_time")]
    public virtual DateTime? CurrentTime { get; set; }
}
```

（5）.APIResult/ApiErrResult.cs 文件的代码如下。

```csharp
// 异常响应信息
public class ApiErrResult : ApiErrResult<int>
{
    public ApiErrResult(int code, string msg, object extend = null) : base(code, msg, extend)
    {
    }
    public ApiErrResult(int code, string msg, object extend, bool isReturnCurrentTime) : base(code, msg, extend,
        isReturnCurrentTime)
    {
    }
    // 错误提示信息
    [JsonPropertyName("msg")]
    public override string Msg { get; set; }
    // 状态码
    [JsonPropertyName("code")]
    public override int Code { get; set; }
    // 扩展信息
    [JsonPropertyName("extend")]
    public override object Extend { get; set; }
    // 当前时间
    [JsonPropertyName("current_time")]
    public override DateTime? CurrentTime { get; set; }
}
```

（6）APIResult/ApiResult.cs 文件的代码如下。

```csharp
// 接口信息
public class ApiResult : ApiResult<int>
{
    public ApiResult()
    {
    }
    public ApiResult(int code = 200, object data = null) : base(code, data)
    {
    }
    public ApiResult(int code, object data, bool isReturnCurrentTime) : base(code, data, isReturnCurrentTime)
    {
    }
    // 状态码
    [JsonPropertyName("code")]
    public override int Code { get; set; }
    // 数据
```

```csharp
    [JsonPropertyName("response")]
    public override object Data { get; set; }
    //  当前时间
    [JsonPropertyName("current_time")]
    public override DateTime? CurrentTime { get; set; }
}
```

（7）APIResult/DyRespose.cs 文件的代码如下。

```csharp
// 获得云响应值
internal class DyRespose
{
    //  响应码（必返）
    [JsonPropertyName("code")]
    internal int Code { get; set; } = 200;
    //  响应信息（成功时返回）
    [JsonPropertyName("response")]
    internal object Data { get; set; }
    //  错误信息（错误时存在）
    [JsonPropertyName("msg")]
    internal string Msg { get; set; }
    //  扩展信息（错误时存在）
    [JsonPropertyName("extend")]
    internal object Extend { get; set; }
}
```

（8）APIResult/PageData.cs 文件的代码如下。

```csharp
// 分页数据集合
public class PageData<T>
{
    public PageData()
    {
        Data = new List<T>();
    }
    // 分页
    public PageData(int rowCount, List<T> data)
    {
        RowCount = rowCount;
        Data = data;
    }
    // 分页
    public PageData(int rowCount, List<T> data, object extendedData)
    {
        RowCount = rowCount;
        Data = data;
        ExtendedData = extendedData;
    }
    // 总页数
    [JsonPropertyName("total")]
    public virtual int RowCount { get; set; }
    // 当前页数据集合
```

```
            [JsonPropertyName("data")]
            public virtual ICollection<T> Data { get; set; }
            // 扩展 Data
            [JsonPropertyName("extend_data")]
            public virtual object ExtendedData { get; set; }
}
```

11.5.4 业务逻辑处理 Services

业务逻辑处理服务扮演着至关重要的角色。其主要目的在于实现整个项目的业务逻辑，同时实现了依赖倒置原则。这意味着根据业务需求，可以随时替换逻辑层的实现，而无须改动上层代码。这种灵活性和可维护性为项目的开发和维护带来了很大的便利。

（1）Extension/CacheKey.cs 文件的代码如下。

```
public class CacheKey
{
    // 验证码
    public static string VerificationCode(string guid)=> $"verification_code_{guid}";
}
```

代码实现

（2）Service/Admin/AdminService.cs 文件的代码见代码实现二维码。

（3）Admin/IAdminService.cs 文件的代码如下。

```
using SM.ViewModel.Admin.Dto;
using SM.ViewModel.Teacher;
namespace SM.Services.Service.Admin
{
    public interface IAdminService
    {
        // 登录
        Task LoginAsync(int aId, string pwd, string codeValue, string guid);
        // 获取管理员信息
        Task<AdminInfoDto?> GetAdminInfoAsync(int aid);
        // 修改密码
        Task EditPassAsync(int aId, string newPwd);
        // 教师列表
        Task<List<TeacherInfoDto>> TeacherInfoListAsync(int tId=0,int schoolId=0);
        // 教师列表
        Task DelTeacherAsync(int tid);
        // 教师列表
        Task SetTeacherAsync(int tid,string name,string tel,string job,int school);
        // 删除学生
        Task DeleteStudentAsync(int sid);
// 获取省份
Task<List<ProvinceDto>> GetProvince();
        // 获取省份
```

```
            Task<List<CityDto>> GetCity();
            // 获取省份
            Task<List<AuthorizeDto>> GetAuthorize();
            // 设置学生
            Task SetStudent(int studentId, string studentName, string birthday,
string photoUrl, string sex, string height,
            string nation,
            string weight, string politics, string id, int provinceId,
int cityId, string address, string tel,
            string qq,
            string email, string father, string fatherJob, string fatherTel,
string mother, string motherJob,
            string motherTel,
            string degree, int schoolId, string system, int majorId, int
classId, int authorizedId);
            // 获取档案借阅记录
            Task<List<LendInfoDto>> GetLendAsync(int sid,string lendMan);
            // 获取档案借阅记录
            Task SetLendAsync(int lid, int studentId, string startDate,
string endDate, string lendMan, string reason,
            string id);
    }
}
```

（4）Home/HomeBusiness.cs 文件的代码如下。

```
using System.Text;
using Infrastructure.Core.Common;
using Infrastructure.Core.Interface.IOC;
using Infrastructure.ExceptionExtension;
using Microsoft.AspNetCore.Http;
using Microsoft.Extensions.Caching.Memory;
using SM.Services.Extension;
using SM.ViewModel.Home;

namespace SM.Services.Service.Home;
// 主页业务
public class HomeBusiness:IHomeBusiness,IScopeInstance
{
    private readonly IMemoryCache _memoryCache;
    private readonly IHttpContextAccessor _context;
    // 主页业务
    public HomeBusiness(IMemoryCache memoryCache,IHttpContextAccessor
context)
    {
        _memoryCache = memoryCache;
        _context = context;
    }
    // 获取验证码
    public async Task<VerificationDto> GetVerificationCodeAsync()
    {
        RandomCommon randomCommon = new RandomCommon();
```

```
            var code= randomCommon.GenerateSpecifiedString(4, $"{Const.
LettersLow}{Const.Numbers}");
            var image = ValidateCode.CreateValidateGraphic(code,105,40,30);
            var codeImage= Convert.ToBase64String(image);
            string guid = Guid.NewGuid().ToString("N");    _memoryCache.Set
(CacheKey.VerificationCode(guid),code,DateTimeOffset.Now.AddSeconds(180));
            var dto= new VerificationDto(guid, codeImage);
            return dto;
    }
}
```

(5) Home/IHomeBusiness.cs 文件的代码如下。

```
using SM.ViewModel.Home;
namespace SM.Services.Service.Home;
public interface IHomeBusiness
{
    // 获取验证码
    Task<VerificationDto> GetVerificationCodeAsync();
}
```

(6) Student/IStudentBusiness.cs 文件的代码如下。

```
using SM.ViewModel;
using SM.ViewModel.Student;
namespace SM.Services.Service.Student;
// 学生业务
public interface IStudentBusiness
{
        // 登录
        Task LoginAsync(int studentId,string pwd,string codeValue,string
guid);
        // 获取学生信息
        Task<StudentInfoDto> GetStudentAsync(int studentId);
        // 修改密码
        Task EditPwdAsync(int studentId, string newPwd);
        // 获取奖学金申请记录
        Task<List<SapplicationInfoDto>> GetSappoInfoListAsync(int
studentId);
        // 删除奖学金申请
        Task DelScholarship(int sApplicationId);
        // 设置奖学金数据
        Task SetScholarshipAsync(int sapId,int studentId,string rank,
string score,int scholrshipId,string date,string reason);
        // 获取奖学金申请记录
        Task<SapplicationInfoDto?> GetSapplicationInfoAsync(int
applicationId);
        // 获取借档申请记录
        Task<List<AppoInfoListDto>> GetAppoInfoListAsync(int studentId,
int stauts);
        // 获取借档申请记录
        Task<AppoInfoListDto?> GetAppoInfoAsync(int sappId);
        // 设置借档记录
```

```
        Task SetSappoAsync(int sappoId,string date,string reason,int 
studentId);
        // 删除奖学金申请
        Task DelSappoAsync(int sappoId);
        // 获取奖学金列表
        Task<List<ScholarshipsDto>> GetScholarshipList();
}
```

（7）Admin/StudentBusiness.cs 文件的代码见代码实现二维码。

（8）Teacher/AppoInfoListDto.cs 文件的代码如下。

```
using SM.ViewModel;
using SM.ViewModel.Student;
using SM.ViewModel.Teacher;
namespace SM.Services.Service.Teacher;
// 教师业务
public interface ITeacherBusiness
{
        // 登录
        Task LoginAsync(int tId,string pwd,string codeValue,string guid);
        // 获取教师信息
        Task<TeacherInfoDto> GetTeacherAsync(int tId);
        // 学生列表
        Task<List<StudentInfoDto>> StudentListAsync(int stId,int schoolId,
int majorId,int classId);
        // 修改密码
        Task EditPassAsync(int tId,string newPwd);
        // 获取学院列表
        Task<List<SchoolsDto>> GetSchoolListAsync();
        // 获取专业列表
        Task<List<MajorDto>> GetMajorListAsync(int parentId);
        // 获取班级列表
        Task<List<ClassDto>> GetClassesAsync(int parentId);
        // 获取借档预约记录
        Task<List<AppoInfoListDto>> GetAppoInfoListAsync(int tid,int 
stauts);
        // 获取借档预约记录
        Task<AppoInfoListDto?> GetAppoInfoAsync(int tappid);
        // 设置借档预约记录
        Task SetTappoAsync(int tappoId, string date, string reason, int 
tid);
        // 删除借档预约
        Task DelSappoAsync(int tappoId);
        // 获取
        Task<List<SapplicationInfoDto>> GetSapplicationListAsync(int 
status);
        // 审核
        Task CheckAsync(int id);
}
```

（9）Teacher/TeacherBusiness.cs 文件的代码见代码实现二维码。

11.5.5 数据库的交互 EF.MSSQL

EF.MSSQL 是一个用于实现项目与数据库交互的工具，通过将其作为独立的类库使用，可以更好地实现系统模块之间的解耦，并且可以随时替换所使用的数据库。

（1）DbContexts/SMDbContext.cs 文件的代码如下。

```csharp
using System.Reflection;
using Infrastructure.Core.Interface.IOC;
using Infrastructure.Core.Interface.SeedWork.Repository;
using Microsoft.EntityFrameworkCore;
namespace SM.EF.MSSQL.DbContexts;
// 数据库上下文
public class SMDbContext:DbContext,IUnitOfWork,IScopeInstance
{
    public SMDbContext() : base()
    {
    }
    // 数据库上下文
     public SMDbContext(DbContextOptions<SMDbContext> options) : base(options)
    {
    }
    // 映射
    protected override void OnModelCreating(ModelBuilder modelBuilder)
    {
        base.OnModelCreating(modelBuilder);
        var repository = Assembly.Load("SM.EF.MSSQL");
        modelBuilder.ApplyConfigurationsFromAssembly(repository);
    }
    // 释放
    public override void Dispose()
    {
        base.Dispose();
    }
}
```

（2）Map/AdminInfoMap.cs 文件的代码如下。

```csharp
using Microsoft.EntityFrameworkCore;
using Microsoft.EntityFrameworkCore.Metadata.Builders;
using SM.Domain;
namespace SM.EF.MSSQL.Map;
// 管理员信息
public class AdminInfoMap: IEntityTypeConfiguration<AdminInfos>
{
    // 配置
    public void Configure(EntityTypeBuilder<AdminInfos> builder)
    {
        builder.ToTable("admin");
        builder.HasKey(x => x.AdminId);
        builder.Property(x => x.AdminId)
```

```
                .IsRequired()
                .HasComment("管理员账号")
                .HasColumnName("adminid");
        builder.Property(x => x.AdminName)
                .IsRequired()
                .HasComment("管理员姓名")
                .HasColumnName("adminname")
                .HasColumnType("VARCHAR(50)");
        builder.Property(x => x.Password)
                .IsRequired()
                .HasComment("密码")
                .HasColumnName("password")
                .HasColumnType("VARCHAR(20)");
        builder.Property(x => x.Tel)
                .HasComment("联系方式")
                .HasColumnName("tel")
                .HasColumnType("VARCHAR(20)");
    }
}
```

(3) Map/AuthorizedMap.cs 文件的代码如下。

```
using Microsoft.EntityFrameworkCore;
using Microsoft.EntityFrameworkCore.Metadata.Builders;
using SM.Domain;
namespace SM.EF.MSSQL.Map;
public class AuthorizedMap : IEntityTypeConfiguration<Authorizeds>
{
    public void Configure(EntityTypeBuilder<Authorizeds> builder)
    {
        builder.ToTable("authorized");
        builder.HasKey(x => x.AuthorizedId);
        builder.Property(x => x.AuthorizedId).HasColumnName("authorizedid").HasComment("状态 Id").IsRequired();
        builder.Property(x => x.Authorizedname).HasColumnName("authorizedname").HasComment("状态值").HasColumnType ("varchar(50)")
                .IsRequired();
    }
}
```

(4) Map/CityMap.cs 文件的代码如下。

```
using Microsoft.EntityFrameworkCore;
using Microsoft.EntityFrameworkCore.Metadata.Builders;
using SM.Domain;
namespace SM.EF.MSSQL.Map;
public class CityMap : IEntityTypeConfiguration<Cities>
{
    public void Configure(EntityTypeBuilder<Cities> builder)
    {
        builder.ToTable("city");
        builder.HasKey(x => x.CityId);
```

```
        builder.Property(x => x.CityId).HasColumnName("cityid").HasComment
(" 城市 id").IsRequired();
        builder.Property(x => x.CityName).HasColumnName("cityname").
HasComment(" 城市名 ").HasColumnType("varchar(50)").IsRequired();
        builder.Property(x => x.ProvinceId).HasColumnName("provinceid").
HasComment(" 省份 Id").IsRequired();
    }
}
```

(5) Map/ClassMap.cs 文件的代码如下。

```
using Microsoft.EntityFrameworkCore;
using Microsoft.EntityFrameworkCore.Metadata.Builders;
using SM.Domain;
namespace SM.EF.MSSQL.Map;
public class ClassMap : IEntityTypeConfiguration<Classes>
{
    public void Configure(EntityTypeBuilder<Classes> builder)
    {
        builder.ToTable("class");
        builder.HasKey(x => x.ClassId);
        builder.Property(x => x.ClassId).HasColumnName("classid").HasComment
(" 班级 Id").IsRequired();
        builder.Property(x => x.ClassName).HasColumnName("classname").
HasComment(" 班级名称 ").HasColumnType("varchar(50)").IsRequired();
        builder.Property(x => x.SchoolId).HasColumnName("schoolid").
HasComment(" 学院 Id").IsRequired();
        builder.Property(x => x.MajorId).HasColumnName("majorid").
HasComment(" 专业 Id").IsRequired();
    }
}
```

(6) Map/LendInfoMap.cs 文件的代码如下。

```
using Microsoft.EntityFrameworkCore;
using Microsoft.EntityFrameworkCore.Metadata.Builders;
using SM.Domain;
namespace SM.EF.MSSQL.Map;
// 借阅记录
public class LendInfoMap: IEntityTypeConfiguration<LendInfo>
{
    public void Configure(EntityTypeBuilder<LendInfo> builder)
    {
        builder.ToTable("lend");
        builder.HasKey(x => x.LendId);
        builder.Property(x => x.LendId)
            .IsRequired()
            .HasComment(" 借阅记录 ID")
            .HasColumnName("lendid");
        builder.Property(x => x.StudentId)
            .IsRequired()
            .HasComment(" 所借档案学号 ")
```

```
                    .HasColumnName("studentid");
            builder.Property(x => x.StartDate)
                    .IsRequired()
                    .HasComment("借阅日期")
                    .HasColumnName("startdate")
                    .HasColumnType("VARCHAR(50)");
            builder.Property(x => x.EndDate)
                    .HasComment("归还日期")
                    .IsRequired()
                    .HasColumnName("enddate")
                    .HasColumnType("VARCHAR(50)");
            builder.Property(x => x.LendMan)
                    .IsRequired()
                    .HasComment("借阅人姓名")
                    .HasColumnName("lendman")
                    .HasColumnType("VARCHAR(50)");
            builder.Property(x => x.Reason)
                    .IsRequired()
                    .HasComment("借阅理由")
                    .HasColumnName("reason")
                    .HasColumnType("text");
            builder.Property(x => x.Authorizedid)
                    .IsRequired()
                    .HasComment("状态 ID")
                    .HasColumnName("authorizedid");
            builder.Property(x => x.Id)
                    .IsRequired()
                    .HasComment("借阅人身份证号")
                    .HasColumnName("id")
                    .HasColumnType("VARCHAR(20)");
    }
}
```

（7）Map/MajorMap.cs 文件的代码如下。

```
using Microsoft.EntityFrameworkCore;
using Microsoft.EntityFrameworkCore.Metadata.Builders;
using SM.Domain;
namespace SM.EF.MSSQL.Map;
public class MajorMap: IEntityTypeConfiguration<Major>
{
    public void Configure(EntityTypeBuilder<Major> builder)
    {
        builder.ToTable("major");
        builder.HasKey(x => x.MajorId);
        builder.Property(x => x.MajorId).HasColumnName("majorid").HasComment("专业 Id").IsRequired();
        builder.Property(x => x.MajorName).HasColumnName("majorname").HasComment("专业名称").HasColumnType("varchar(50)").IsRequired();
        builder.Property(x => x.SchoolId).HasColumnName("schoolid").HasComment("学院 Id").IsRequired();
    }
}
```

(8) Map/ProvinceMap.cs 文件的代码如下。

```csharp
using Microsoft.EntityFrameworkCore;
using Microsoft.EntityFrameworkCore.Metadata.Builders;
using SM.Domain;
namespace SM.EF.MSSQL.Map;
public class ProvinceMap: IEntityTypeConfiguration<Provinces>
{
    public void Configure(EntityTypeBuilder<Provinces> builder)
    {
        builder.ToTable("province");
        builder.HasKey(x => x.ProvinceId);
        builder.Property(x => x.ProvinceId).HasColumnName("provinceid").HasComment("省份id").IsRequired();
        builder.Property(x => x.ProvinceName).HasColumnName ("provincename").HasComment("省份名").HasColumnType ("varchar(50)"). IsRequired();
    }
}
```

(9) Map/SapplicationInfoMap.cs 文件的代码如下。

```csharp
using Microsoft.EntityFrameworkCore;
using Microsoft.EntityFrameworkCore.Metadata.Builders;
using SM.Domain;
namespace SM.EF.MSSQL.Map;
public class SapplicationInfoMap: IEntityTypeConfiguration<SapplicationInfo>
{
    public void Configure(EntityTypeBuilder<SapplicationInfo> builder)
    {
        builder.ToTable("sapplication");
        builder.HasKey(x => x.SApplicationId);
        builder.Property(x => x.SApplicationId).HasColumnName("sapplicationid").HasComment("申请Id").IsRequired();
        builder.Property(x => x.StudentId).HasColumnName("studentid").HasComment("学号").IsRequired();
        builder.Property(x => x.ScholarshipId).HasColumnName("scholarshipid").HasComment("奖学金Id").IsRequired();
        builder.Property(x => x.Date).HasColumnName("date").HasComment("获奖日期").HasColumnType("varchar(50)").IsRequired();
        builder.Property(x => x.Reason).HasColumnName("reason").HasComment("申请理由").HasColumnType("text").IsRequired();
        builder.Property(x => x.Rank).HasColumnName("rank").HasComment("专业排名").HasColumnType("varchar(20)").IsRequired();
        builder.Property(x => x.Score).HasColumnName("score").HasComment("绩点").HasColumnType("varchar").IsRequired();
        builder.Property(x => x.AuthorizedId).HasColumnName("authorizedid").HasComment("状态ID").IsRequired();
    }
}
```

（10）Map/SappoInfoMap.cs 文件的代码如下。

```
using Microsoft.EntityFrameworkCore;
using Microsoft.EntityFrameworkCore.Metadata.Builders;
using SM.Domain;
namespace SM.EF.MSSQL.Map;
public class SappoInfoMap: IEntityTypeConfiguration<SappoInfos>
{
    public void Configure(EntityTypeBuilder<SappoInfos> builder)
    {
        builder.ToTable("sappo");
        builder.HasKey(x => x.Sappoid);
        builder.Property(x => x.Sappoid).HasColumnName("sappoid").HasComment("记录Id").IsRequired();
        builder.Property(x => x.StudentId).HasColumnName("studentid").HasComment("学生Id").IsRequired();
        builder.Property(x => x.Date).HasColumnName("date").HasComment("时间").HasColumnType("varchar(50)").IsRequired();
        builder.Property(x => x.Reason).HasColumnName("reason").HasComment("申请理由").HasColumnType("text").IsRequired();
        builder.Property(x => x.AuthorizedId).HasColumnName("authorizedid").HasComment("状态ID").IsRequired();
    }
}
```

（11）Map/ScholarshipMap.cs 文件的代码如下。

```
using Microsoft.EntityFrameworkCore;
using Microsoft.EntityFrameworkCore.Metadata.Builders;
using SM.Domain;
namespace SM.EF.MSSQL.Map;
public class ScholarshipMap: IEntityTypeConfiguration<Scholarships>
{
    public void Configure(EntityTypeBuilder<Scholarships> builder)
    {
        builder.ToTable("scholarship");
        builder.HasKey(x => x.ScholarshipId);

        builder.Property(x => x.ScholarshipId)
            .HasColumnName("scholarshipid")
            .HasComment("奖学金Id")
            .IsRequired();
        builder.Property(x => x.ScholarshipName)
            .HasColumnName("scholarshipname")
            .HasColumnType("VARCHAR(100)")
            .HasComment("奖学金名称").IsRequired();
        builder.Property(x => x.Money)
            .HasColumnName("money")
            .HasComment("金额")
            .HasColumnType("VARCHAR(20)")
            .IsRequired();
```

        }
}

（12）Map/SchoolMap.cs 文件的代码如下。

```csharp
using Microsoft.EntityFrameworkCore;
using Microsoft.EntityFrameworkCore.Metadata.Builders;
using SM.Domain;
namespace SM.EF.MSSQL.Map;
public class SchoolMap: IEntityTypeConfiguration<Schools>
{
    public void Configure(EntityTypeBuilder<Schools> builder)
    {
        builder.ToTable("school");
        builder.HasKey(x => x.SchoolId);
        builder.Property(x => x.SchoolId)
            .HasColumnName("schoolid")
            .HasComment("学院 Id")
            .IsRequired();
        builder.Property(x => x.SchoolName)
            .HasColumnName("schoolname")
            .HasColumnType("VARCHAR(50)")
            .HasComment("学院名称").IsRequired();
    }
}
```

（13）Map/StudentInfoMap.cs 文件的代码如下。

```csharp
using Microsoft.EntityFrameworkCore;
using Microsoft.EntityFrameworkCore.Metadata.Builders;
using SM.Domain;
namespace SM.EF.MSSQL.Map;
// 学生信息
public class StudentInfoMap: IEntityTypeConfiguration<StudentInfos>
{
    public void Configure(EntityTypeBuilder<StudentInfos> builder)
    {
        builder.ToTable("student");
        builder.HasKey(x => x.StudentId);
        builder.Property(x => x.StudentId).HasColumnName("studentid").HasComment("借阅记录 ID").IsRequired();
        builder.Property(x => x.StudentName).HasColumnName("studentname").HasColumnType("VARCHAR(50)").HasComment("学生姓名").IsRequired();
        builder.Property(x => x.Tel).HasColumnName("tel").HasColumnType("VARCHAR(20)").HasComment("联系方式").IsRequired();
        builder.Property(x => x.Address).HasColumnName("address").HasColumnType("VARCHAR(100)").HasComment("家庭住址").IsRequired();
        builder.Property(x => x.Password).HasColumnName("password").HasColumnType("VARCHAR(20)").HasComment("密码").IsRequired();
        builder.Property(x => x.Nation).HasColumnName("nation").HasColumnType("VARCHAR(20)").HasComment("民族").IsRequired();
```

```csharp
            builder.Property(x => x.Sex).HasColumnName("sex").HasColumnType("char(10)").HasComment("性别").IsRequired();
            builder.Property(x => x.Politics).HasColumnName("politics").HasColumnType("VARCHAR(20)").HasComment("政治面貌").IsRequired();
            builder.Property(x => x.Birthday).HasColumnName("birthday").HasColumnType("VARCHAR(20)").HasComment("出生日期").IsRequired();
            builder.Property(x => x.QQ).HasColumnName("qq").HasColumnType("VARCHAR(20)").HasComment("QQ");
            builder.Property(x => x.Email).HasColumnName("email").HasColumnType("VARCHAR(30)").HasComment("邮箱");
            builder.Property(x => x.Height).HasColumnName("height").HasColumnType("CHAR(10)").HasComment("身高");
            builder.Property(x => x.Weight).HasColumnName("weight").HasColumnType("CHAR(10)").HasComment("体重");
            builder.Property(x => x.ID).HasColumnName("id").HasColumnType("VARCHAR(20)").HasComment("身份证号").IsRequired();
            builder.Property(x => x.Father).HasColumnName("father").HasColumnType("VARCHAR(50)").HasComment("父亲姓名");
            builder.Property(x => x.FatherTel).HasColumnName("ftel").HasColumnType("VARCHAR(50)").HasComment("父亲联系方式");
            builder.Property(x => x.FatherJob).HasColumnName("fjob").HasColumnType("VARCHAR(50)").HasComment("父亲工作单位");
            builder.Property(x => x.Mother).HasColumnName("mother").HasColumnType("VARCHAR(50)").HasComment("母亲姓名");
            builder.Property(x => x.MotherTel).HasColumnName("mtel").HasColumnType("VARCHAR(20)").HasComment("母亲联系方式");
            builder.Property(x => x.MotherJob).HasColumnName("mjob").HasColumnType("VARCHAR(50)").HasComment("母亲工作单位");
            builder.Property(x => x.Degree).HasColumnName("degree").HasColumnType("VARCHAR(50)").HasComment("学历").IsRequired();
            builder.Property(x => x.SchoolId).HasColumnName("schoolid").HasComment("学院Id").IsRequired();
            builder.Property(x => x.MajorId).HasColumnName("majorid").HasComment("专业Id").IsRequired();
            builder.Property(x => x.ClassId).HasColumnName("classid").HasComment("班级Id").IsRequired();
            builder.Property(x => x.System).HasColumnName("system").HasColumnType("CHAR(10)").HasComment("学制").IsRequired();
            builder.Property(x => x.AuthorizedId).HasColumnName("authorizedid").HasComment("状态").IsRequired();
            builder.Property(x => x.PhotoUrl).HasColumnName("photourl").HasColumnType("text").HasComment("照片url");
            builder.Property(x => x.ProvinceId).HasColumnName("provinceid").HasComment("省份Id").IsRequired();
            builder.Property(x => x.CityId).HasColumnName("cityid").HasComment("城市Id").IsRequired();
            builder.Property(x => x.Lend).HasColumnName("lend").HasColumnType("VARCHAR(10)").HasComment("借阅状态").IsRequired();
    }
}
```

（14）Map/TappoInfoMap.cs 文件的代码如下。

```csharp
using Microsoft.EntityFrameworkCore;
using Microsoft.EntityFrameworkCore.Metadata.Builders;
using SM.Domain;
namespace SM.EF.MSSQL.Map;
public class TappoInfoMap: IEntityTypeConfiguration<TappoInfos>
{
    public void Configure(EntityTypeBuilder<TappoInfos> builder)
    {
        builder.ToTable("tappo");
        builder.HasKey(x => x.Tappoid);
        builder.Property(x => x.Tappoid).HasColumnName("tappoid").HasComment("记录Id").IsRequired();
        builder.Property(x => x.TeacherId).HasColumnName("teacherid").HasComment("老师Id").IsRequired();
        builder.Property(x => x.Date).HasColumnName("date").HasComment("时间").HasColumnType("varchar(50)").IsRequired();
        builder.Property(x => x.Reason).HasColumnName("reason").HasComment("申请理由").HasColumnType("text").IsRequired();
        builder.Property(x => x.AuthorizedId).HasColumnName("authorizedid").HasComment("状态ID").IsRequired();
    }
}
```

（15）Map/TeacherInfoMap.cs 文件的代码如下。

```csharp
using Microsoft.EntityFrameworkCore;
using Microsoft.EntityFrameworkCore.Metadata.Builders;
using SM.Domain;
namespace SM.EF.MSSQL.Map;
public class TeacherInfoMap: IEntityTypeConfiguration<TeacherInfos>
{
    public void Configure(EntityTypeBuilder<TeacherInfos> builder)
    {
        builder.ToTable("teacher");
        builder.HasKey(x => x.TeacherId);
        builder.Property(x => x.TeacherId).HasColumnName("teacherid").HasComment("教师Id").IsRequired();
        builder.Property(x => x.TeacherName).HasColumnName("teachername").HasColumnType("VARCHAR(50)").HasComment("教师名字").IsRequired();
        builder.Property(x => x.Password).HasColumnName("password").HasColumnType("VARCHAR(50)").HasComment("密码").IsRequired();
        builder.Property(x => x.Tel).HasColumnName("tel").HasColumnType("VARCHAR(20)").HasComment("手机号").IsRequired();
        builder.Property(x => x.AuthorizedId).HasColumnName("authorizedid").HasComment("状态Id").IsRequired();
        builder.Property(x => x.Job).HasColumnName("job").HasColumnType("VARCHAR(20)").HasComment("职务").IsRequired();
        builder.Property(x => x.SchoolId).HasColumnName("schoolid").HasComment("学院Id").IsRequired();
    }
}
```

（16）Map/ServiceExtension.cs 文件的代码如下。

```csharp
using Microsoft.EntityFrameworkCore;
using Microsoft.Extensions.DependencyInjection;
using SM.EF.MSSQL.DbContexts;
namespace SM.EF.MSSQL;
public static class ServiceExtension
{
    // 添加数据库链接
    public static IServiceCollection AddSMDbContext(this IServiceCollection service)
    {
        service.AddDbContext<SMDbContext>(option =>
        {
            option.UseSqlServer()
.UseSqlServer("Server=.\\SQLEXPRESS;Database=Archive;trusted_connection=true;MultipleActiveResultSets=True;", option =>
            {
                option.MaxBatchSize(30);
            });
        });
        return service;
    }
}
```

11.6 控制器构建

在 ASP.NET Core MVC 中的控制器构建可以帮助组织和管理应用程序的逻辑，实现良好的代码结构和模块化。构建好类库后，按系统权限进行功能开发，创建对应的控制器并规划设计操作方法。

11.6.1 登录功能

在主页登录过程中，将调用与管理员相关的类，以实现管理员登录和退出登录等功能。在项目下的 File Manage 目录下新建一个"空 MVC 控制器"，并将其命名为 HomeController。创建相应的操作方法来实现不同的功能，并编辑代码如下。

```csharp
using Microsoft.AspNetCore.Authorization;
using Microsoft.AspNetCore.Mvc;
using SM.Services.Service.Home;
using StudioManage.Controllers.Common;
namespace StudioManage.Controllers;

[AllowAnonymous]
public class HomeController : BaseController
{
    private readonly IHomeBusiness _service;
    // 主页
    public HomeController(IHomeBusiness service)
```

```csharp
{
    _service = service;
}
// 登录视图
[AllowAnonymous]
public IActionResult Index()
{
    return View();
}
// 验证码
[HttpGet]
[AllowAnonymous]
public async Task<JsonResult> GetVerificationCode()
{
    var dto=await _service.GetVerificationCodeAsync();
    return Json(dto);
}
// 退出登录
[HttpPost]
[AllowAnonymous]
 public async Task<JsonResult> LoginOut([FromBody] Dictionary<string,string> param)
    {
        HttpContext.Session.Clear();
        return Json();
    }
}
```

11.6.2 管理员功能

代码实现

在管理员功能模块中,将调用与管理员、教师、学生等相关的类,以实现基本档案管理、借阅记录管理、奖学金档案管理等功能。在项目下的 File Manage 目录下新建一个"空 MVC 控制器",并将其命名为 AdminController。创建相应的操作方法来实现不同的功能,具体代码见代码实现二维码。

11.6.3 教师功能

代码实现

在教师功能模块中,将调用与教师、学生等相关的类,以实现学生档案查看、借档预约、个人信息管理等功能。在项目下的 File Manage 目录下新建一个"空 MVC 控制器",并将其命名为 TeacherController。创建相应的操作方法来实现不同的功能,具体代码见代码实现二维码。

11.6.4 学生功能

代码实现

在学生功能模块中,将调用学生相关的类,以实现个人档案查看、借档预约、奖学金申请等功能。在项目下的 File Manage 目录下新建一个"空 MVC 控制器",并将其命名为 StudentsController。创建相应的操作方法来实现不同的功能,具体代码见代码实现二维码。

11.7 系统功能模块实现

11.7.1 系统登录模块

登录页面对应 Home/Index 视图，调用 FileManage 中的 Home 控制器，同时调用 EF.MSSQL 对数据库进行交互，再调用 Services 进行业务逻辑处理。登录页面运行结果如图 11-16 所示。

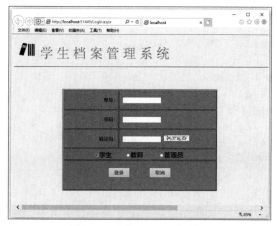

图 11-16 登录页面运行结果

编辑登录页面视图的主要源代码见代码实现二维码。

11.7.2 管理员功能模块

1. 管理员首页

管理员首页对应 Index 视图，该页面显示个人信息管理、教师信息管理、基本档案管理、奖学金档案管理、借阅记录管理，以及借档预约管理等链接。管理员首页运行结果如图 11-17 所示。

11-17 管理员首页运行结果

编辑管理员首页视图的主要源代码如下。

```
@using SM.Domain
@using SM.ViewModel.Admin
@using SM.ViewModel.Admin.Dto
@using SM.ViewModel.Student
@using SM.ViewModel.Teacher
@{
```

```html
            AdminInfoDto admin = ViewBag.Admin;
}
<!DOCTYPE html>
<html>
<head>
    <title>学生档案管理系统</title>
</head>
<link rel="stylesheet" href="~/lib/bootstrap/dist/css/bootstrap.min.css" asp-append-version="true" />
<link rel="stylesheet" href="~/css/site.css" asp-append-version="true" />
<body>
    <header>
        <img src="@Url.Content("~/images/logo.png")" />
        <label>学 生 档 案 管 理 系 统</label>
        <label id="aaa">欢迎您, @admin.AdminName</label>
        <hr />
    </header>
    <nav class="menu">
        <ul>
            <li>
                <a href="detailsview">个人信息管理</a>
            </li>
            <li>
                <a href="teacherListView">教师信息管理</a>
            </li>
            <li>
                <a href="StudentListView">基本档案管理</a>
            </li>
            <li>
                <a href="TeacherScholarshipView">奖学金档案管理</a>
            </li>
            <li>
                <a href="ReadRecord">借阅记录管理</a>
            </li>
            <li>
                <a href="AppoView">借档预约管理</a>
            </li>
        </ul>
    </nav>
    <a onclick="output()">退出登录</a>

    <script src="~/lib/jquery/dist/jquery.min.js" asp-append-version="true"></script>
    <script src="~/lib/bootstrap/dist/js/bootstrap.bundle.min.js" asp-append-version="true"></script>
    <script src="~/js/site.js" asp-append-version="true"></script>
    <script>
        function output() {
            $.ajax({
                type: "POST",
```

```
                url: "../home/loginout",
                contentType: "application/json",
                success: function (response) {
                    location.reload();
                    if (response.code === 201) {
                        alert("系统繁忙，请稍后再试");
                    }
                },
                error: function (xhr, status, error) {
                    alert("系统繁忙，请稍后再试");
                }
            });
            location.reload();
        }
    </script>
</body>
</html>
```

2. 个人信息管理页面

个人信息管理页面对应 Admin/DetailsView 视图，可查看个人信息并进行修改，页面运行结果如图 11-18 所示。

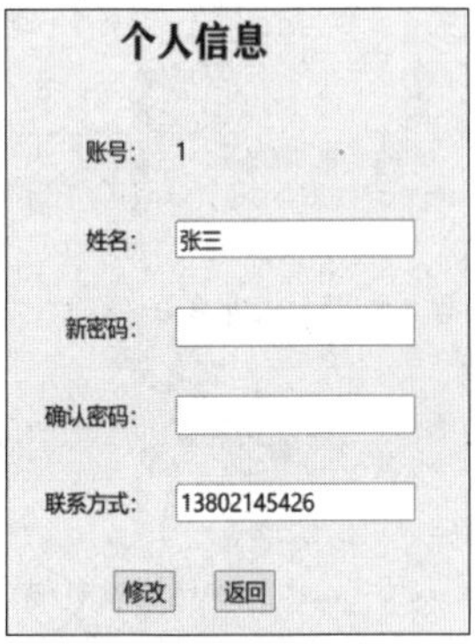

图 11-18　个人信息管理页面运行结果

编辑个人信息管理页面视图的主要源代码如下。

```
@using SM.Domain;
@using System.Text.Json;
@using SM.ViewModel.Admin;
@using SM.ViewModel.Admin.Dto;
@using SM.ViewModel.Teacher;
@{
    AdminInfoDto admin = ViewBag.Admin;
}
<!DOCTYPE html>
<html xmlns="http://www.w3.org/1999/xhtml">
<head runat="server">
    <title></title>
    <link rel="stylesheet" href="~/lib/bootstrap/dist/css/bootstrap.min.css" asp-append-version="true" />
```

```html
            <link rel="stylesheet" href="~/css/SetSappo.css" asp-append-version="true" />
</head>
<body>
        <h1>个人信息 </h1>
        <label>账号: </label>
        <span>@admin.AdminId</span>
         <label> 姓名: </label>
        <span>@admin.AdminName</span>
        <label> 新密码: </label>
<input id="new_password" type="text" required oninvalid="this.setCustomValidity(' 不可为空 ')" />
         <label> 确认密码: </label>
<input id="re_password" type="text" required oninvalid="this.setCustomValidity(' 不可为空 ')" />
        <label> 联系方式: </label>
        <span>@admin.Tel</span>
        <button onclick="submit()">提交 </button>
        <button  onclick="back()">返回 </button>
    <script src="~/lib/jquery/dist/jquery.min.js" asp-append-version="true"></script>
    <script src="~/lib/bootstrap/dist/js/bootstrap.bundle.min.js" asp-append-version="true"></script>
    <script src="~/js/site.js" asp-append-version="true"></script>
    <script>
        function submit() {
            if (checkPasswordMatch()) {
                param = {
                    newPwd: $("#new_password").val(),
                };
                $.ajax({
                    type: "POST",
                    url: "editpwd",
                    data: JSON.stringify(param),
                    contentType: "application/json",
                    success: function (response) {
                        if (response.code === 201) {
                            alert(" 系统繁忙，请稍后再试 ");
                        }
                        location.reload();
                    },
                    error: function (xhr, status, error) {
                        alert(" 系统繁忙，请稍后再试 ");
                    }
                });
            }
        }
        function back() {
            location.href = 'sappoview';
        }
        function checkPasswordMatch() {
            var newPwd = $("#new_password").val();
```

```
                var rePwd = $("#re_password").val();
                if (newPwd !== rePwd) {
                    alert(' 两次密码不一致 ');
                    return false;
                }
                return true;
            }
        </script>
    </body>
</html>
```

11.7.3 教师信息管理模块

1. 教师信息管理页面

教师信息管理页面对应 Admin/TeacherListView 视图，可查看所有教师的信息，同时可按照教工号或学院进行搜索。教师信息管理页面运行结果如图 11-19 所示。

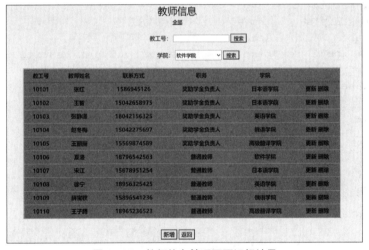

图 11-19 教师信息管理页面运行结果

代码实现

编辑教师信息管理页面视图的主要源代码见代码实现二维码。

2. 新增教师信息页面

新增教师信息页面对应 Admin/SetTeacherView 视图，可输入新增教师的信息，页面运行结果如图 11-20 所示。

图 11-20 新增教师信息页面运行结果

编辑新增教师信息页面视图的主要源代码如下。

```
@using SM.ViewModel.Teacher
@{
    TeacherInfoDto teacher = ViewBag.Teacher;
}
<!DOCTYPE html>
<html xmlns="http://www.w3.org/1999/xhtml">
<head runat="server">
    <title></title>
    <link rel="stylesheet" href="~/lib/bootstrap/dist/css/bootstrap.min.css" asp-append-version="true" />
    <link rel="stylesheet" href="~/css/SetSappo.css" asp-append-version="true" />
</head>
<body>
    <h1 >教师信息</h1>
    <label>教工号: </label>
    <input id="tid" type="text" value="@teacher.TeacherId" s required oninvalid="this.setCustomValidity(' 不可为空 ')" />
    <label >姓名: </label>
    <input id="name" type="text" value="@teacher.TeacherName" required oninvalid="this.setCustomValidity(' 不可为空 ')" />
    <label>联系方式: </label>
    <input id="tel" type="text" value="@teacher.Tel" required oninvalid="this.setCustomValidity(' 不可为空 ')" />
    <label>职务: </label>
    <select id="job" autopostback="true">
        <option value=" 奖助学金负责人 ">奖助学金负责人 </option>
        <option value=" 普通教师 ">普通教师 </option>
    </select>
    <label>学院: </label>
    <select id="school"  autopostback="true"></select>
    <button onclick="submit()">提交 </button>
    <button onclick="window.location.href='TeacherListView'">返回 </button>
    <script src="~/lib/jquery/dist/jquery.min.js" asp-append-version="true"></script>
    <script src="~/lib/bootstrap/dist/js/bootstrap.bundle.min.js" asp-append-version="true"></script>
    <script src="~/js/site.js" asp-append-version="true"></script>
    <script>
        $(document).ready(function (){
            initSchool();
            $("#job").val('@Html.Raw(teacher.Job)');
            $("#school").val('@Html.Raw(teacher.SchoolId)');
        });
        function submit() {
            param = {
                id: $("#tid").val(),
                name: $("#name").val(),
                tel: $("#tel").val(),
```

```javascript
                job: $("#job").val(),
                school: $("#school").val(),
            };
            $.ajax({
                type: "POST",
                url: "SetTeacher",
                data: JSON.stringify(param),
                contentType: "application/json",
                success: function (response) {
                    if (response.code === 201) {
                        alert(" 系统繁忙，请稍后再试 ");
                    }
                    if (response.code === 200)
                    {
                        alert(" 设置成功 ");
                    }
                    location.href='TeacherListView';
                },
                error: function (xhr, status, error) {
                    alert(" 系统繁忙，请稍后再试 ");
                }
            });
        }
        async function initSchool() {
            await $.ajax({
                type: "GET",
                url: "/Teacher/GetSchoolList",
                contentType: "application/json",
                success: function (response) {
                    if (response.code == 200) {
                        $('#school').empty();
                            $.each(response.response, function (index, school) {
                            $('#school').append($('<option>', {
                                value: school.SchoolId,
                                text: school.SchoolName
                            }));
                        });

                    }
                },
                error: function (xhr, status, error) {
                    alert(" 系统繁忙，请稍后再试 ");
                }
            });
        }
    </script>
</body>
</html>
```

11.7.4　基本档案管理模块

1. 基本档案管理页面

基本档案管理页面对应 Admin/StudentListView 视图，可查看学生的基本档案，并可按照学号或班级对学生的基本档案进行搜索。基本档案管理页面运行结果如图 11-21 所示。

图 11-21　基本档案管理页面运行结果

代码实现

编辑基本档案管理页面视图的主要源代码见代码实现二维码。

2. 修改基本档案页面

修改基本档案页面对应 Admin/SetStudentView 视图，可对学生的基本档案进行修改，页面运行结果如图 11-22 所示。

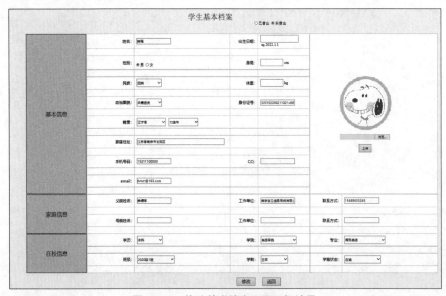

图 11-22　修改基本档案页面运行结果

编辑修改基本档案页面视图的主要源代码见代码实现二维码。

代码实现

11.7.5　奖学金档案管理模块

1. 奖学金档案管理页面

奖学金档案管理页面对应 Admin/TeacherScholarshipView 视图，可查看所有奖学金档案，同时可按照奖学金类型进行搜索。奖学金档案管理页面运行结果如图 11-23 所示。

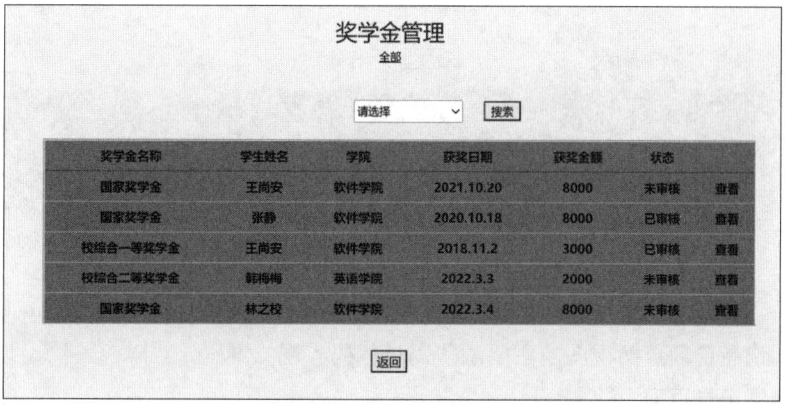

奖学金名称	学生姓名	学院	获奖日期	获奖金额	状态	
国家奖学金	王尚安	软件学院	2021.10.20	8000	未审核	查看
国家奖学金	张静	软件学院	2020.10.18	8000	已审核	查看
校综合一等奖学金	王尚安	软件学院	2018.11.2	3000	已审核	查看
校综合二等奖学金	韩梅梅	英语学院	2022.3.3	2000	未审核	查看
国家奖学金	林之校	软件学院	2022.3.4	8000	未审核	查看

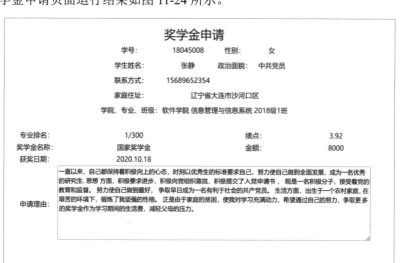

图 11-23　奖学金档案管理页面运行结果

编辑奖学金档案管理页面视图的主要源代码见代码实现二维码。

代码实现

2. 修改奖学金申请页面

修改奖学金申请页面对应 Admin/TeacherScholarshipCheck 视图，可对奖学金档案进行修改。修改奖学金申请页面运行结果如图 11-24 所示。

图 11-24　修改奖学金申请页面运行结果

编辑修改奖学金申请页面视图的主要源代码见代码实现二维码。

代码实现

11.7.6　借阅记录管理模块

1. 借阅记录管理页面

借阅记录管理页面对应 Admin/ReadRecord 视图，可查看所有借阅记录，同时可按照所借档案号进行搜索，也可按照借阅人姓名进行模糊搜索。借阅记录管理页面运行结果如图 11-25 所示。

图 11-25　借阅记录管理页面运行结果

编辑借阅记录管理页面视图的主要源代码见代码实现二维码。

2. 修改借阅记录页面

修改借阅记录页面对应 Admin/SetRecordView 视图，可修改借阅记录，页面运行结果如图 11-26 所示。

图 11-26　修改借阅记录页面运行结果

编辑修改借阅记录页面视图的主要源代码见代码实现二维码。

11.7.7　借档预约管理模块

借档预约管理页面对应 Admin/AppoView 视图，可查看所有借档预约申请，同时可按照学号搜索学生借档预约申请，或按照教工号搜索教师借档预约申请，或按照状态搜索借档预约申请。借档预约管理页面运行结果如图 11-27 所示。

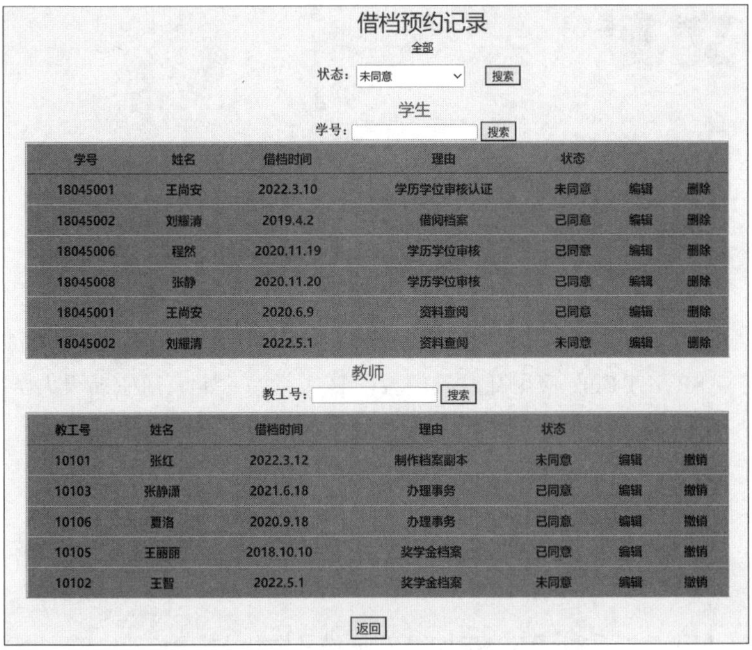

借档预约记录

全部

状态：未同意　搜索

学生

学号：　搜索

学号	姓名	借档时间	理由	状态		
18045001	王尚安	2022.3.10	学历学位审核认证	未同意	编辑	删除
18045002	刘耀清	2019.4.2	借阅档案	已同意	编辑	删除
18045006	程然	2020.11.19	学历学位审核	已同意	编辑	删除
18045008	张静	2020.11.20	学历学位审核	已同意	编辑	删除
18045001	王尚安	2020.6.9	资料查阅	已同意	编辑	删除
18045002	刘耀清	2022.5.1	资料查阅	未同意	编辑	删除

教师

教工号：　搜索

教工号	姓名	借档时间	理由	状态		
10101	张红	2022.3.12	制作档案副本	未同意	编辑	撤销
10103	张静涵	2021.6.18	办理事务	已同意	编辑	撤销
10106	夏洛	2020.9.18	办理事务	已同意	编辑	撤销
10105	王丽丽	2018.10.10	奖学金档案	已同意	编辑	撤销
10102	王智	2022.5.1	奖学金档案	未同意	编辑	撤销

返回

图 11-27　借档预约管理页面运行结果

编辑借档预约管理页面视图的主要源代码见代码实现二维码。

代码实现

11.8　本章小结

本章通过一个真实的学生档案管理系统项目案例，详细讲解了 ASP.NET Core MVC 技术在实际项目中的应用。在项目实践环节中，巩固了这些方法和技术。首先，对学生档案管理系统的业务逻辑进行了深入分析，以确保系统能够准确满足用户需求。其次，系统数据库经过精心设计，以保证数据的存储和访问具备高效性和安全性。再次，还对系统中的项目层次进行了划分，旨在提高系统的可扩展性和模块化程度。最后，通过精心的页面设计和后台代码实现，系统成功实现了用户界面和各项功能。

参考文献

[1] 朱晔. ASP.NET第一步：基于 C# 和 ASP.NET 2.0[M]. 北京：清华大学出版社，2007.

[2] 周志刚. ASP.NET Core 应用开发入门教程 [M]. 北京：北京航空航天大学出版社，2020.

[3] 黄保翕. ASP.NET MVC4 开发指南 [M]. 北京：清华大学出版社，2013.

[4] 杨中科. ASP.NET Core 技术内幕与项目实战 [M]. 北京：人民邮电出版社，2022.

[5] 张剑桥. ASP.NET Core 项目开发实战入门 [M]. 北京：电子工业出版社，2020.

[6] demo，小朱，陈传兴，等. ASP.NET MVC5 网站开发之美 [M]. 北京：清华大学出版社，2015.

[7] 陶永鹏，郭鹏，刘建鑫. ASP.NET MVC 网站开发从入门到实战 [M]. 北京：清华大学出版社，2022.

[8] 陶永鹏，郭鹏，刘建鑫，等. ASP.NET 网站设计教程 [M]. 北京：清华大学出版社，2023.

图书资源支持

感谢您一直以来对清华版图书的支持和爱护。为了配合本书的使用,本书提供配套的资源,有需求的读者请扫描下方的"书圈"微信公众号二维码,在图书专区下载,也可以拨打电话或发送电子邮件咨询。

如果您在使用本书的过程中遇到了什么问题,或者有相关图书出版计划,也请您发邮件告诉我们,以便我们更好地为您服务。

我们的联系方式:

清华大学出版社计算机与信息分社网站:https://www.shuimushuhui.com/

地　　址:北京市海淀区双清路学研大厦 A 座 714

邮　　编:100084

电　　话:010-83470236　010-83470237

客服邮箱:2301891038@qq.com

QQ:2301891038(请写明您的单位和姓名)

资源下载:关注公众号"书圈"下载配套资源。

书 圈

清华计算机学堂

观看课程直播